XIV. KONGRESS
FÜR HEIZUNG UND LÜFTUNG
26.–28. JUNI 1935 IN BERLIN

BERICHT

HERAUSGEGEBEN VOM
STÄNDIGEN KONGRESSAUSSCHUSS

MÜNCHEN UND BERLIN 1935
VERLAG VON R. OLDENBOURG

Die Herausgabe des Berichtes besorgte im Auftrage des Ständigen Kongreßausschusses der Leiter des „Gesundheits-Ingenieur" Prof. Dr.-Ing. A. Heilmann, Stadtbaurat i. R., Berlin

Druck von R. Oldenbourg, München und Berlin

Inhaltsübersicht.

Ständiger Ausschuß
der Kongresse für Heizung und Lüftung.

Vorstand.

Schindowski, Max, Dr. med. h. c., Dr. phil. h. c., Ministerialrat, Berlin C 2, Hinter dem Gießhause 2.

Möhrlin, Emil, Dipl.-Ing., i. Fa. E. Möhrlin G. m. b. H., Leiter der Fachgruppe Zentralheizungs- und Lüftungsbau, Stuttgart, Wilhelmstr. 14.

Morneburg, Kurt, Dipl.-Ing., Städt. Oberbaurat, Nürnberg, Sulzbacher Str. 91.

Neugebauer, Dipl.-Ing., Regierungsrat i. Reichspatentamt, Berlin-Lichterfelde-West, Rankestr. 64.

Mitglieder.

Ambrosius, Dr.-Ing., Regierungsbaumeister a. D., Mainz, Obere Austr. 1.

Arnoldt, Oswald, Dr.-Ing., Stadtbaudirektor a. D., Berlin-Schöneberg, Hauptstr. 63.

Berlit, B., Magistratsbaurat, Regierungsbaumeister a. D., Wiesbaden, Gutenbergplatz 3.

von Boehmer, E., Geh. Regierungsrat, Oberregierungsrat i. R., Berlin-Lichterfelde-West, Hans-Sachs-Str. 3.

Dieterich, Georg, Ingenieur, Direktor, Berlin W 9, Linkstr. 21.

Fusch, G., Dr.-Ing., Hannover, Schopenhauerstr. 15.

Gröber, H., Dr.-Ing., Professor, Berlin-Charlottenburg 2, Berliner Str. 171, Techn. Hochschule.

Klemmer, Heinrich, Ingenieur, Hamburg-Wandsbek, Menckesallee 22.

Krebs, Otto, Dr. phil., i. Fa. Strebelwerk G. m. b. H., Mannheim, Hansastr. 62.

Kretzschmar, P. H., Dr. jur., Bürgermeister i. R., Dresden-A. 1, Comeniusstr. 93.

Leuschner, Max, Oberingenieur, Essen-Bredeney, Frankenstr. 371.

Marcard, Walter, Dr.-Ing., Prof., Hannover, Welfengarten 1, Techn. Hochschule.

Pfützner, H., Dr.-Ing. E. h., Geh. Hofrat, Professor, Dresden-A. 16, Comeniusstr. 43.

Rettig, E., Ingenieur, Direktor, Berlin S 42, Brandenburgstr. 81.

Schleyer, Wilh., Dr.-Ing. E. h., Geh. Baurat, Professor, Hannover, Bödekerstr. 2.

Schmidt, Ernst, Dr.-Ing., Professor, Danzig-Langfuhr, Techn. Hochschule.

Scholtz, Werner, Ministerialrat, Berlin W 8, Charlottenstr. 46.

Stack, E., Magistratsbaurat i. R., Hannover-Kleefeld, Wallmodenstr. 15.

Vocke, Wilhelm, Dipl.-Ing., Fabrikant, Dresden-A. 24, Altenzeller Str. 14.

Wahl, E. L., Dr.-Ing. E. h., Stadtbaurat i. R., Dresden-N. 6, Angelikastr. 3.

Auswärtige Mitglieder.

Braat, jr. F. W., Direktor Koninklijke Fabriek van Metaalwerken Braat, Präsident der »Nederlandsche Vereeniging voor Centrale Verwarmings-Industrie«, Delft, Holland.

Eriksson, Helge, Zivilingenieur, Stockholm, Kungl. Byggnadsstyrelsen, Schweden.

Freudiger, G., Ingenieur, vorm. Präsident des Vereins schweiz. Zentralheizungs-Industrieller, Zentralheizungsfabrikant, Frauenfeld, Bahnstr., Schweiz.

Hottinger, Dr.-Ing., Dozent an der Eidgenössischen Technischen Hochschule, Zürich.

Karsten, A. C., Kopenhagen, Magistratsbaurat a. D., Oberingenieur, Charlottenlund, Emilienkildevej 27, Dänemark.

Knuth, Karl, Ingenieur und Fabrikant, Vorsitzender der Fachgruppe Heizung im Bunde der Ungarischen Industriellen, Budapest VII, Garay-utca 10, Ungarn.

von Kresz, Franz, Dipl.-Ing., Geschäftsf. Direktor der B. & C. Körting A.-G., Budapest VIII, Kisfaludy utca II, Ungarn.

Laurenius, Gunnar, Ingenieur und Direktor der Firma Nordiska, Värme u. Ventilations-A.-G., Värmebolaget, Gothenburg, Schweden.

Lier, Heinrich, Heizungsingenieur, Zürich VI, Neue Beckenhofstr. 19, Präsident des Vereins schweiz. Centralheizungs-Industrieller, Schweiz.

Osvold, Olaf, Chefingenieur d. städt. Bureaus f. Heizung und Lüftung, Oslo, Uunkedamsweien 53 B, Norwegen.

Slotboom, E. M., Dipl.-Ing. i. W. Slotboom & Zoon G. m. b. H., Vizepräsident der »Nederland'sche Vereeniging voor Zentrale Verwarmings-Industrie«, Haag, Bazarstraat I, Holland.

Theorell, Hugo, Konsult. Ingenieur, Stockholm, Skoldungsgaten 4, Schweden.

Tjersland, Alf., Ingenieur, Direktor i. Fa. A. S. C. Sunde & Co., Ltd., Oslo, Norwegen.

TAGUNGSFOLGE.

Mittwoch, den 26. Juni 1935, 20 Uhr
Begrüßungsabend bei Kroll, Berlin NW, Am Königsplatz 7.

Donnerstag, den 27. Juni 1935, 9 Uhr
in der Aula der Technischen Hochschule, Berlin-Charlottenburg, Berliner Str. 170/172:

I. Eröffnung des Kongresses, Ministerialrat Dr. M. Schindowski, Berlin.

II. Wirtschaftspolitische Verhältnisse im Zentralheizungsbau. Dipl.-Ing. E. Möhrlin, Stuttgart, Leiter der Fachgruppe Zentralheizungs- und Lüftungsbau in der Wirtschaftsgruppe Stahl- und Eisenbau.

III. Heizungsausschuß.

1. Stand und Entwicklungsrichtung des Heizungswesens. Stadtbaurat i. R. Dr.-Ing. E. h. L. Wahl, Dresden.

2. Quellen der Wärmeversorgung.
   a) Natürliche Brennstoffe, ihre Bedeutung, Bewirtschaftung und Verfeuerung. Prof. Dr.-Ing. W. Marcard, Hannover.
   b) Künstliche Brennstoffe und ihre Erzeugung. Prof. Dr.-Ing. R. Drawe, Berlin.
   c) Verbrennung und Abführung der Verbrennungserzeugnisse, ein Transportproblem. Dipl.-Ing. A. Albrecht, Berlin.

3. Wärmeverlust und Wärmeschutz. Dr.-Ing. E. Raisch, München.

4. Die Zentralheizung.
   a) Allgemeine, hygienische, technische und wirtschaftliche Fragen. Dr.-Ing. P. Reschke, Dresden.
   b) Stadtheizung als Glied der Energiewirtschaft. Dipl.-Ing. E. Reisner, Dresden.
   c) Heißwasserheizung und Wärmespeicherung. Dr. phil. E. Allmenröder, Hamburg.
   d) Gaszentralheizung. Dipl.-Ing. Joh. Körting, Dessau.
   e) Kosten der Wärmelieferung. Reg.-Rat Dipl.-Ing. F. Neugebauer, Berlin.

20 Uhr Gemeinsames Abendessen im Marmorsaal des Zoologischen Gartens, Berlin W, Budapester Straße 9 (Adlerportal).

Freitag, den 28. Juni 1935, 9 Uhr
in der Aula der Technischen Hochschule, Berlin-Charlottenburg, Berliner Str. 170/172:

IV. Lüftungsausschuß in Verbindung mit dem Verein Deutscher Ingenieure, Fachgruppe Heizung und Lüftung.

1. Stand und Entwicklungsrichtung des Lüftungswesens. Professor Dr.-Ing. H. Gröber, Berlin.

2. Hygiene und Lüftung. Dr. W. Liese, Berlin, Reichsgesundheitsamt.

3. Lüftung und Baupolizei. Ministerialrat K. Neuhaus, Berlin.

4. Bericht über die Arbeiten des Fachausschusses für Lüftungstechnik beim VDI. Prof. Dr.-Ing. H. Gröber, Berlin.

5. Klimatisierungsanlagen. Dr. A. Klein, Stuttgart.

Sonnabend, den 29. Juni 1935, 9 Uhr, Besichtigungen:
Heizungs- und Lüftungsanlagen der Staatsoper Berlin und der Vereinigten Museen Berlin.
Fernbeheizung des Reichssportfeldes vom Westkraftwerk.

13 Uhr Abfahrt mit bereitgestellten Kraftwagen zu einem Dampferausflug nach Schloß Marquardt bei Potsdam.

Eröffnung des XIV. Kongresses für Heizung und Lüftung

durch den Vorsitzenden des Ständigen Ausschusses für Kongresse für Heizung und Lüftung Ministerialrat Dr. Dr. h. c. **M. Schindowski,** Berlin.

Hochverehrte Herren!

Im Auftrage des Ständigen Ausschusses eröffne ich den XIV. Kongreß für Heizung und Lüftung und danke zunächst Sr. Magnifizenz dem Herrn Rektor der Technischen Hochschule, daß er uns liebenswürdigerweise die Aula der Technischen Hochschule zur Verfügung gestellt hat. Hier hat mancher unter uns seine Ausbildung genossen, hier hat Geheimrat Rietschel, der Altmeister unseres Faches und Gründer unseres Ausschusses, gewirkt. In dankbarer Erinnerung an ihn haben wir heute an seiner Büste im Lichthof einen Kranz niedergelegt.

Während früher ein Zeitraum von 3 Jahren zwischen den Kongressen lag, sind diesmal 5 Jahre seit dem letzten Kongreß in Dortmund verflossen, bedingt durch die politischen und wirtschaftlichen Verhältnisse.

Auch jetzt noch waren Stimmen des Zweifels laut geworden, ob die Abhaltung eines Kongresses berechtigt sei. Die Tatsache der lebhaften Beteiligung, der wir uns heute erfreuen können, hat jedoch die Richtigkeit unseres Entschlusses bewiesen, und wir hoffen, daß wir das Vertrauen, das uns durch Ihr zahlreiches Erscheinen entgegengebracht wird, auch rechtfertigen können durch das, was Ihnen in den Vorträgen geboten werden wird.

Viele alte Bekannte sind heute wieder erschienen, manche sind durch Arbeitsüberlastung, Krankheit und andere Abhaltungen verhindert zu kommen.

Manche sind für immer geschieden. Aus den Reihen des Kongreß-Ausschusses beklagen wir den Verlust von 7 Mitgliedern. Es sind seit dem letzten Kongreß verstorben:

Der 2. Vorsitzende Herr Fabrikbesitzer Dr.-Ing. E. h. Ernst S c h i e l e, Hamburg,

Herr Fabrikbesitzer E. P u r s c h i a n, Ehrenmitglied der Technischen Hochschule Berlin,

Herr Präsident des Gesundheitsamtes von Hamburg Professor Dr. Pfeiffer,

Herr Ingenieur und Fabrikbesitzer R ü h l, Frankfurt a. M.,

Herr Generaldirektor C a s s i n o n e, Wien,

Herr Ministerialrat i. R. v. F o l t z, Wien, und

Herr Professor H ü t t i g, Dresden.

Alle diese Herren waren stets und freudig tätig bei den Arbeiten für die Kongresse. Herr Präsident Pfeiffer hatte die Leitung des Lüftungsausschusses, auch Herr Purschian hat seine unermüdliche Arbeitskraft in den Dienst des Kongresses gestellt. Besonders und allgemein hat uns alle das Hinscheiden des verehrten 2. Vorsitzenden Dr. Schiele betroffen. Seit Gründung des Ausschusses mit Rietschel und Hartmann eng verbunden, war er uns ein leuchtendes Vorbild lebensvollen Strebens und uneigennütziger Tätigkeit. Ein treuer Freund ist geschieden. —

Wir werden diesen bewährten und hochgeachteten Männern ein treues Gedenken bewahren.

Sie haben sich zu Ehren der Verstorbenen von Ihren Sitzen erhoben, ich stelle das fest und danke Ihnen.

Meine Herren! Wie ich schon sagte, ist uns die rege Beteiligung an unserem Kongreß eine große Freude und Ehre.

Ich begrüße zunächst die Herren Vertreter: der Reichs- und Länderministerien, der Deutschen Reichsbahngesellschaft, der Reichspost, des Reichspatentamts, des Herrn Oberpräsidenten, der Reichsbaudirektion, der Preußischen Bau- und Finanzdirektion, der Akademie des Bauwesens, der Baupolizei, des Reichsgesundheitsamtes, des Reichsausschusses für Volksgesundheitsdienst, der Phys.-Techn. u. Chem.-Techn. Reichsanstalt, der Landesanstalt für Wasser-, Boden- und Lufthygiene, der Reichswirtschaftskammer, der Reichsgemeinschaft technisch-wissenschaftl. Arbeit, des deutschen Gemeindetages, der Stadt Berlin und mancher deutscher Städte, der Stiftung zur Förderung von Bauforschungen, der Arbeitsgemeinschaft für Brennstofferparnis, des Reichskuratoriums für Wirtschaftlichkeit, der Wirtschaftsgruppe Maschinenbau und der Industrie- und Handelskammer Berlin. Ihre Teilnahme, meine Herren, ist uns ganz besonders erwünscht und wertvoll. Ihr Erscheinen beweist uns, wie hoch die Bedeutung der Heizung und Lüftung bei den Verwaltungen eingeschätzt wird. Es ist nicht nur die Frage der Bearbeitung, Auftragserteilung und der Wirkungsweise dieser Anlagen für den Nutznießer von Wichtigkeit, sondern mindestens ebenso der Betrieb selbst und seine Wirtschaftlichkeit, und hierum bemühen wir uns ebenfalls mit Ihnen zum Besten der Benutzer.

Meine Herren! Der Kongreßausschuß hat stets seine Aufgabe darin gesehen, möglichst alle mit der Entwicklung des Heizungs- und Lüftungsfaches verbundenen Personen und Verbände zusammenzuführen, wir brauchen zu diesem Zwecke ebenso den Wissenschaftler wie den Praktiker.

Der Wissenschaftler leistet versuchsmäßig und theoretisch Vorarbeit, um die Ergebnisse zu praktischen, wirtschaftlich vertretbaren Lösungen zu führen.

Der Praktiker, der diese Ergebnisse zur Anwendung bringen soll und will, kann aber selbst ohne wissenschaftliche Vorbildung und ohne technische Kenntnisse nichts Brauchbares schaffen, er muß die wissenschaftlichen Ergebnisse auswerten können. Wissenschaft ist die Voraussetzung der technischen Entwicklung, ohne Wissenschaft keine Technik und keine Arbeit.

Der Förderung dieses Zieles dienen unsere Kongresse.

So begrüßen wir freudig die Herren Vertreter der Universität, der Technischen Hochschulen, Fachschulen, die Herren Vertreter der technischen Spitzenverbände, der Fachvereinigungen und der die Praxis vertretenden Wirtschaft. Die lebhafte Beteiligung der Fachkollegen bedeutet für den Kongreßausschuß eine Verpflichtung, wir hoffen Ihnen allen Anregungen und Kenntnisse vermitteln zu können, die befruchtend für Ihre Weiterarbeit sein mögen.

Meine Herren! Die Beschränkung der wissenschaftlichen Tagung auf 2 Tage hat uns leider nicht ermöglicht, alle Fragen des Heizungs- und Lüftungswesens vom einfaches Kachelofen angefangen bis zur Städteheizung hier zur Erörterung zu stellen. Das ist überhaupt unmöglich. Wir können auch nicht bereits gelöste Aufgaben erörtern, sondern es gilt Fragen aufzuwerfen, die das ganze Fach beschäftigen und deren Erörterung richtunggebend für die Zukunft werden soll. Wir mußten manche an sich berechtigten Wünsche, die uns vorgelegt wurden, zurückstellen, wir mußten uns Beschränkung in Zahl und Art der Vorträge auferlegen, ja selbst die Herren Vortragenden werden sich mit verkürzter Redezeit abfinden müssen. Ich glaube aber schon jetzt sagen zu dürfen, daß der gedruckte Bericht Erweiterungen mancher Vorträge bringen wird.

Soweit Redner in der Aussprache sprechen wollen, möchte ich bitten, sich vorher zu melden und die Fragestellung schriftlich zu formulieren.

Meine Herren! Wir verfolgen keine egoistischen, einseitigen Ziele. Das, was wir tun, geschieht für die Allgemeinheit und für die Förderung hygienischer und sozialer Belange des ganzen Volkes. Wir wollen nichts für uns oder eine Gruppe. Wir sind bereit, mit allen zusammenzuarbeiten und die Ergebnisse von Forschung und Praxis allen zu übermitteln, die in unserem Fachgebiet wirken. Wir haben uns daher auch nicht abgeschlossen in Deutschland, unsere Einladungen sind auch an das Ausland gegangen, und ich kann mit besonderer Freude feststellen, unsere Freunde aus dem Ausland sind uns treu geblieben.

Ich darf Kollegen begrüßen aus der Schweiz, aus Holland, Dänemark, Schweden, Lettland, Polen, Ungarn und aus der Tschechoslowakei. Sie, meine Herren, heiße ich herzlich willkommen in der Hoffnung, daß wir Ihnen in fachlicher Hinsicht keine Enttäuschung bereiten werden. Ich darf aber noch etwas hinzufügen:

Sie werden im Reich und hier in der Hauptstadt Eindrücke sammeln. Sie werden das Leben in Deutschland mit offenen Augen beobachten und werden feststellen können, wie sich unser Volk aus eigener Kraft wieder emporarbeitet und unter starker Führung alle Hindernisse zu beseitigen bestrebt ist. Wir hoffen, daß Sie den Eindruck mit nach Hause nehmen werden, daß Arbeit und Aufbauwille, wie sie sich in Deutschland zeigen, eine Gewähr für die Mitarbeit an der Überwindung der Krise und an der Befriedung Europas bieten.

Mein Gruß gilt auch den Herren Vertretern der Fach- und Tagespresse.

Neben der Festnummer des »Gesundheits-Ingenieur« als Organ des Kongreßausschusses haben auch das »Zentralblatt des Bauwesens«, die »Deutsche Bauzeitung«, die »Haustechnische Rundschau« und »Heizung und Lüftung« der Veranstaltung Sondernummern gewidmet. Wir würden dankbar sein, wenn auch in der Tagespresse die Bedeutung unseres Fachgebietes für den einzelnen Menschen und die Gemeinschaft des Volkes zum Ausdruck kommen würde.

Meine Herren! Ich habe mich nun noch eines ehrenvollen Auftrages zu entledigen.

Im Jahre 1924 hat der damalige Verband der Zentralheizungs-Industrie in Verehrung für den Altmeister Rietschel eine Rietschel-Stiftung errichtet. Diese verleiht für besonders hervorragende technische, wirtschaftliche und organisatorische Leistungen auf dem Gebiete des Heizungs- und Lüftungsfaches eine mit dem Bilde Rietschels gezierte, den Namen des Beliehenen tragende Plakette. Diese soll nach den Satzungen im Jahre des Kongresses durch den Kongreß-Vorsitzenden überreicht werden.

Im Namen des Kuratoriums der Stiftung habe ich heute die Ehre, auf Beschluß des Kuratoriums diese Auszeichnung überreichen zu dürfen an die Herren

Ingenieur Heinrich Kori, Berlin,

Stadtbaurat Dr.-Ing. E. h. L. Wahl, Dresden.

Hochverehrter Herr Kori!

Schon in jungen Jahren haben Sie durch Erfindungen, Konstruktionen und Patente sich einen Namen gemacht. Viele Kirchen im In- und Auslande werden mit Kori-Öfen beheizt. Schon Rietschel hat die Bedeutung Ihrer Konstruktion anerkannt. Ihre Verbrennungsöfen haben Sie mit Robert Koch in Verbindung gebracht.

Ihre Tätigkeit hat sich aber nicht auf die Erstellung der Anlagen beschränkt, Sie haben auch dem Betrieb ihre Aufmerksamkeit gewidmet und dadurch den Nutznießern dauernd geholfen.

Die Verleihung der Rietschel-Plakette mögen Sie als Dank für Ihre treue, erfolgreiche Tätigkeit im Heizungsfache auffassen. Ich füge den Wunsch an, daß Sie sich noch lange Jahre dieser Auszeichnung erfreuen mögen.

Hochverehrter Herr Stadtbaurat!

Nach mit Auszeichnung bestandener Staatsprüfung sind Sie in Ihrer engeren Heimat in vielen staatlichen Stellungen und bei der Stadt Dresden tätig gewesen. Ihre Tätigkeit ist überaus vielseitig gewesen. Sie haben insbesondere gewirkt beim Ausbau der Energieversorgung Dresdens. Der Ausbau des Gaswerkes, der Wasserwerke, der Wasseraufbereitung, die Einführung der Stadtheizung, die Errichtung des Fernheizwerkes sind Ihr Werk.

Die Technische Hochschule Dresden hat Ihnen die Würde eines Dr.-Ing. E. h. verliehen. Auch der Kongreßausschuß möchte nicht zurückstehen und verleiht Ihnen heute die Plakette in Anerkennung Ihrer organisatorischen und technischen Leistungen.

Ingenieur Kori, Berlin: Empfangen Sie, verehrter Herr Ministerialrat, meinen herzlichen Dank für die Auszeichnung, die Sie mir soeben zuteil werden ließen, und auch Ihnen allen meinen herzlichen Dank, meine Herren, für die Zustimmung, die diese Auszeichnung bei Ihnen gefunden hat.

Ich habe mich mein Leben lang bemüht, ein Pionier des Heizungswesens zu sein. Als Nachfolger meines Vetters Paul Käuffer trat ich im Jahre 1881 in dessen Firma in Leipzig ein. Ich habe meine Kraft seitdem dem Heizungsfach und im besonderen den Kirchenheizungen gewidmet, aber darüber hinaus allen Dingen, die die öffentliche Gesundheitspflege berühren. Meine Abfallverbrennungsöfen, meine Kalorifere und anderes standen an der Spitze meiner Tätigkeit, und voll guten Willens war ich stets bemüht, dem Fache zu dienen. Die heutige Auszeichnung ist mir ein erneuter Ansporn, den letzten Rest meines Lebens den Aufgaben zu widmen, denen ich bisher gedient habe, und ich hoffe, daß es mir noch eine Zeitlang beschieden sein wird, Arbeiten zum Abschluß zu bringen, die bisher am Wege liegen blieben. Jedenfalls nehme ich diese Auszeichnung mit herzlicher Freude entgegen und ich danke Ihnen für Ihre Zustimmung, die Sie ihr gegeben haben.

Stadtbaurat Dr. Wahl, Dresden: Meine Herren! Erlauben Sie mir, daß ich Ihnen meinen aufrichtigen und herzlichen Dank zum Ausdruck bringe für die Auszeichnung, die Sie mir eben verliehen haben. Der Herr Vorsitzende hat Ihnen meinen Lebenswandel skizziert. Ich darf sagen, nachdem unser Altmeister Rietschel die wissenschaftliche Grundlage für das Heizungswesen geschaffen hatte, habe ich es als meine Aufgabe angesehen, die gesamte Wärmeversorgung in das große Wirtschaftsgebiet der Energieversorgung einzubauen. Wenn mir das zum Teil gelungen ist und Sie, meine Herren Fachkollegen, dies durch Ihre Ehrung anerkennen, so bin ich Ihnen außerordentlich dankbar. Sie haben mich damit aufs herzlichste erfreut. — Meinen Dank verbinde ich mit der Versicherung, daß ich meine 35jährigen Erfahrungen auch weiterhin gern in den Dienst der Sache stellen werde. — In diesem Sinne herzlichen Dank!

Meine Herren! Ehe wir nun zum Vortrag übergehen, möchte ich der Hoffnung auf einen erfolgreichen Verlauf unserer Tagung Ausdruck geben. Der Kongreß steht wie all unser Tun unter dem Motto: Dienst am Vaterland, Dienst an der Allgemeinheit! Diesem unserem Fühlen und Wollen bitte ich Ausdruck zu verleihen in dem Rufe:

Unser deutsches Volk und sein Führer Adolf Hitler: Sieg Heil!

Wirtschaftspolitische Verhältnisse im Zentralheizungsbau.

Von Dipl.-Ing. E. **Möhrlin**, Stuttgart,
Leiter der Fachgruppe Zentralheizungs- und Lüftungsbau in der Wirtschaftsgruppe
Stahl- und Eisenbau.

Vortrag vor dem XIV. Kongreß für Heizung und Lüftung in Berlin am 27. u. 28. Juni 1935.

Durch den Aufbruch der Nation sind der Wirtschaftspolitik neue Wege vorgeschrieben, die sich aus der Prädominanz der Staatspolitik und aus der Forderung ergeben, daß die Wirtschaft dem Volkswohl zu dienen hat. Es wird einer gewissen Zeit bedürfen, um das erstrebte Ziel zu erreichen und es werden alle Maßnahmen, welche zu einem gesunden Aufbau führen sollen, sorgfältig abgewogen werden müssen. Alles ist noch im Fluß, so daß eine ungeschminkte Darlegung der wirtschaftspolitischen Verhältnisse unseres Faches an dieser Stelle zweckmäßig erscheint.

Als der letzte Kongreß in Dortmund tagte, befand sich das deutsche Zentralheizungsgewerbe bereits in einer Abwärtsbewegung, die nach dem Höchstbedarfsjahr 1929 der Nachkriegszeit eingesetzt hatte. Der starke Beschäftigungsgrad der Vorjahre, der auf eine unnatürliche Bedarfshäufung zurückzuführen war, hat die Fachfirmen, welche schon vor dem Kriege bestanden, nie über den unausbleiblichen Rückschlag hinwegtäuschen können; daß der Absturz aber so schnell und so tief sein würde, haben sich auch die stärksten Pessimisten nicht vorgestellt.

Das Fach war zu Anfang des Jahres 1933 völlig zusammengebrochen und stand mit einem Beschäftigungsgrad von noch nicht einmal 10 % der Produktionskapazität wohl an der tiefsten Stelle im deutschen Wirtschaftsleben.

Wie war das möglich?

Die Nachkriegszeit hat uns die Popularisierung der Zentralheizung gebracht. Mittel hierzu war die Kleinheizung.

Eine großzügige Propaganda der Lieferwerke sorgte für die nötige Aufklärung, die ungefähr so weit ging, daß derjenige, der sich mit Baugedanken trug, ohne daß ihm die Schlagworte geläufig waren, mit welchen die Kleinheizung angepriesen wurde, nicht mehr für voll galt.

In Fachkreisen herrschte, ob mit Recht oder Unrecht mag dahingestellt sein, eine gewisse Zurückhaltung wohl deshalb, weil man bei der Kleinheit der Anlagen und bei den in Frage kommenden Abnehmern gewisse Risiken erblickte. Bald hatte sich die Ansicht durchgesetzt, daß die Ausführung von Zentralheizungen für jedermann, der sich auf diesem Gebiet betätigen wollte, ganz große neue Geschäftsmöglichkeiten eröffnete und damit war für viele der Anreiz zur Selbständigmachung gegeben, noch stark unterstützt durch ein gewisses Geltungsbedürfnis und das durch die Gewerkschaften fortwährend betonte Können, welches in jeder Lohnregelung offensichtlich seine Bestätigung fand.

Einen beträchtlichen Teil zu der unverhältnismäßigen Aufblähung des Gewerbes trug die Absatzpolitik der Lieferwerke bei, die bis zur Absatzfinanzierung übersteigert wurde.

Die Zahl der Kleinanlagen wurde Legion, die Zahl der installierenden Firmen war bis Ende 1924 bereits auf über 3200 angewachsen gegenüber 800—1000 in der Vorkriegszeit.

Daraus hat sich nicht etwa eine Strukturveränderung des Faches entwickelt, es ergab sich aber ein vollständig falscher Begriff über den Zentralheizungsbau überhaupt. In Abnehmerkreisen, wo nur die handwerksmäßige Montage der Anlagen augenfällig wird, herrschte der Eindruck vor, daß der Bau von Zentralheizungen eine rein handwerkliche Angelegenheit sei und für die auf dem Bau beschäftigten Klempner, Schlosser und Installateure war besonders die Kleinheizung nichts anderes als eine normale Installationsarbeit.

Wir waren es zwar gewohnt, daß beim allgemeinen Maschinenbau, aus welchem sich der Zentralheizungsbau ganz naturgemäß entwickelt hat, kein sehr hochwertiger Begriff über unser Fach bestand, obschon das Primäre für die Ausführung von Zentralheizungen immer die Ingenieurarbeit ist. Daß aber die technischen und wissenschaftlichen Voraussetzungen unseres Gewerbes ganz allgemein in so erheblichem Maße unterschätzt wurden, wäre ohne besondere Einflüsse nicht möglich gewesen.

Die deutsche Ingenieurwissenschaft hat überhaupt erst die Grundlagen für die Berechnung und Ausführung von Zentralheizungen geschaffen, was in einem Lande, wo Graßhof lehrte, eigentlich selbstverständlich ist.

Es ist nicht ohne Reiz, die Entwicklung des Zentralheizungsbaus in Amerika zu verfolgen, wo die Gleichartigkeit der Riesenbauten nach ihrer senkrechten Gliederung die Heizungsfirmen hauptsächlich vor die Aufgabe stellte, Arbeitsmethoden auszubilden, welche es erlaubten, dem schnellen Tempo der Bauausführung mit der Installation zu folgen. Die Planung und die mehr gefühlsmäßige Montageberechnung lag vorwiegend in den Händen von Ingenieurbüros, welche neben der Heizung auch die sonstigen technischen Einrichtungen betreuten. Erst in den letzten Jahren werden in Amerika systematisch die Berechnungsverfahren, wie sie Rietschel schon im Jahre 1893 in Deutschland entwickelte, ganz allgemein verbreitet und von den Heizungsfirmen angewandt.

In Deutschland sind die Anforderungen, die an eine Heizungsanlage gestellt werden, viel größer als dies in Amerika der Fall ist, wo die Abnehmer an und für sich auch duldsamer sind, beispielsweise gegen Geräusche und Betriebsdefekte. Die waagerechte Gestaltung der Bauten bei uns hat schwierigere Probleme geboten, auch waren wir, die wir mit natürlichen Gütern nicht so gesegnet sind, stets auf höchste Betriebswirtschaftlichkeit angewiesen, was naturgemäß eine intensivere Ingenieurarbeit erfordert. Der Bau von Zentralheizungs- und Lüftungsanlagen hat sich deshalb zu dem hochwertigen Sonderfach entwickelt, für welches nicht nur die Kenntnisse rein physikalischer Vorgänge genügen, das vielmehr die Beherrschung der physikalisch-mathematischen Berechnungsverfahren erfordert und außerdem eine weitgehende Schulung in den vielgestaltigen Heizsystemen, für deren Anwendung bei uns die Möglichkeiten gegeben sind.

Vor allem gehört zu diesem Spezialfach aber auch eine ausgedehnte Forschungsarbeit.

Selbstverständlich können Heizungsanlagen bis zu einem bescheidenen Umfang durch Handwerker im Nebengewerbe des Installationshandwerks ausgeführt werden. Es kommt aber sehr bald der Augenblick, wo eine technische Ausbildung nötig ist, die nicht durch Fernkurse erworben werden kann und bald ist die Grenze erreicht, wo die handwerkliche Geschicklichkeit am Umfange der Aufgabe gemessen bedeutungslos wird.

Die Inflationswelle der Heizungsfirmen kam mit der Stabilisierung der Währung zunächst zum Stillstand und es setzte sogar ein gewisser Reinigungsvorgang ein.

Durch die übertriebene Wohnungswirtschaft mit ihrem forcierten Wohnungsbau hat dann die Zahl der Heizungsanlagen wieder stark zugenommen, was eine ungeheure Vermehrung der Heizungsfirmen zur Folge hatte. Nach den neuesten Feststellungen beschäftigen sich nunmehr mit dem Zentralheizungsbau in Deutschland 11000 Firmen. Wertmäßig betrug der Produktionsumfang im Höchstbedarfsjahr 1929 etwa 250 Millionen RM., im Jahr 1932 war er auf 10 bis 20 Millionen RM. herabgesunken und auch für das Jahr 1934 dürfte er nicht höher als zwischen 80 und 100 Millionen RM. zu schätzen sein. Heute ist die Produktion schon wieder wesentlich gesunken.

Vor dem Krieg teilten sich etwa 1000 Firmen in einen Bedarf von schätzungsweise 300 bis 400 Millionen, wobei das kleinste Objekt in der Größenordnung von RM. 2500.— bis 3000.— lag.

Der aus der augenblicklichen Bedürfnisfrage sich ergebende Anreiz zur Betätigung im Heizungsbau würde neben den schon erwähnten Ursachen nicht zu dieser Übersetzung geführt haben, wenn nicht in großem Umfange eine in liberalistischer Denkweise begründete Einstellung maßgeblicher Abnehmerkreise bestanden hätte. Das industrieähnlich aufgezogene Unternehmen war mit dem Odium kapitalistischer Ausbeutung behaftet, welchem durch eine Vielzahl von Kleinfirmen, ganz unabhängig von deren Leistungsfähigkeit, ein Widerstand entgegengesetzt werden konnte. Weiter waren unter dem früheren Regime bei kommunalen Behörden gewisse Rücksichten parteimäßiger Überlegung geboten und außerdem mußte dem sogenannten »Schwächeren« besondere Unterstützung gewährt werden.

Die unerhörte Übersetzung im Fach entwickelte einen wirtschaftlichen Wettbewerb, in welchem die Preise immer mehr absanken und welcher allmählich in einen Kampf aller gegen alle ausartete.

Wir haben wohl eine Mengenkonjunktur gehabt, aber nie eine Preiskonjunktur. Dies geht schon daraus hervor, daß in dem Höchstbeschäftigungsjahr 1929 die Zahl der geschäftlichen Zusammenbrüche in der Heizungsindustrie bereits ein bedenkliches Ausmaß angenommen hatte.

Von der Abnehmerseite aus fand der sinnlose Wettbewerb starke Förderung. Bei den meisten Baulustigen herrschte eine unglaubliche Unkenntnis über die Kosten des Bauens, außerdem war man gewohnt, über seine Verhältnisse zu leben. Der Begriff besserer Lebensgestaltung wurde in unverantwortlicher Weise propagiert, was zu einer Steigerung der Ansprüche führte, die die verfügbaren Mittel jedes Bauvorhabens weit überstiegen. Man half sich in einfachster Weise die Eigenwünsche zu befriedigen, indem aus dem Lieferanten herausgeholt wurde, was herauszuholen war. Für das Ausspielen der Firmen gegeneinander in der unmoralischsten Weise gab es keine Hemmungen. Manche vergebenden Stellen glaubten, den Grundsatz »freie Bahn dem Tüchtigen« so auslegen zu müssen, daß sie Firmen, deren ungenügende Leistungsfähigkeit außer Zweifel stand, ermutigten, sich an Aufgaben zu wagen, die weit über ihr Können hinausgingen. Die bekannt ungenügenden Preise dieser Firmen und ihre mutmaßliche Beteiligung im Wettbewerb waren ein durchaus brauchbares Mittel, möglichst billige Angebote zu erzwingen.

Daß die kleineren Firmen sich sozialpolitisch nur sehr wenig verpflichtet und nach der Lohnseite hin viel freier fühlten als die Firmen, welche durch Tarifverträge gebunden waren, wurde geflissentlich übersehen.

Selbstverständlich mußte unter diesen Umständen die Güte stark leiden und es ist eine ganz große Zahl von Anlagen ausgeführt worden, denen nie wieder gutzumachende Mängel anhaften.

Im Baufach hatten eigentlich nur noch diejenigen Aussicht auf Erfolg, welche einen Bau im Gesamten am billigsten herstellen konnten. Eine sehr bedauerliche Erscheinung in diesem Zusammenhang war die Verbindung von Architekt und Generalunternehmer, die stets zu einer unsoliden Preisdrückerei und zu einer minderwertigen Ausführung führen muß.

Wer in diesem Kampf, in welchem die Preise vielfach nicht einmal mehr die nackten Selbstkosten deckten, nicht alsbald zugrunde gehen wollte, mußte mitmachen und eben versuchen, recht und schlecht durchzukommen.

Alles Erdenkliche wurde versucht, die Dinge nicht treiben zu lassen. Dr. Schiele hat schon auf dem Kongreß in Wiesbaden eindringlich gewarnt. In den interessanten Jahresberichten des Verbands der Zentralheizungsindustrie wurde mit erschreckender Deutlichkeit der Gang der Verhältnisse aufgezeigt. Direktor Dieterich hat jede Gelegenheit wahrgenommen, in Wort und Schrift auf die großen Gefahren, welche dem Fach drohen, hinzuweisen. Auch Flugblätter wurden herausgegeben mit einwandfreiem Tatsachenmaterial über verpfuschte Anlagen.

Es war alles vergeblich und mußte alles vergeblich sein bei der verschiedenartigen Struktur der Firmen und bei dem geschrumpften Arbeitsvolumen.

Die Verhältnisse haben sich dann zu einer Katastrophe entwickelt, wie sie kaum in einem anderen Gewerbe festzustellen ist. Das Bedauerlichste ist dabei, daß auf dem Friedhof der Heizungsfirmen eine große Zahl der Grabstätten die Namen der bedeutendsten Firmen trägt, die sich um die Entwicklung des Faches wirkliche Verdienste erworben und die viel zu der Weltgeltung des deutschen Heizungsgewerbes beigetragen haben.

In Deutschland war der Beschäftigungsgrad auf etwa 5 bis 10% zurückgegangen, die Insolvenzen der Firmen können mit 85% der Leistungsfähigkeit von 1924 geschätzt werden.

Heizungsanlagen sind kein Verbrauchsgegenstand, der serienmäßig aus einem Fabrikationsbetrieb heraus abgesetzt werden kann. In 95% aller Bedarfsfälle ist jede Anlage von der anderen verschiedenartig und muß unter den für den besonderen Fall gegebenen Verhältnissen berechnet werden. Je größer der Umfang der Anlage, um so vielgestaltiger sind die Möglichkeiten für die technische Lösung.

Höchste Vollendung im Fabrikationsprozeß kann sich nur bei der Erzeugung der benötigten Einzelbestandteile auswirken. Deren Preise sind aber, und wir sind recht froh darüber, zum größten Teil kartellmäßig gebunden. Die Frage des billigsten Einkaufs spielt deshalb im Heizungsbau nicht die große Rolle wie allgemein geglaubt wird. Bei uns ist entscheidend die besondere Gestaltung der Anlage nach ihrem Verwendungszweck und die Erzielung größter Wirtschaftlichkeit im Betrieb.

Die ausschlaggebende Bedeutung kommt der Ingenieurarbeit zu.

Diese hat ein Recht auf entsprechende Wertung. Der Ingenieur soll frei von materiellen Sorgen schöpferisch arbeiten können, er muß also eine angemessene Bezahlung erhalten.

Je höher das Können und die Leistung, um so höher die Wertung. Fortschritt erhält den Impuls aus Bedarf und Wettbewerb. Der Wettbewerb muß aber auf einer gesunden Grundlage ausgeübt werden und in den Grenzen, welche durch die Pflichten des ehrbaren Kaufmanns gezogen sind.

Der ungezügelte Wettbewerb in unserem Fach hat den Ingenieur zur Vernachlässigung seiner vornehmsten Aufgabe gezwungen insofern, als nicht mehr die Zweckmäßigkeit der Anlage oder das Interesse des Abnehmers für den Entwurf bestimmend waren. Aus dem täglichen Existenzkampf heraus ergab sich vielfach die Notwendigkeit, so zu planen, daß die Angebotssumme eine möglichst niedrige war.

Die technischen Büros stellen selbstverständlich eine starke Vorbelastung dar. Man hat versucht, die Kosten hierfür herabzumindern durch eine Schematisierung der Berechnungsverfahren, durch Einführung von Nomogrammen und besonderen Tabellen. Damit ist aber die Gefahr der Ausschaltung des planmäßigen Denkens verbunden und gerade dies ist doch Haupterfordernis für jeden Entwurf.

Leistung und Können stehen immer in einem bestimmten Verhältnis, zuerst kommt das Können und im Heizungsgewerbe das technische Können. Durch Inanspruchnahme fremden Ingenieurwissens ist kein Ersatz für mangelndes eigenes Können gegeben. Es liegt mir ferne, der Tätigkeit beratender Ingenieure die Berechtigung absprechen zu wollen, das Schwergewicht ihrer Arbeit sollte aber auf dem Gebiet der Beratung liegen. Die technischen Büros der Heizungsfirmen bauen auf den jahrelangen Erfahrungen der von ihnen ausgeführten Anlagen auf, sie sind tagaus tagein mit den verschiedenartigsten Problemen beschäftigt und deshalb nicht einseitig auf irgendein System eingestellt. Ihre Entwürfe geben Vergleichsmöglichkeiten und bieten dem Abnehmer die Auswahl unter dem Gesichtspunkt der Zweckmäßigkeit.

Der Entwurf eines beratenden Ingenieurbüros wird stets zur Vergebung nach dem Blankettverfahren führen und die Entscheidung lediglich nach der preislichen Seite fallen. Das Blankett ist immer wieder als ein Unfug gekennzeichnet worden, es bedeutet eine Knebelung der freien Ingenieurarbeit und paßt weniger als je in ein Zeitalter, wo die Kunst des Ingenieurs dem Wohl der Allgemeinheit dienen muß.

Ich kann auch nicht der Auffassung beipflichten, das Blankett habe Berechtigung für normale Gebäudeheizungen, bei welchen die ingenieurtechnische Geschicklichkeit keine ausschlaggebenden Möglichkeiten mehr bietet und deshalb den Firmen unnötige Arbeit erspart werden soll. Dann ist es doch besser, man nimmt von einem Wettbewerb überhaupt Abstand und überläßt es nicht wie beim Lotteriespiel dem Zufall, daß eine Firma die niedrigste Endsumme erreicht und damit den Treffer zieht.

Ich halte es auch nicht für richtig, daß die maschinentechnischen Büros kommunaler Behörden sich mit der Bearbeitung von Heizungsentwürfen zu weitgehend befassen, sie sollten ihr Hauptaugenmerk auf die betrieblichen Verhältnisse richten und die dort gemachten Erfahrungen für ihre Programmstellung auswerten.

Die aus der Entwicklung der Technik erwachsenden neuen Forderungen bestimmen die Größe der gestellten Aufgaben und aus diesen wiederum ergibt sich der Umfang der technischen Büros. Der technische Apparat kann nicht beliebig nach der Zahl der Bedarfsfälle verändert werden, einer Verkleinerung ist die Grenze gezogen in der Leistungsfähigkeit. Wir können nicht einfach unser technisches Personal bei verringertem Arbeitsvolumen abbauen, unsere eingearbeiteten hochwertigen Kräfte müssen in Bereitschaftsstellung sein, da von einer leistungsfähigen Firma verlangt wird, daß sie beim Aufkommen von Bedarfsfällen stets in der Lage ist, diese sofort einwandfrei zu bearbeiten.

Aus diesem Grunde ist die Auswirkung rückläufiger Konjunktur bei uns eine viel stärkere als beispielsweise bei einem Fabrikationsbetrieb, unsere Unkosten wachsen sehr rasch an und saugen die Reserven in kürzester Zeit auf. Bei steigender Konjunktur ist andererseits nur ein geringes Absinken der Unkosten festzustellen, da die Leerlaufarbeit durch nutzlose Projektierung beinahe in demselben Verhältnis weitergeht. Diese Leerlaufarbeit allein beträgt etwa 25% und daraus ergibt sich im Heizungsgewerbe das ungünstige Verhältnis der Angestelltenzahl zur Arbeiterzahl, welches bei 1:3 liegt.

Firmen, welche den bedeutenderen Aufgaben ferne stehen, tun sich mit ihren technischen Büros leicht, am allerleichtesten diejenigen, welche über kein eigenes technisches Personal verfügen. Da sie ihre Tätigkeit auf die Ausführung von kleineren Anlagen nicht beschränken, haben sie in Unkenntnis des kaufmännischen Risikos, welches mit der Größe des Objektes wächst, durch ihre niedrigen Preise die Preisschleuderei ausgelöst. Diese wurde zunächst mit den sogenannten Einführungspreisen entschuldigt, aus welchen die Abnehmerschaft glaubte besonderen Nutzen ziehen zu müssen, die Einführungspreise wurden aber bald ein Dauerzustand.

In der vor etwa 10 Jahren herausgekommenen Verdingungsordnung für Bauleistungen war ein sehr brauchbares Instrument für die Vergebung von Anlagen geschaffen worden in dem Bestreben, aus dem Wettrennen nach dem niedersten Preis einen Wettkampf um die beste Arbeit zu machen. Leider hat nicht die Mehrzahl der Behörden den Nutzen, welchen die Verdingungsordnung der Allgemeinheit bringen sollte, verstanden; vielfach wurde sie nach eigenem Ermessen in geradezu verheerender Weise dahin ausgelegt, daß dem Unternehmer nichts und dem Abnehmer alles gehören solle.

Im dritten Reich hat sich die Erkenntnis über den Wert der Gemeinschaftsarbeit besonders zwischen Betriebsführung und Gefolgschaft durchgesetzt und man darf wohl sagen, daß die früheren Spannungen als überwunden gelten können. In der unternehmerfeindlichen Einstellung vieler Behörden ist bisher nur vereinzelt eine Änderung festzustellen.

Alles ist bemüht, eine gewisse Lebenshaltung des Arbeiters zu sichern. Dem Unternehmer gegenüber wird der Standpunkt vertreten, daß man ihn zu einem bestimmten Lebensaufwand nicht verpflichten dürfe und er seinen eigenen Verdienst so klein halten könne wie er wolle. Man ist, wie mir unlängst drastisch entgegengehalten wurde, durchaus damit einverstanden, wenn er 16 Stunden arbeitet und nur von Wasser und Brot lebt, die Hauptsache bleibt ein niedriger Angebotspreis.

Ich vertrete dagegen die Auffassung, daß, was dem Arbeiter recht und billig ist, auch für den Unternehmer zu gelten hat. Wenn es in dessen Ermessen gestellt ist, sein Vermögen zu verwirtschaften — und das ist bei ungenügenden Preisen nicht zu vermeiden —, so wird das Verantwortungsbewußtsein vernichtet und der Allgemeinheit großer Schaden zugefügt.

Wir haben in der letzten Zeit viel von dem gerechten Preis und dem Schleuderpreis gehört und im Zusammenhang hiermit von Wirtschaftsschädlingen.

Das Landgericht Krefeld-Uerdingen hat im vergangenen Jahr eine Entscheidung gefällt, welche besagt, daß niemals die Richtlinie für die Findung des gerechten Preises in der Gestaltung der einzelbetrieblichen Preisgestaltung gefunden werden könne, vielmehr die Ermittlung auf der Grundlage der Verhältnisse des Durchschnitts der in Betracht kommenden Anbieterkreise zu geschehen habe.

Es entspricht durchaus der volksgemeinschaftlichen Wirtschaftsauffassung, daß Güte zunächst eine ganz bestimmte Preishöhe überhaupt erfordert, erst darüber hinaus kommen die Preisschwankungen, welche sich aus der Konjunkturlage ergeben. Die Höhe der Unkosten schwankt bei den Firmen nach ihrer Größe und Leistungsfähigkeit, es kann aber genau ermittelt werden, welcher Unkostensatz ganz allgemein die unterste Grenze für die Lebensmöglichkeit der wertvollen Fachfirmen bildet.

Der Verband der Zentralheizungsindustrie hat mehrere, zuletzt im Jahr 1929, Unkostenermittlungen in einwandfreier Weise vornehmen lassen. Auf Grund der Erhebungen von neutraler Seite hat sich gezeigt, daß die Unkosten im Heizungsfach 33 1/3 % auf Material und Löhne bei Neuanlagen betragen und 91 % auf die Löhne bei Taglohnarbeiten.

Bei dem gerechten Preis muß sichergestellt sein der Unternehmergewinn, ein Begriff, der bei den meisten Abnehmern mit fantastischen Vorstellungen verbunden ist. Im Heizungsgewerbe betrug auch bei sorgfältigstem Wirtschaften der Nettogewinn nie mehr als einige wenige Prozent des erreichten Umsatzes, so daß auch in der Zeit des krassesten Materialismus keine Möglichkeit bestand, große Reserven anzusammeln. Unsere Betriebe sind daher abgewirtschaftet und sie verfügen kaum mehr über genügend Mittel für die Unterhaltung von Werkzeugen und Betriebseinrichtungen.

Materialeinkaufspreise und Löhne als Ausgangspunkt für den Unkostenaufschlag sind ziemlich eindeutig festgelegt. Die Lieferwerke haben offenbar in Auswirkung der recht trüben Erfahrungen, welche sie in den letzten Jahren machen mußten, wieder zurückgefunden zu der vor dem Krieg als selbstverständlich angesehenen Gepflogenheit, ihre Verkaufspreise auf den Umfang der Bezüge abzustimmen.

Der Sorge um die fortwährenden Lohnstreitigkeiten sind wir durch das »Gesetz zur Ordnung der nationalen Arbeit« enthoben. In freier Vereinbarung die Löhne einzelbetrieblich festzusetzen, ist allerdings bei der Vielzahl der Firmen nicht möglich. Hier kann nur der verbindliche Tarifvertrag, der in gegenseitigem Einvernehmen aufgebaut ist, auf die Dauer die erforderliche Beruhigung geben.

Ist der gerechte Preis gefunden, was nach dem Gesagten unschwer möglich ist, so liegt nicht weit davon der Schleuderpreis, welcher zur Schädigung der Volksgemeinschaft führt.

Hier kommt zunächst die Überlegung, daß der gerechte Angebotspreis ja noch nicht den erreichbaren Verkaufspreis darstellt. Obschon kein Abnehmer daran denken würde, einer Verweigerung des Tariflohnes an die Arbeiter seine Zustimmung zu geben, so ist doch das Drücken der Unternehmerpreise zu einer Selbstverständlichkeit geworden und gilt gewissermaßen als Kennzeichen für die Tüchtigkeit eines Geschäftsmannes.

Wann die Unterbietung des angemessenen oder gerechten Verkaufspreises volkswirtschaftlich gefährlich wird, kann nicht allein aus der Tatsache festgestellt werden, ob der Unternehmer die Zahlung der Steuern, die Zahlung der Löhne und die Zahlung der sozialen Versicherungsbeiträge termingemäß zu leisten in der Lage war. Die Auswirkung einer Preisschleuderei auf Dritte tritt erst sehr spät ein und in einem Zeitpunkt, wo der volkswirtschaftliche Schaden schon nicht mehr rückgängig gemacht werden kann. Eine Unterschreitung der Selbstkostenlinie in Einzelfällen braucht sich noch nicht auf die Gläubiger auszuwirken, sie bringt aber, wenn sie nicht beanstandet wird, die Schleuderpreislawine ins Rollen. Dem Schleuderer den Nachweis zu erbringen, daß er mit Absicht geschleudert habe, um anderen zu schaden, wird in keinem einzigen Fall gelingen. Er will doch immer nur sich nützen und ist zweifellos des guten Glaubens, durch die Schleuderei seinen Umsatz so steigern zu können, daß er die Mittel bekommt, um seine Gläubiger zu befriedigen.

Keinesfalls darf ein geringer Beschäftigungsgrad Entschuldigung für Preisschleuderei sein, ein solches Zugeständnis würde bei eingeschrumpftem Absatz mit Sicherheit zur wirtschaftlichen Katastrophe führen.

Aus den Geschehnissen der letzten Jahre ist doch erwiesen und Johannes Körting hat dies sehr richtig zum Ausdruck gebracht, daß an den Versuchen, trotz schlechter Preise Aufträge hereinzunehmen, nur um den Betrieb aufrecht zu erhalten, und der Gefolgschaft Lohn und Brot geben zu können, die Mehrzahl der rechtschaffenen Unternehmer zugrunde gegangen ist.

Der Reinigungsvorgang im Zentralheizungsfach kann sich nur vollziehen, wenn das, was wertvoll ist, gehalten wird. Wertvoll ist aber nur, wer genügend Verantwortungsbewußtsein hat, die ungerechtfertigten Wünsche der Verbraucher nach niedrigen Preisen abzulehnen und wer für die Entwicklung des Faches etwas leistet.

Der organische Aufbau der Wirtschaft verlangt, daß alle Unternehmer gleicher Kategorie sich in Fachgruppen zusammenfinden; es darf keinen geben, der bewußt außerhalb dieser Gemeinschaft steht. Durch die Totalität der Fachgruppen sollen die Menschen zur Gemeinschaftsarbeit erzogen werden.

Erziehung bedeutet immer Zwang, der je nach der moralischen Veranlagung mehr oder weniger schwer empfunden wird und über dessen Notwendigkeit wir in unseren ersten Schuljahren noch geteilter Meinung sein konnten. Wem im Fortgang der Erziehung die Erkenntnis über ihren Wert und Zweck versagt bleibt, kann nie ein nützliches Glied der menschlichen Gemeinschaft sein. Strafen können nur bis zu einem gewissen Umfang eine Umkehr in der Gesinnung und im Charakter erwirken.

Für die Eingliederung in unsere Fachgruppe gilt eine ganz bestimmte Begriffsbestimmung, eingestellt auf den Betriebscharakter des Gewerbetreibenden, die aber keinerlei Maßstab für Leistung und Können gibt. Auch wenn auf Grund dieser Begriffsbestimmung die Fachgruppe nur 2 bis 3000 Firmen umfassen sollte, so ist in dieser Vielzahl die ungeheure Schwierigkeit des Erziehungsproblems gekennzeichnet.

Vergegenwärtigen wir uns, daß der größte Feind des Unternehmers eben doch wieder der Unternehmer ist und welch großes Bemühen jahrzehntelang erfolglos auf die freiwillige Hebung der Berufsmoral gerichtet war, so kommen wir zu der Folgerung, daß die Erziehung zur Gemeinschaftsarbeit nicht ohne Zwang möglich ist. Wirtschaftspolitische Maßnahmen, welche sich vorwiegend auf den guten Willen stützen, können erst erfolgreich sein, wenn die nationalsozialistische Denkweise in langjähriger Erziehungsarbeit, die schon bei dem jüngsten Nachwuchs eingesetzt hat, Gemeingut geworden ist. Solange aber noch der Gleichtakt der Willigen durch eine kleine Zahl Böswilliger gestört werden kann, wird die nur äußerliche Bindung des einzelnen an die Belange der Gesamtheit nicht genügen.

Ich kann in dem engen Zusammenschluß von Firmen, die in einer gesunden Marktregelung ihren Ausdruck findet, keine Beschränkung für den Aufstieg oder eine Hemmung der Tüchtigkeit des Einzelnen und damit eine Gefahr für die Volksgemeinschaft erblicken, vielmehr die einzige Möglichkeit, den Reinigungsvorgang zu vollziehen, der der Allgemeinheit Nutzen bringt. Dabei verstehe ich unter gesunder Marktregelung erträgliche Preise für die Unternehmer bei Ausschaltung jeglicher Übertreibung.

Schon allein die aus dem Führerprinzip nach dem Umbruch sich ergebenden Perspektiven des Zwangs haben bewirkt, daß der wilde Wettbewerb erheblich abgedrosselt wurde. Selbstverständlich war damit ein Rückschlag für die Firmen verbunden, deren Existenz lediglich auf Schleuderpreisen beruhte, denn kein Bauherr gibt einer Firma, deren Güte und Leistungsfähigkeit hinter derjenigen einer erstklassigen Firma zurücksteht, einen Auftrag, wenn er von der letzteren zu einem nicht viel höheren Preis seine Anlage bekommen kann. Auch hatte sich bei den Abnehmern die Erkenntnis durchgerungen, daß schlechte Anlagen schließlich nicht billiger sind als gute, da Schleuderfirmen es jederzeit verstanden haben, billige Angebote durch erhöhte Rechnungsstellung oder durch Materialeinsparungen auszugleichen.

Der Zusammenschluß soll aber auch einen wirksamen Schutz bilden gegen jedes unbillige Ansinnen der Abnehmer und wird sich nach dieser Richtung zweifellos erzieherisch auswirken.

Wir mußten in erheblichem Maße die Feststellung machen, daß die großzügige Arbeitsbeschaffung Wirkungen ausgelöst hat, die den früheren Partikularismus noch übertreffen. Kommunale Behörden glaubten sich durchaus berechtigt in der Auffassung, daß Arbeitsbeschaffung und mangelndes Können in Einklang zu bringen sind. Es ist teilweise so weit gekommen, daß die sorgfältig und mit großen Kosten ausgearbeiteten Planungen und Angebote der Firmen von außerhalb nur noch als Grundlage für die Ausführung durch einheimische Firmen benützt wurden. Ich erblicke zwischen derartigen Gepflogenheiten und kapitalistischer Ausbeutung eigentlich keinen Unterschied mehr.

Wenn schon immer der Schutz des Abnehmers in den Vordergrund gestellt wird, so sollte endlich auch einmal der Schutz des Unternehmers und die Unantastbarkeit des geistigen Eigentums gewährleistet werden. Wir müssen uns bewußt sein, daß der übertriebene demokratische Versorgungsstaat ersetzt ist durch den Leistungsstaat.

Auch die weitgehende Stückelung von Aufträgen, nur um den Stand der Beschäftigung gleichzeitig bei mehreren Firmen ohne Rücksicht auf deren Bedeutung und Leistungsfähigkeit zu verbessern, ist wirtschaftlich auf die Dauer nicht tragbar, da dadurch die Unkosten eine unverhältnismäßige Steigerung erfahren.

Eine der schwer auf dem Fach liegenden Belastungen, die ich noch erwähnen möchte, ist die langfristige Zahlungsweise, die bei dem starken Wettbewerb manchmal groteske Formen angenommen hat.

Die Forderung nach Gegengeschäften soll ja Gott sei Dank nach den neuen Marktordnungsgrundsätzen der Reichsgruppe Industrie nunmehr unterbleiben.

Meine Herren! Die genaue Kenntnis der wirtschaftlichen Vorgänge in einem Gewerbe ist Voraussetzung für die richtige Beurteilung seiner Bedürfnisse. Aus dem Verlauf des Wirtschaftsgeschehens aber soll man lernen und danach die Maßnahmen für einen gesunden Fortbestand treffen.

Wenn Sie die Tagesordnung für die Vorträge des heutigen Kongresses betrachten, in welchen die technisch wirtschaftliche Entwicklung während der letzten 5 Jahre gewissermaßen ihren Niederschlag findet, so werden Sie zugeben müssen, daß das Heizungsfach mit der Entwicklung der Technik Schritt gehalten und sich nutzbringend in die Verhältnisse, wie sie durch unsere allgemeine wirtschaftliche Lage gegeben sind, eingefügt hat. Der Heizungsbau ist nicht stehen geblieben bei der Erstellung von Einzelanlagen. Sein ganz großer Anteil an der Entwicklung rationeller Wärmewirtschaft und sein Eindringen in die technische Thermodynamik haben ihn bereits zu einem wichtigen Faktor der Energiewirtschaft gemacht.

Heizung und Lüftung dienen der Volksgesundheit und dem Volkswohl.

In den Richtlinien für die Vergebung von Heizungs-, Lüftungs- und gesundheitstechnischen Anlagen, die das Amt für Technik des Gaues Baden in dankenswerter Weise herausgegeben hat, heißt es:

»Anlagen dieser Art sind hochwertige ingenieurtechnische Einrichtungen, die, wenn sie gut gebaut sind, einen beträchtlichen volkswirtschaftlichen Wert haben. Sind sie das nicht, dann wird Volksgut zerstört.

Ist damit ganz allgemein zum Ausdruck gebracht, daß unserm Gewerbe eine große volkswirtschaftliche Bedeutung zukommt, so hat es auch Anspruch auf Förderung. Aus der Tatsache, daß ein technischer Fortschritt trotz der wirtschaftlichen Notlage zu verzeichnen ist, dürfen keine falschen Folgerungen gezogen werden. Sie beweist lediglich, daß ein wertvolles Kräftepotential vorhanden ist.

Wenn der deutsche Zentralheizungsbau die ihm gestellten hygienischen und wirtschaftlichen Aufgaben erfüllen soll, so ist dies nur möglich auf einem gesunden Boden und unter den Voraussetzungen, die ich skizziert habe. In allen Kreisen, die von dem Fach Nutzen für die Volksgemeinschaft fordern, muß sich die Erkenntnis durchsetzen, daß, je länger der ungezügelte wirtschaftsschädigende Wettbewerbskampf, in dem wir heute wieder stehen, geduldet wird, um so mehr kostbare Energie nutzlos vergeudet wird. Das kann sich aber ein Staat wie der unsrige, der ganz auf Leistung eingestellt ist, ein fach nicht erlauben.

Ich möchte meine Ausführungen schließen mit den Worten Friedrich Lists, des großen Verkünders nationaler Wirtschaftspolitik, der gesagt hat:

»Eine Nation ist so unabhängig und mächtig, wie ihre Industrie mächtig und ihre Produktivkräfte entwickelt sind. Die Zukunft einer Nation beruht auf ihrer Macht, und ihre Macht auf dem Reichtum, und ihr Reichtum auf einer harmonischen Entwicklung der produktiven Kräfte.«

Vorsitzender: Sehr geehrter Herr Möhrlin! Der Beifall, der Ihnen eben gezollt worden ist, wird Ihnen bewiesen haben, mit welcher Aufmerksamkeit die Versammlung Ihren Ausführungen gefolgt ist und wie sie Ihren Ausführungen zugestimmt hat. Sie haben ein ungeschminktes, eindeutiges Bild der wirtschaftspolitischen Lage des Heizungsfaches gegeben. Sie haben uns gezeigt, in welchen Schwierigkeiten die Firmen und die ganze Industrie heute stecken. Das sind Schwierigkeiten, die allerdings — das darf ich wohl sagen — nicht bloß im Zentralheizungsfach, sondern im ganzen Baugewerbe heute auftreten, aber im Heizungsfach durch die Überspannung der Zahl der Heizungsfirmen ganz besonders kraß in Erscheinung treten. Es wird eine sehr große und lange Zeit noch dauern, bis diese Reinigungsarbeit, die ja kommen muß, durchgeführt sein wird. Wir wollen nur hoffen, daß dann die Heizungsfirmen, die die Wissenschaft gefördert und die ganze Technik des Heizungswesens befruchtet und weiterentwickelt haben, bestehen bleiben, damit das Heizungswesen und das Heizungsfach in Deutschland weiter blüht und gedeiht. — Ich danke Ihnen nochmals.

Meine Herren! Ehe ich jetzt zu den Vorträgen über das Heizungsfach übergehe und Herrn Stadtbaurat Wahl den Vorsitz für diese Vorträge übergebe, darf ich mir noch erlauben, ein paar geschäftliche Mitteilungen zu machen.

Zunächst ist eine Teilnehmerliste gestern gedruckt worden, soweit Anmeldungen vorlagen. Durch die Anmeldungen von gestern abend ist es leider nicht möglich gewesen, diese bis heute früh zu vervollständigen. Sie wird aber am Mittag zur Verfügung stehen und allen Teilnehmern am Ausgang übergeben werden können. — Soweit in dieser Liste noch Unstimmigkeiten sind oder Namen fehlen sollten, würde ich behufs Vollständigkeit der Gesamtteilnehmerzahl bitten, dies im Kongreßbüro nachzutragen.

Ich möchte vorschlagen, daß wir nach den ersten Vorträgen etwa um 1 Uhr eine Pause eintreten lassen, auch morgen etwa gegen 1 Uhr.

Ich darf dann Herrn Stadtbaurat Wahl bitten, für den zweiten Teil den Vorsitz zu übernehmen.

(Geschieht.)

Stand und Entwicklungsrichtung des Heizungswesens.

Von Stadtbaurat i. R. Dr.-Ing. E. h. **L. Wahl,** Dresden.

Der Dortmunder Heizungskongreß 1930 stellt einen Wendepunkt in der Entwicklung der Wärmeversorgungsaufgaben dar. Angeregt durch die harten Erfahrungen der Nachkriegsjahre und der Jahre des immerwährenden Kohlenmangels hatte sich eine starke Entwicklung auf dem gesamten Gebiete der Wärmewirtschaft durchsetzen können, die nach der Festigung der deutschen Währung in der aufblühenden Wohnungsbautätigkeit ein ausgezeichnetes Arbeitsfeld gefunden hatte. Diese allgemeine Wirtschaftsbelebung hat das Heizungswesen außerordentlich stark gefördert, wodurch bis zum Jahre 1930 zahlreiche neue technische Gedanken den Weg in die Praxis gefunden hatten, die indessen in den darauffolgenden Jahren starke Hemmungen erfahren mußten. Die hohen Zinslasten der mit fremdem Kapital erbauten, technisch an sich sehr gut durchdachten, weit ausgedehnten Wärmeversorgungsanlagen — insbesondere die Stadtheizungen — konnten nicht allenthalben die erwarteten wirtschaftlichen Voraussetzungen erfüllen, vor allem dort nicht, wo weder hohe Verbrauchsdichte noch weitgehende Kupplungsmöglichkeiten zwischen Kraft und Wärmeverbrauch gegeben waren. Immer klarer hat es sich herausgeschält, daß die allgemeine Wärmeversorgungsfrage für sich allein nicht mehr zu behandeln ist. Es ist vielmehr ein wertvoller Teil der gesamten Energiewirtschaft geworden, der mit Erfolg nur im Rahmen und unter Eingliederung in dieses Wirtschaftsgebiet weiterentwickelt werden kann.

Die wirtschaftliche Ausnutzung vorhandener großer öffentlicher Kesselzentralen, die Beseitigung unwirtschaftlicher Spitzenbetriebe, die Ausnutzung von Energiespeichermöglichkeiten sowie die höchste Ausnutzung unserer Brennstoffvorräte lassen sich nur erzielen, wenn auch die allgemeine Wärmeversorgung in das Arbeitsgebiet des Energie-Wirtschaftlers eingegliedert wird, wie dies heute schon in vielen industriellen Großbetrieben der Fall ist, wo der Wärmeingenieur längst die rechte Hand des verantwortlichen Betriebsführers geworden ist.

Es erscheint uns als eine hohe vaterländische Pflicht, die uns von der Natur gegebenen wertvollen Brennstoffvorräte und Energiequellen in denkbar wirtschaftlicher Weise auszunutzen. Wir müssen heute noch bekennen, daß wir von diesem erstrebenswerten Ziele immerhin noch weit entfernt sind trotz aller Fortschritte, die das letzte halbe Jahrhundert gebracht hat. Es soll unsere Aufgabe sein, auf diesem Kongreß diese Fragen an die Spitze unserer Erörterungen zu stellen.

Nicht nur in Deutschland, sondern auch in anderen Ländern zeigen sich in dieser Beziehung neue Wege und Entwicklungsrichtungen. Vorbildlich ist auf diesem Gebiete die Schweiz, die durch den Mangel an natürlichem Brennmaterial — vor allem der Kohle — ein starkes Streben nach Ausnutzung anderer, naturgegebener Energiequellen von jeher gezeigt hat. Nirgends findet die aus den Wasserkräften gewonnene elektrische Energie in so mannigfaltiger Form für Heizungszwecke Verwendung als in den Alpenländern, zum Teil als Ausgleich zur Erzielung durchlaufend gleichmäßiger Werksbelastung.

Die Technische Hochschule in Zürich beispielsweise hat in mustergültiger Ausführung die Kupplung einer Höchstdruckdampfkesselanlage mit den aus Wasserkraftanlagen gewonnenen Energiequellen durchgebildet. Hier wird bei denkbar günstigster Ausnutzung der Wasserkräfte und sparsamster Verwendung der Kohle die Wärmeversorgung eines weit ausgedehnten Stadtteiles im Zusammenhange mit der öffentlichen Licht- und Kraftversorgung der Stadt Zürich durchgeführt. Als Wärmeträger ist hier wegen seiner außerordentlichen Vorzüge Heißwasser von 140° mit bestem Erfolge verwendet worden. Dieses gleiche neuartige System des Wärmetransportes hat auch in anderen Ländern, z. B. in Holland und Deutschland, mit sorgfältig durchgebildeten Einzelheiten und mit gutem Erfolge Anwendung gefunden.

Besonders ausgedehnt sind die Fernheizungen von ganzen Stadtteilen auch in Rußland[1]), vor allem in Moskau, entwickelt worden, und zwar mit verblüffend einfachen Mitteln und verhältnismäßig niedrigen Baukosten. Dort wird eine um den Stadtkern gelegte Ringleitung von den in Vorstädten gelegenen Kraftwerken durch Stichleitungen mit Wärme versorgt.

In den allerletzten Tagen sind auch die ersten Vorprojekte für eine planmäßige Wärmebelieferung unserer Reichshauptstadt bekannt geworden, die in Fachkreisen sicherlich die lebhafteste Beachtung finden dürften.

Es mehren sich die Ausführungen, bei denen die Auspuffgase großer Dieselmotorenanlagen als Wärmequelle für ausgedehnte Heizungsanlagen — vor allem auf Seeschiffen — ausgenutzt werden.

Neue aussichtsreiche Erkenntnisse sind auf dem Gebiete der Energieumwandlung durch den Verbrennungsvorgang gezeitigt worden. Sie erstrecken sich sowohl auf die Behandlung der Brennstoffe, auf die technische Gestaltung der Rostanlagen, des Feuerungsraumes als auch auf die Abführung der Verbrennungsprodukte. Gerade dieser Frage war bisher eine stiefmütterliche Behandlung zuteil geworden, und zwar zum großen Nachteile der betroffenen Verbraucherkreise. Ist doch die richtige Anordnung und Bemessung der Schornsteine von außerordentlich starkem Einfluß auf den Brennstoffverbrauch und damit auf die Wärmekosten.

Die Fragen des Wärmeverlustes und des Wärmeschutzes sind in München im Forschungsheim für Wärmeschutz weiter gefördert worden, und zwar einmal, um den Wärmebedarf neuzeitlicher Baukonstruktionen vor der Bauausführung berechnen zu können, zum anderen, um die Wärmeverluste beim Wärmetransport feststellen und nach Möglichkeit einschränken zu können.

Von besonderer Bedeutung sind auch die Wege, die von den Gaswerken beschritten werden, um durch die Verwendung des Gases zu Heizzwecken immer mehr die festen Brennstoffe wegen der ihnen anhaftenden Belästigungen aus dem Stadtinneren zu verbannen.

Der Wohnungsbau und das Siedlungswesen haben dem Heizungsfachmann manche neue Arbeitsmöglichkeit geschaffen. In gleichem Maße sind das Ofensetzergewerbe, die Eisenöfenindustrie, das Gasfach und das Zentralheizungsfach daran beteiligt worden. Neue technische Gedanken fanden hier indessen nur schwer ihren Weg in die Praxis, so daß sich das Hauptaugenmerk der Fachkreise besonders den Maßnahmen und Einrichtungen zuwandte, die der Überwachung und Erhöhung der Wirtschaftlichkeit dienen. Bei der Beheizung von Kleinwohnungen ging man wieder mehr auf die Ofenheizung zurück und suchte durch zweckmäßige Ausgestaltung von Rost und Feuerungsraum den neueren Erkenntnissen der Feuerungstechnik Rechnung zu tragen.

Die in England und auch in der Schweiz entwickelte Fußböden- und Deckenheizung, die ein besonderes Behaglichkeitsgefühl auslöst, hat bisher anderwärts wegen der hohen Anlagenkosten noch keine weitere Verbreitung gefunden. Nur dort, wo örtliche Heizkörper stören oder unsichtbar sein sollen, erscheint diese Heizungsart zweckentsprechend.

Während auf dem Gebiete der Raumerwärmung durch Öfen und Radiatoren nur wenig bemerkenswerte Neuerungen zu verzeichnen sind, hat der Bau gußeiserner

---

[1]) Gesundh.-Ing. 58 (1935) S. 101, Dipl.-Ing. P o h l, Die Entwicklung des Fernheizwesens in Rußland.

Gliederkessel wesentliche Fortschritte gemacht. Die Mängel älterer Bauarten in feuerungstechnischer Beziehung sind erkannt und werden durch erheblich verbesserte Ausführungsformen ersetzt. Gute Leistungsregelung, einfache Bedienung, Anpassung an verschiedenartige Brennstoffe, insbesondere geeignet zur Verfeuerung kleinstückiger, billiger Brennstoffe, sind die Merkmale neuerer Kessel-Bauarten, die auch für die kleinsten Zentralheizungsanlagen, Stockwerksheizungen geeignet sind.

Die Frage der Betriebskosten und der Wirtschaftlichkeit von Heizungsanlagen sowohl in kleinen Häusern wie in zentralbeheizten Wohnungsblocks hat ebenso wie die gerechte Verteilung der Heizkosten die Fachkreise im gleichen Maße wie die betroffene Bewohnerschaft stark bewegt, ohne daß bisher eine alle befriedigende Lösung zu finden war.

Aus diesen knappen Ausführungen wollen Sie ersehen, daß der Heizungsausschuß während der letzten fünf Jahre seine Aufmerksamkeit auf die verschiedensten Gebiete der Wärmewirtschaft lenken mußte.

Waren die Zeiten auch nicht dazu angetan, neue großzügige Fragen und Aufgaben anzufassen, so gaben sie uns doch Gelegenheit zur Vertiefung unserer wissenschaftlichen Arbeiten auf den Gebieten, wie deutscher Wagemut bereits vorwärtsgedrängt hatte.

Es zeichnet sich heute klar in dem großen Arbeitsgebiet der städtischen Energieversorgung ab, daß diese Frage technisch und wirtschaftlich nicht mehr restlos zu lösen ist, wenn man die Wärmeversorgung großer Wohnungszentren unbeachtet läßt und sie nicht in gleicher Weise anfaßt wie die Versorgung der Städte mit Gas, Wasser und Elektrizität. Dort, wo die Aufgabe der öffentlichen Wärmelieferung nach sorgfältigen Vorarbeiten eingerichtet worden ist, hat sich gezeigt, daß der Betrieb in wärmetechnischer Beziehung voll befriedigt und sich als eine der betriebssichersten Einrichtungen der Energiefortleitung erwiesen hat.

Wir erkennen immer schärfer, daß die großen technischen und wirtschaftlichen Fragen nicht einzeln für sich, sondern nur im Zusammenhange mit der gesamten Energiewirtschaft zu technisch und wirtschaftlich befriedigenden Lösungen geführt werden können.

Die Verflechtung neuer technischer Gebilde mit den wirtschaftlichen Gesichtspunkten ist das Merkmal unserer gegenwärtigen Entwicklung und, einmal in die allgemeine Wirtschaft eingeschaltet, arbeiten diese technischen Gedanken im Volke unaufhaltbar weiter, fortlaufend neue Kräfte auslösend und neue Arbeitsmöglichkeiten schaffend.

War mit dem Weltkriege das erste technische Jahrhundert nach furchtbarem Ringen unter Vernichtung ungeheurer wirtschaftlicher Güter zu Ende gegangen, so spüren wir heute nach 20 Jahren, daß die Wunden vernarben und daß mit ungeahnter Kraft aus den gesunden Wurzeln technischen Könnens wiederum neues Leben erwacht, dessen wir bedürfen, wenn wir unser deutsches Vaterland in friedlichem Wirtschaftskampfe neben den übrigen Kulturstaaten zu neuer Blüte emporführen wollen.

Das auf dem Gebiete der Wärmewirtschaft vor Augen zu führen, ist Sinn und Zweck des diesjährigen Kongresses für Heizung und Lüftung.

Ich darf nunmehr Herrn Prof. Marcard bitten, seinen Vortrag über »Natürliche Brennstoffe, ihre Bewirtschaftung und Verfeuerung« zu erstatten.

Natürliche Brennstoffe,
ihre Bedeutung, Bewirtschaftung und Verfeuerung.
Von Professor Dr.-Ing. W. Marcard, Hannover.

Es ist leider in weiten Kreisen noch viel zu wenig bekannt, daß der Hausbrand bei weitem der größte Abnehmer der deutschen Brennstofferzeugung ist, und daß jährlich etwa 40% der erzeugten Brennstoffmenge, die einen Wert von rd. 1 Milliarde RM. darstellt, an dieser Stelle verbraucht wird. Den wenigsten wird ferner bekannt sein, wieviel fleißige Hände dazu gehören, bis der Brennstoff im Vorratsbunker liegt, und in welchem Umfange beispielsweise nur das Verkehrswesen daran beteiligt ist. So betrug der Versand wichtiger Güter auf den deutschen Eisenbahnen:

	1929	1932
Steinkohlen, Braunkohlen, Koks, Briketts usw.	40,3%	45,5%
Kartoffeln	0,9%	1,6%
Getreide insgesamt	1,9%	2,5%
Stahl, Eisen, insgesamt vom Roheisen bis zur Maschine	8,3%	6,0%

Man kann überschläglich berechnen, daß in Deutschland etwa 6 Millionen Menschen durch die Gewinnung, die Beförderung und die unmittelbare Verfeuerung und Verwertung von Brennstoffen ihren Lebensunterhalt haben. Damit ist aber die Zahl derjenigen noch bei weitem nicht erschöpft, die mittelbar dadurch ihr Brot haben. Wenn wir uns unter diesem Gesichtswinkel einmal aufmerksam den Stammbaum der Kohle betrachten, dann sehen wir schnell, wie weit sie das Ausgangsprodukt aller möglichen Industrien bildet. Ammoniak, Benzol, Teer sind zunächst die einfachsten Weiterverarbeitungsstoffe. Allein die Güter, die in der Farbenindustrie, die zum größten Teil auf Kohle beruht, jährlich geschaffen werden, gehen in die Millionen und Milliarden.

Der Brennstoff zieht sich wie ein schwarzer Faden durch unser ganzes heutiges Kulturleben hindurch, und ohne Brennstoff wäre dieses Kulturleben überhaupt nicht denkbar. Wenn wir am frühen Morgen erwachen und das elektrische Licht einschalten, betätigen wir Brennstoff; wenn wir ins geheizte Zimmer treten, so ist Brennstoff die Ursache der Wärme; wenn wir unsern Kaffee trinken, so ist er durch Brennstoff entstanden; die elektrische Bahn oder der Autobus, den wir benutzen, wird mit Brennstoff betrieben. Die ganze Industrie, die uns mit allen Bedürfnissen des heutigen Kulturlebens versorgt, wird lediglich durch Brennstoff in Bewegung gehalten, ja selbst die Landwirtschaft kann heute des Brennstoffes nicht entbehren. Die hohen Ernteziffern, die wir heute haben, werden mit Hilfe von künstlichem Dünger erzielt, der durch Brennstoff erzeugt wird. Wohin wir auch blicken, immer wieder sehen wir: Brennstoff, Brennstoff, Brennstoff.

So ergibt sich für uns zwingend der Schluß: Fehlte unserm deutschen Volke der Brennstoff, insbesondere die Kohle, dann müßte Deutschland sofort auf ein Volk von ⅓ bis ½ der heutigen Bevölkerungszahl zusammenschrumpfen. Selbst wenn wir das deutsche Land in Erbhöfe aufteilten, die eine ganz intensive Bewirtschaftung gestatteten, so wäre es unter Berücksichtigung des heutigen Standes der Landwirtschaft vielleicht möglich, 70 Personen auf 1 km² zu beschäftigen, während annähernd die doppelte Zahl heute darauf lebt. 30 bis 40 Millionen Menschen sind also in Deutschland dem Deutschtum durch die Kohle und durch die durch Kohle in Bewegung gehaltene Industrie erhalten worden.

Wenn der diesjährige Kongreß für Heizung und Lüftung den Brennstoff an die Spitze seiner Tagung gestellt hat, so geschah das aus der Erwägung heraus, daß der Hausbrand als Hauptabnehmer ein Interesse daran hat, über die neuesten Erfahrungen auf diesem Gebiete unterrichtet zu werden.

Ehe auf die Bewirtschaftung der Brennstoffe und ihre Verfeuerung näher eingegangen wird, sei es gestattet, einen kurzen geschichtlichen Überblick zu geben. Wir werden auch daraus sehen, daß und wie sehr unser ganzes heutiges Kulturleben auf der Kohle aufgebaut ist.

Wann der Mensch die in der Kohle vor Jahrtausenden zusammengeballte Sonnenenergie zum ersten Male wieder in fühlbare Wärme umgeformt hat, läßt sich sehr schwer feststellen. Den Chinesen soll die Kohle bereits vor mehreren tausend Jahren bekannt gewesen sein. In der Kultur des Mittelmeeres wird sie im Jahre 290 v. Chr. zum ersten Male von Theophrastos für Thrazien erwähnt. Im Mittelalter finden sich die ersten Mitteilungen über die Verwendung der Kohle in der Chronik von Peterborough in England aus dem Jahre 852, wo erwähnt wird, daß ein Lehnsmann u. a. auch 12 Ladungen Kohle liefern mußte. Eine weitere Urkunde stammt aus dem Jahre 1239, in welcher Heinrich II. den Einwohnern von Newcastle on Tyne das Recht zur Ausbeutung von Kohlengruben verlieh. Wenn man sich auch in den englischen Städten sehr gegen die Verwendung von Kohle sträubte, da sie infolge ihres Rußens recht unangenehm schmutzende Eigenschaften aufwies und einen üblen Geruch verbreitete, weil sie offenbar infolge Mangels eines Rostes nicht brannte, sondern nur schwelte, so hat sie in England für Heizzwecke doch bald eine gewisse Bedeutung erlangt. Die englischen Könige haben die Kohleförderung unterstützt und frühzeitig eine Einnahmequelle für sich daraus gemacht.

Auf dem Kontinent ist die Kohle zum ersten Male in der Nähe von Kerkrade beim Kloster Klosterrade im Wurmtal im Jahre 1113 gefunden worden. Ferner wird sie im Pergamentkodex des Zwickauer Stadtrechtes im Jahre 1348 erwähnt. Es wird den Schmieden die Verwendung von Steinkohlen innerhalb der Stadtmauern verboten, da offenbar die Kohle bei der Verfeuerung stark rußte. Der Sage nach soll der Zwickauer Steinkohlenbergbau bereits im 10. Jahrhundert bei den gewerbefleißigen Sorben-Wenden eine Bedeutung gehabt haben. Im Ruhrgebiet ist die Kohleförderung mindestens 600 Jahre alt. Urkunden aus den Jahren 1302, 1317 und 1319 erwähnen z. B. Kohlenkrafften in Aplerbeck und die Verwendung von Steinkohlen. Friedrich der Große hat dem Bergbau des Niederrheins weitgehende Beachtung geschenkt und im Jahre 1767 für die Bergleute ein Generalprivilegium erlassen.

Aber alle diese Kohlenförderungen blieben in einem kleinen Umfang und hatten nur eine ganz örtliche Bedeutung. Die Verwendung der Kohle beschränkte sich auf Heizungen und wenige gewerbliche Zwecke. Auf die Gestaltung des Kulturlebens hat sie damals noch gar keinen Einfluß gehabt; das war einer viel späteren Zeit vorbehalten.

Der Hauptbrennstoff der damaligen Zeit war und blieb nach wie vor das Holz und die daraus gewonnene Holzkohle. Die Porzellan- und Glasindustrie, die Kalk- und Ziegelbrennereien, sowie die Eisenerzeugung in Rennfeuern oder »Hohen Öfen« waren auf Holzkohle eingestellt. Sie wanderten hinter dem Wald her. War ein größerer Teil abgeholzt, dann verlegten sie ihren Sitz. Das Schwinden der Wälder ist in erster Linie auf solchen Raubbau zurückzuführen. Welche ungeheuren Mengen allein für Heizungszwecke verfeuert wurden, geht z. B. daraus hervor, daß die Hofhaltung von Weimar jährlich im 16. Jahrhundert 1600 Klafter Holz benötigte, was etwa 30 bis 35 000 Ztr. entspricht.

Dazu kommt, daß das Holz nicht allein »Brennstoff« sondern auch »Baustoff« war. Häuser und Brücken wurden ebenso aus Holz gebaut wie Arbeitsmaschinen,

Walzen, Webstühle, Spinnräder oder Verkehrseinrichtungen wie Wagen und Schiffe. Ein mittelgroßes Schiff benötigte zu seiner Herstellung nur 4000 ausgewachsene Eichen. Nur in seltenen Fällen, dort wo die geldlichen Verhältnisse es gestatteten, wurde das Holz durch andere Baustoffe wie Stein oder Metall ersetzt. Heute kann man es sich kaum vorstellen, daß bei der fast einjährigen Belagerung Hildesheims im 30jährigen Kriege im Winter 1633/34 von den Einwohnern die stattliche Zahl von 147 Häusern niedergerissen wurde, um die Stadt mit Brennstoff zu versorgen.

Man könnte die Zeit vor unserer Neuzeit mit gutem Recht die »hölzerne« nennen. Das Eisen und die anderen Metalle waren zwar bekannt und erfuhren auch eine gewisse Verwendung; aber sie hatten einen sehr hohen Wert — man kann Eisen fast als Edelmetall bezeichnen —, daß sie nur zur Herstellung von Werkzeugen und Waffen Verwendung fanden. Erst die Kohle hat in diese Gestaltung des menschlichen Lebens Bresche geschlagen und eine solche Fülle von neuen Möglichkeiten eröffnet, daß man heute rückschauend immer wieder erstaunt ist über die urzuständliche Lebensweise der »guten alten Zeit«. Durch die mit Kohle betriebene Eisenbahn und die Dampfschifffahrt wurden Entfernungen, die für frühere Begriffe ungeheuere waren, spielend überbrückt. Dann kam in zunehmendem Maße der Brennstoff »Erdöl«, das uns mit von ihm betriebenen Kraftwagen und Flugzeug Fahr- und Verkehrsmöglichkeiten gegeben hat, an die man vor noch nicht so langer Zeit gar nicht zu denken wagte. Es mutet heute doch lächerlich an, daß man in manchen Ortschaften noch heute die Vorschrift sieht, daß Geschwindigkeiten von 15 km/h verboten sind. Bei dieser Geschwindigkeit ist ein heutiger Kraftwagen auf wenige Zentimeter zum Stehen zu bringen, während ein durchgehendes Gespann mit dieser Geschwindigkeit auf eine große Strecke von vielen Metern, vielleicht sogar Hunderten von Metern, nicht abzustoppen ist.

Halten wir die Begriffsbestimmung »hölzernes Zeitalter« und »Kohlenzeitalter« fest, so müssen wir vom Standpunkt des Ingenieurs die übliche Unterscheidung nach »Altertum, Mittelalter, neue Zeit und neueste Zeit« ablehnen. Für den Ingenieur gibt es nur eine alte Zeit mit dem Brennstoff Holz und dem Baustoff Holz und Stein und eine neue Zeit, die eingeleitet wurde durch den Brennstoff Kohle und den Baustoff Eisen.

Es ist das Verdienst der Engländer, unter dem Druck der Holznot Ende des 18. Jahrhunderts die neue Zeit eingeleitet zu haben. Der große Verbrauch von Holz und das Schwinden der Wälder — die Engländer waren z. B. gezwungen, für ihren Schiffbau fremde Hölzer einzuführen — führte dazu, daß sich tüchtige Eisenhüttenleute mit der Frage beschäftigten, wie die Holzkohle durch die bereits bekannte Steinkohle, die in England genügend vorhanden war, zu ersetzen sei. Die ersten brauchbaren Versuche machten in der ersten Hälfte des 18. Jahrhunderts Vater und Sohn Darby. Die Schwierigkeiten, die sich technisch dabei ergaben, lagen darin, daß der in der Kohle vorhandene Schwefel in das Eisen übergeht und dasselbe brüchig und schlecht macht.

Erst die Erfindung von Henry Cort aus dem Jahre 1785, das im Hochofen mit Steinkohle erschmolzene Eisen durch ein Frischverfahren wieder zu entschwefeln, brachte mit einem Schlage die Eisenindustrie auf eine andere Grundlage. Es war nunmehr möglich, Eisen als Werk- und Baustoff in so großen Mengen und so billig herzustellen, daß es der »Baustoff« werden konnte. Nun erst beginnt der Siegeszug des durch die Kohle erschmolzenen Eisens. Langsam und sicher und allmählich immer schneller wurde das Holz aus den industriellen Betrieben verdrängt. Die wesentlich größere Genauigkeit, die man in der Herstellung von eisernen Waren, z. B. Arbeitsmaschinen, Webstühlen, Spindeln usw erreichte, die günstigen Festigkeitseigenschaften des Eisens und die Möglichkeit, die längst bekannte Dampfkraft nun endlich in eisernen Maschinen und Kesseln ausnutzen zu können, führte zu immer weiteren Entwicklungsstufen.

Unsere heutige Kulturstufe ist also vor genau 150 Jahren durch die Nutzbarmachung der Kohle eingeleitet worden. Hätten die Alten diese Erkenntnisse schon gehabt, dann hätten sie nicht bei Holz- und Steinbauten stehen zu bleiben brauchen. Auch sie wären wahrscheinlich schnell zu einem industriellen Aufschwung gekommen;

denn die Dampfkraft war ihnen z. B. bekannt. Welches Entwicklungszeitmaß durch die Kupplung von Kohle und Eisen vor 150 Jahren eingeleitet worden ist, davon machen sich heute wohl die wenigsten Leute einen Begriff. In unserer heutigen schnellebigen Zeit vergessen wir nur zu bald das Gestern. Heute wirkt es geradezu lächerlich, wenn man sagt, daß Seife ein Luxusbedarfsgegenstand war, oder daß der Kienspan oder schlechte Talgkerzen übliche Beleuchtungsmittel waren.

Wenn man ferner heute so häufig die Bemerkung hört, daß die jetzige Zeit unter dem Fluch der Hetze stehe und daß das Maschinenzeitalter, das letzten Endes durch die Kohle geworden ist, die Menschen wie mit der Peitsche durch das Leben treibe, so ist das eine sehr einseitige Darstellung. Man muß sich auch darüber klar sein, daß uns alles Gute, Schöne und Angenehme, das wir heute erleben dürfen, nur durch die Kohle und die Maschine geschenkt wird. Wenn auch der kleine Arbeiter heute in der Lage ist, sich Erholung zu verschaffen und die Schönheiten der Welt zu sehen, so ist das eine Errungenschaft der Brennstoffzeit. Der Sklave oder Leibeigene der früheren Zeit, der

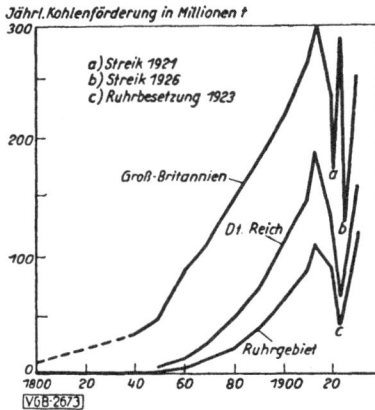

Abb. 1. Steinkohlenförderung 1800—1830.

einen hohen Vomhundertsatz der Bevölkerung bildete, oder der ganz kleine Mann, der mit Frau und Kind in oft mehr als 14stündigem Arbeitstag sein kärgliches Brot erwerben mußte, haben das nicht gekonnt.

Die Engländer haben es sehr gut verstanden, ihre Erkenntnisse geheim zu halten, und es dauerte Jahrzehnte, bis ihre Erfahrungen zum Kontinent gelangten. In Deutschland setzte die Kupplung von Kohle und Eisen in größerem Umfange erst um die Jahre 1830/40 ein. Das gab den Engländern für lange Zeit ihre große Überlegenheit auf technischem Gebiet. Viele junge deutsche Ingenieure — man denke z. B. an Max Eyth — wanderten nach England, um ihre technischen Kenntnisse zu vervollkommnen. Es dauerte Jahre und Jahrzehnte, bis der gründliche Deutsche diesen Vorsprung eingeholt hatte. Es ist ja bekannt, wie lange unsere deutsche Industrie im eigenen Lande mit dem starken englischen Wettbewerb rechnen mußte. Abb. 1 zeigt uns die Steinkohlenförderung im Deutschen Reiche mit dem Ruhrgebiet und in Großbritannien vom Jahre 1800 ab. Die dargestellten Linien werfen ein außerordentlich lehrreiches Schlaglicht auf die industrielle Entwicklung der beiden Völker. Während Großbritannien bereits im Jahre 1800 eine Förderung von über 10 Millionen t aufweist, erreicht Deutschland diese Zahl erst Ende der fünfziger Jahre. Vorher waren wir das Volk der Denker und Dichter.

Mit der steigenden Verwertung der Kohlen geht Hand in Hand eine reiche erfinderische und Forschungstätigkeit. Im Jahre 1810 erhielt der Engländer John Maiben ein Patent auf die Erzeugung von Steinkohlengas. Im Jahre 1812 beleuchtete London seine Straßen mit Gas; erst 1824 folgte auf dem Kontinent Hannover. Im Jahre 1826

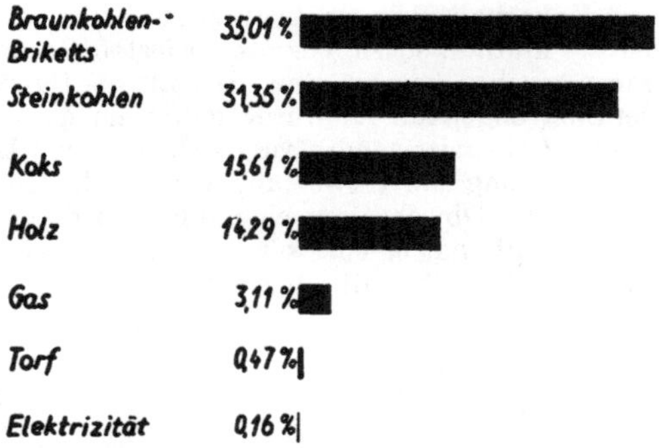

Braunkohlen-Briketts	35,01 %	
Steinkohlen	31,35 %	
Koks	15,61 %	
Holz	14,29 %	
Gas	3,11 %	
Torf	0,47 %	
Elektrizität	0,16 %	

Abb. 2. **Anteiliger Brennstoffverbrauch im Hausbrand 1933.**

wurde bei der Untersuchung von Steinkohlenteer in Deutschland durch Hoffmann das Anilin entdeckt, das der Ausgangsstoff für die Farbenindustrie geworden ist. Im Jahre 1838 meldete John Juckes den ersten Unterschubrost, im Jahre 1841 den ersten Wanderrost zum Patent an, der endlich im Jahre 1899 nach Deutschland kam und hier seine Entwicklung zum heutigen Hochleistungswanderrost erfuhr. Die Heil-

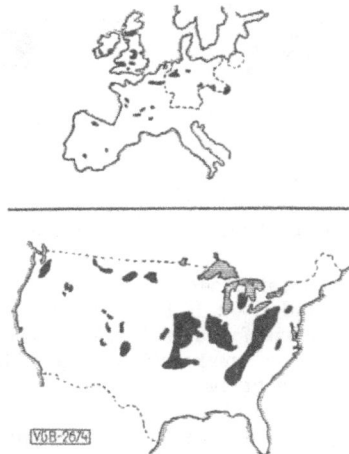

Abb. 3. **Wichtigste Steinkohlen-Wirtschaftsgebiete Europas und der Vereinigten Staaten.**

mittelindustrie, die Riechstoffe, die künstlichen Düngemittel, die Zementherstellung usw. usw. bauen sich auf Stoffen auf, die aus der Kohle stammen oder durch Kohle vorbereitet werden. Das Transportwesen, Eisenbahn, Elektrizitätswirtschaft werden heute zum überwiegenden Teile durch Kohle versorgt.

Man könnte die Beispiele aus der Geschichte der Kohle beliebig erweitern. Die vorstehenden mögen genügen, um die überragende Bedeutung des Brennstoffes für die

Gestaltung unseres heutigen Kulturbildes darzulegen. Wenden wir uns daher nach dieser geschichtlichen Abschweifung wieder unserem eigentlichen Thema zu.

Unter natürlichen Brennstoffen werden hier diejenigen verstanden, die wir unmittelbar in der Natur finden, wie Steinkohle, Braunkohle, Torf, Holz als feste, Erdöle als flüssige, Erdgase als gasförmige Brennstoffe sowie die einfachsten Umformungen, die wir in Gestalt von Koks und Briketts benutzen.

Während wir über die mutmaßlichen Vorräte an festen Brennstoffen auf der Erde recht gute Zahlenangaben machen können, sind diese für die flüssigen und gasförmigen Brennstoffe außerordentlich ungenau. Es würde daher ein ganz falsches Bild geben, wollte man irgendwelche Werte miteinander vergleichen. Dazu kommt, daß nicht die Vorräte, sondern ihre Ausbeutung und Verwertung dem Lande den Stempel aufdrücken. Ein Beispiel mag dies erläutern. Obwohl Deutschland nur über weniger als 1% der Weltvorräte an Braunkohle verfügt, hat es eine blühende Braunkohlenindustrie, während die Vereinigten Staaten von Amerika mit über 60% der Weltvorräte die Braunkohle

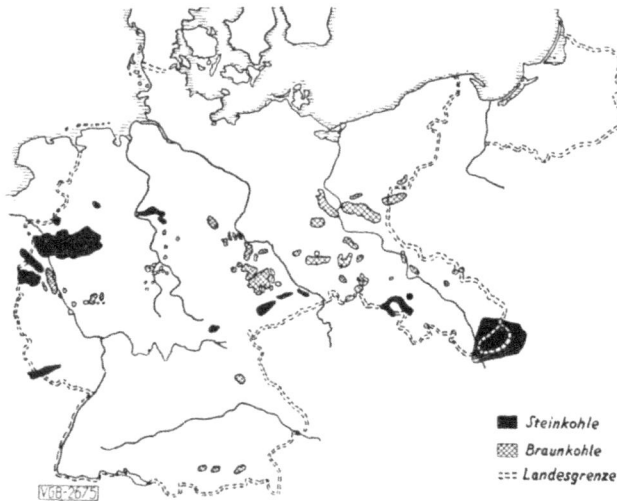

Abb. 4. **Steinkohlen- und Braunkohlenvorkommen im Deutschen Reich.**

vollständig vernachlässigen. Es sei daher gestattet, die Brennstoff-Bewirtschaftung einmal vom Standpunkt eines Landes — z. B. Deutschlands — anzusehen. Die gezogenen Schlüsse können sinngemäß auch auf andere Länder übertragen werden.

Deutschland ist reich an festen Brennstoffen, Steinkohlen und Braunkohlen, und verfügt über gute technische Einrichtungen, um diese Schätze zu heben, die uns eine gütige Vorsehung vor Jahrtausenden in die Erde gelegt hat. Die Erdölförderung ist — wenn sie auch in den letzten Jahren ständig gestiegen ist — im Verhältnis zur Kohlenförderung außerordentlich gering und müßte beispielsweise auf etwa das 80 fache gesteigert werden, um nur den Wärmebedarf des Hausbrandes zu decken. Erdgas wird in Deutschland gar nicht gewonnen. Da unsere heutige Devisenlage die Einfuhr ausländischer Öle nur für Sonderzwecke gestattet, der Arbeitsmarkt aber die Rücksichtnahme auf noch etwa 2 Millionen Arbeitslose erfordert, ergibt sich für unsere Brennstoffwirtschaft und insbesondere für den Hausbrand, als dem Hauptabnehmer, zwingend folgende Einstellung: Bei der Neuanlage von Heizungen sind Einrichtungen zu schaffen, die mit Brennstoffen betrieben werden, welche in Deutschland gefördert oder aus deutschen Brennstoffen künstlich erzeugt werden (z. B. Koks, Koksofen- oder Stadtgas). Alte Anlagen sind nach Möglichkeit umzubauen. Jede Tonne Öl, die wir an solchen Stellen verfeuern, wo auch heimische Brennstoffe ausreichen, kostet nicht nur Devisen, sondern macht auch deutsche Arbeiter brotlos. Zwei Brennstoffe, die im deutschen Haushalt noch eine Rolle spielen, sind Holz und Torf. Während aber der Torf verhältnismäßig nur eine sehr geringe Verbrauchsziffer zeigt, ist das beim Holz ganz anders. Es tritt an verschiedenen Stellen des Reiches, insbesondere auf dem Lande, mit den Kohlen in ernstlichen Wettbewerb. Die deutsche Forstwirtschaft ist zu ihrem wirtschaftlichen Bestehen auf diesen Verkauf, der etwa 40% ihrer jährlichen Holzerzeugung beträgt, angewiesen. Ob es gelingt, hier weitere Verkaufsmöglichkeiten (z. B. für Holzgaserzeuger für den Kraftfahrzeugbetrieb) zu eröffnen oder die deutsche Forstwirtschaft auf eine größere Nutzholzerzeugung (wir müssen etwa 30% unserer Nutzhölzer einführen) und eine verringerte Brennholzerzeugung umzustellen, dürfte heute kaum zu beantworten sein.

Abb. 2 zeigt die Verteilung der Brennstofflieferung auf die verschiedenen Erzeuger. Vergleichen wir die drei Länder größter Kohlenerzeugung, Deutschland, England und Vereinigte Staaten von Amerika, in ihren feuerungstechnischen Entwicklungen miteinander, so können wir z. T. recht große Unterschiede feststellen. Das liegt in wesentlicher Hinsicht in der Verteilung der Kohlengebiete begründet. Abb. 3 zeigt die wichtigsten Steinkohlenvorkommen Europas und der Vereinigten Staaten in gleichem Maßstab nebeneinander. Man sieht, daß die amerikanischen Kohlengebiete wesentlich größere und geschlossenere Flächen einnehmen als die europäischen. Beim Vergleich zwischen Amerika, England und Deutschland ist ferner zu beachten, daß die beiden ersteren nur Steinkohle, und zwar innerhalb der einzelnen Gebiete von sehr einheitlicher Struktur fördern. Betrachtet man dagegen die deutschen Brennstoffverhältnisse in Abb. 4, so fällt eine außerordentlich große Mannigfaltigkeit der verschiedenen Kohlen auf engstem Raume auf. Steinkohlen von der Gasflammkohle bis zum Anthrazit und Braunkohlen sind nebeneinander zu finden.

Ein hervorragend durchgebildetes Transportwesen in bezug auf Eisenbahnen, Flüsse, Kanäle sorgt dafür, daß am gleichen Ort die verschiedenartigsten Brennstoffe erhältlich sind. Abb. 5 bis 7 zeigen deutlich, wie Steinkohle, Braunkohle und Koks aus den großen Erzeugungsstätten in alle Länder fließen. Aus diesen spezifisch deutschen Kohlenwirtschaftsverhältnissen ist zwangläufig der Ruf nach dem »Allesbrenner« entstanden.

Nach welchen Gesichtspunkten soll man nun jeweilig seinen Brennstoff einkaufen? Hier überlagern sich eine Reihe von Kennwerten und Eigenschaften, die je nach den Ortsverhältnissen oder den Konstruktionsgrundsätzen des Kessels die Auswahl entscheidend beeinflussen können. Von besonderer Wichtigkeit sind folgende vier Punkte:

Wärmepreis,
Zündungs- und Verbrennungseigenschaften,
Stapelfähigkeit und
staatliche Belange.

Beim Wärmepreis unterscheidet man den Einkaufs- und den Nutzwärmepreis. Im Heizungswesen wird er gewöhnlich auf 1000 kcal bezogen. Der erste ist bereits eine wichtige wirtschaftliche Kenngröße und gibt dem Einkäufer ein erstes vorläufiges Bild darüber, welcher Brennstoff für den beabsichtigten Zweck in Frage kommt. Kennt man außerdem noch den Wirkungsgrad der Anlage, so kann man durch Division mit diesem den Nutzwärmepreis errechnen.

Die einseitige Einstellung auf den Wärmepreis kann jedoch u. U. zu großen Enttäuschungen führen und setzt voraus, daß man sich sehr genau darüber unterrichtet, ob der in Aussicht genommene Brennstoff auch weiterhin zu den gleich billigen Bedingungen, ja ob er überhaupt erhältlich ist. Durch die Entwicklung besonderer Kessel für die Verfeuerung sog. minderwertiger Brennstoffe, die schwer verkäuflich und daher billig waren, trat schnell eine gesteigerte Nachfrage nach diesen Brennstoffen

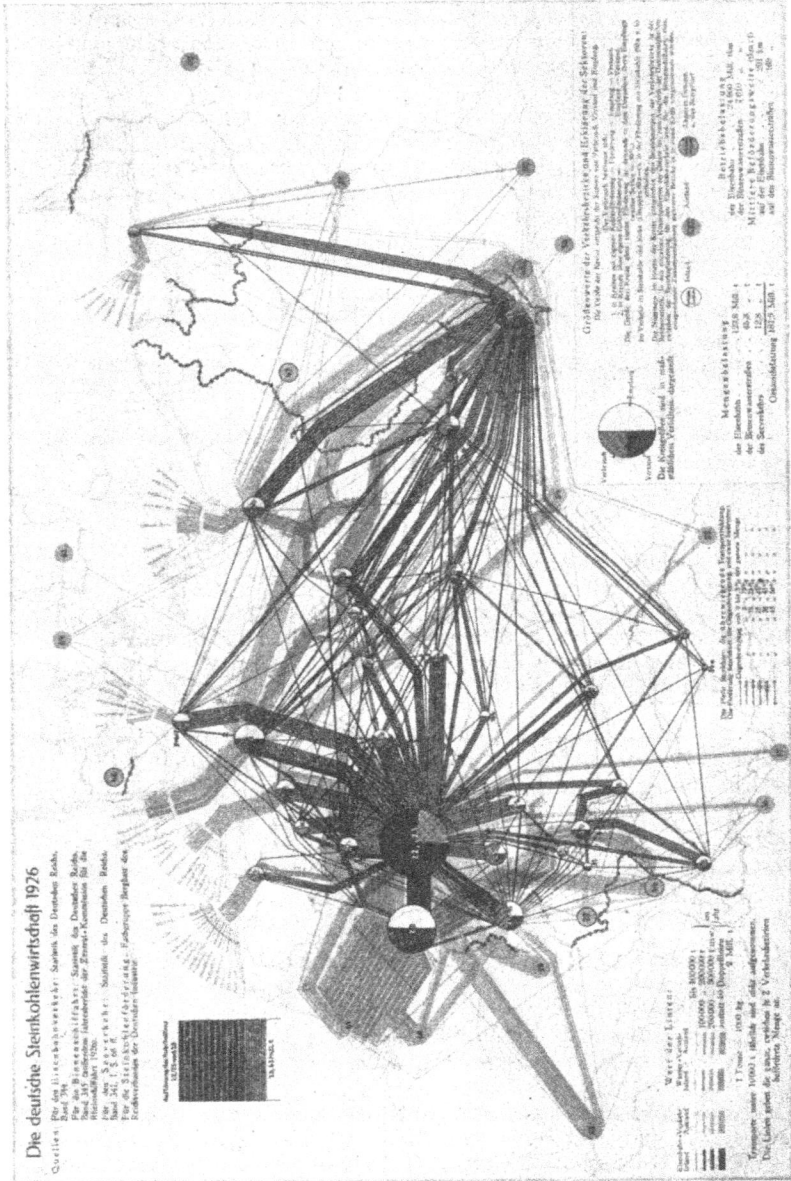

Abb. 5. Die deutsche Steinkohlenwirtschaft im Jahre 1926.
Aus: Tiessen, Deutscher Wirtschaftsatlas 1929, Tafel 38; Verlag von Reimar Hobbing, Berlin SW 61.

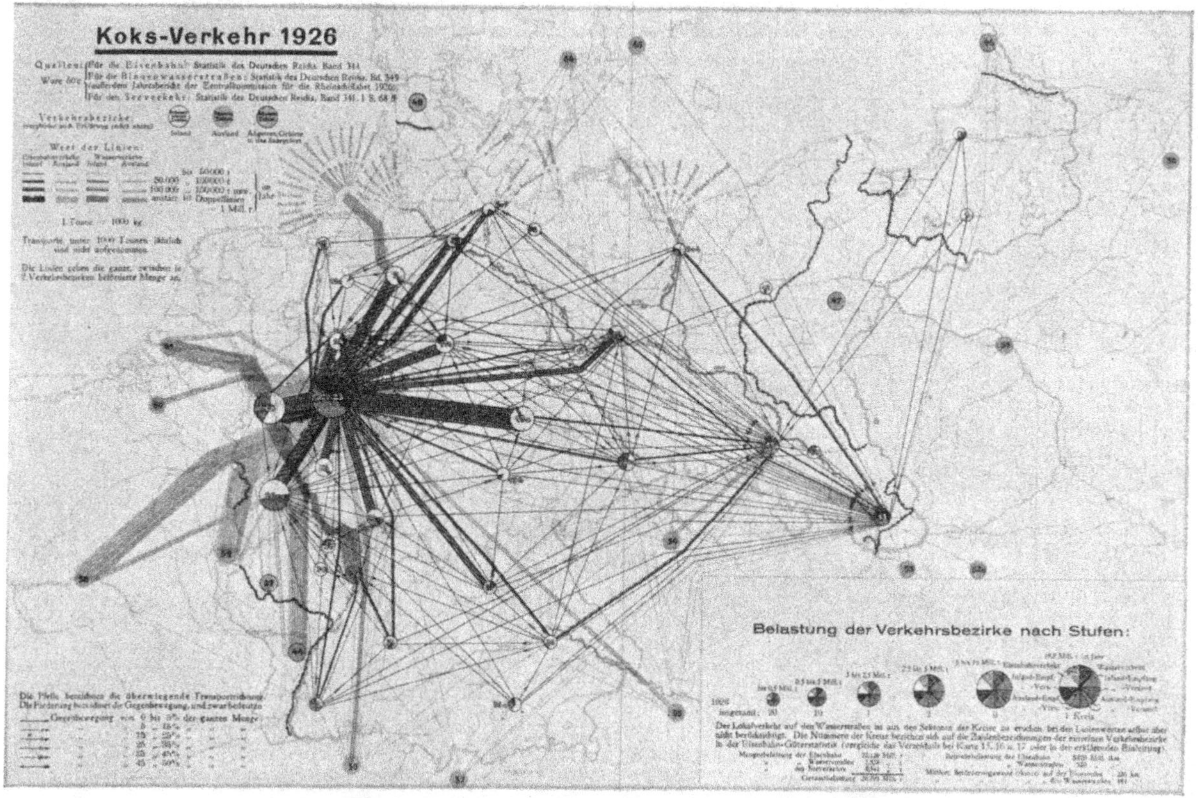

Abb. 6. Koks-Verkehr im Deutschen Reich im Jahre 1926.

Aus: Tiessen, Deutscher Wirtschaftsatlas 1929, Tafel 40; Verlag von Reimar Hobbing, Berlin SW 61.

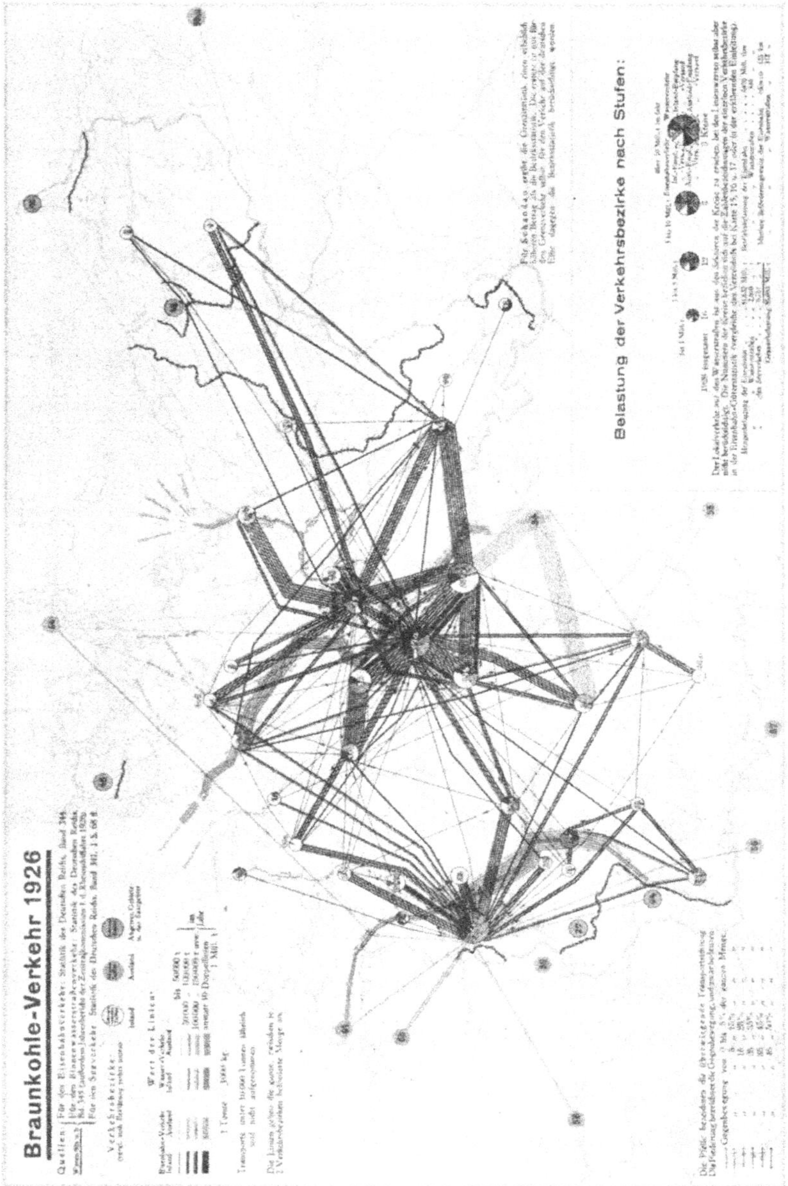

Abb. 7. Braunkohle-Verkehr im Deutschen Reich im Jahre 1926.
Aus: Tiessen, Deutscher Wirtschaftsatlas 1929, Tafel 42; Verlag von Reimar Hobbing, Berlin SW 61.

auf, der die Syndikate nicht Rechnung tragen konnten, und die dann entweder zur Preissteigerung führte oder zu der Unannehmlichkeit, daß die betreffende Sorte nicht lieferbar war. Für den Fall, daß überhaupt eine Änderung der Konstruktion für die Verwendung anderer Brennstoffe möglich ist, entstehen dadurch doch zusätzliche Kosten, die leicht die vorherigen Ersparnisse auffressen können.

Durch die Schaffung von Allesbrennern würde der recht unterschiedlichen Preisbildung, die wir bei einigen Brennstoffen des Hausbrandes beobachten können, ein starker Riegel vorgeschoben werden.

Die Zündungs- und Verbrennungseigenschaften der verschiedenen Brennstoffe sind außerordentlich unterschiedlich. Es kann sich daher hier nicht darum handeln, sie alle einzeln zu beschreiben, zumal unsere Kenntnis der Einzelvorgänge beim Zünden und Verbrennen ohnehin noch sehr gering ist. Der Zweck der nachstehenden Ausführunge soll vielmehr der sein, den Heizungsingenieur in das Verhalten der Brennstoffe auf dem Rost und im Feuerraum vom technischen Standpunkt aus einzuführen und ihm Richtlinien für die Beurteilung in die Hand zu geben.

Für die feuerungstechnische Beurteilung eines Brennstoffes ist weniger die reine chemische Analyse über den Gehalt an Kohlenstoff, Wasserstoff, Sauerstoff, Asche und Feuchtigkeit wichtig als die Angaben über den Heizwert, den Gehalt an flüchtigen Bestandteilen, die Koksbeschaffenheit, die Körnung und das Verhalten der Schlacke. Ferner müssen wir uns daran gewöhnen, den Verbrennungsvorgang dynamisch zu betrachten. Das 12000- bis 15000fache Volumen an Luft muß mit der Kohle in innige Berührung gebracht werden, damit sie zu Feuergasen umgeformt wird. Daraus ergeben sich nicht nur gewisse Geschwindigkeitsbedingungen im Brennstoffbett und im Feuerraum, sondern vor allen Dingen — und das kann gar nicht genug betont werden — ganz bestimmte Zeitbegriffe für die Berührung der Kohle mit der Luft, für die Mischung von brennbaren Gasbestandteilen mit Luft, für den Zündungs- und schließlich für den Verbrennungsvorgang.

Die flüchtigen Bestandteile sind die gasförmigen und teerigen Zersetzungsergebnisse, die bei der trockenen Destillation der Kohle entweichen. Sie werden in Gewichtsvomhundertteilen angegeben und sind um so kleiner, je älter die Kohle ist. Nach dem Anthrazit mit 7 bis 10% folgen Eßkohle, Fettkohle, Gaskohle, Gasflammkohle und schließlich Braunkohlenbriketts mit etwa 45 bis 55%. Gelangt der Brennstoff ins Feuer, so entweicht das Gas, während der Koks liegen bleibt. Daraus ergibt sich für den Verbrennungsvorgang folgender wichtiger Schluß. Die flüchtigen Bestandteile verbrennen im Feuerraum, der Koks auf dem Rost. Das heißt mit anderen Worten, daß für die Zündung und Verbrennung der ersteren nur die ganz kurze Zeit zur Verfügung steht, die sie sich im Feuerraum aufhalten, während der Koks sehr lange liegen bleibt. Gelangen die Gase erst in die Züge, in denen sie sich an den kalten Wandungen stark abkühlen können, so besteht die große Gefahr, daß sie unverbrannt abziehen. Rußbildung ist die Folge. Es ist bekannt, daß der Wirkungsgrad dadurch sehr stark beeinträchtigt werden kann. 1% CO oder H_2 in den Abgasen bedeutet eine absolute Minderung um 4 bis 6%, 1% CH_4 sogar um 13 bis 19%.

Im Großfeuerungsbau hat man die Leistungskenngröße »Feuerraumwärmebelastung« in kcal/m³, h eingeführt, die angibt, wieviel von der im Brennstoff aufgegebenen Wärmemenge stündlich auf 1 m³ Feuerraum entfällt. In Wahrheit ist sie ein Zeitbegriff, und zwar bedeutet eine Feuerraumwärmebelastung von 360 000 kcal/m³, h etwa eine Aufenthaltszeit von 1 s. Das ist für die Vorgänge der Mischung, Zündung und Verbrennung eine recht kurze Zeit. Die heutigen Erfahrungen im Großfeuerungsbau für die verschiedenen festen Brennstoffe lassen sich dahin zusammenfassen, daß diese Zeit ausreicht, und daß bei Einhaltung derselben Verluste durch unverbrannte Gase praktisch nicht mehr vorkommen.

Rechnet man einmal die Feuerraumwärmebelastungen von normalen Zentralheizungs-Unterabbrandkesseln nach, dann kommt man auf Werte, die mehrere Millionen kcal/m³, h betragen. In einem Falle habe ich beispielsweise 5 Millionen festgestellt, was

3

einer Aufenthaltszeit der Feuergase im Feuerraum von nur 0,07 s entspricht. Kann man sich dann wundern, wenn unverbrannte Gase entstehen? Abb. 8 zeigt Messungen, die von Prof. Eberle durchgeführt worden sind, und bringt ferner eindeutig den Einfluß der Feuerraumgröße zum Ausdruck. Je niedriger die Höhe ist, desto größer wird die Co-Bildung.

Die Zusammensetzung der flüchtigen Bestandteile ist je nach dem Gasgehalt der Kohle sehr verschieden. Mit zunehmendem Alter steigt der Gehalt an Wasserstoff bis zu etwa 80% (bei Anthrazit), während Methan und schwere Kohlenwasserstoffe nur in geringen Mengen vorhanden sind. Bei etwa 35% Gasgehalt ist am meisten Methan (etwa 30%) und schwere Kohlenwasserstoffe (etwa 5%) vorhanden. Auch diese nehmen mit steigendem Gasgehalt wieder ab. An ihre Stelle tritt infolge des hohen Sauerstoff-

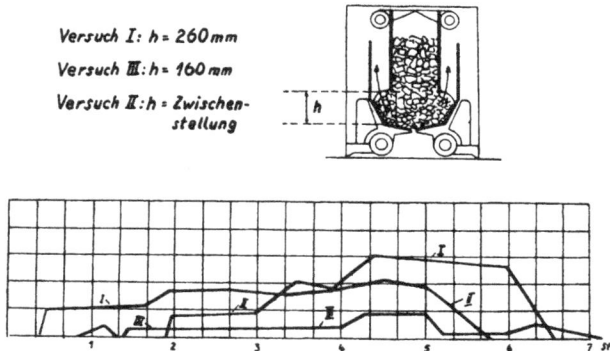

Versuch I: $h = 260\,mm$

Versuch II: $h = 160\,mm$

Versuch II: $h = Zwischen-stellung$

Abb. 8. Einfluß der CO-Bildung in Abhängigkeit der Höhe h bei Kokskesseln mit unterem Abbrand.

gehaltes der jüngeren Kohlensorten in steigendem Maße CO und CO_2. (So enthält z. B. Braunkohlen-Destillationsgas bis zu 23% CO und 23% CO_2.) Es würde im Rahmen des vorstehenden Aufsatzes zu weit führen, die Zündungs- und Verbrennungseigenschaften dieser verschiedenen Gase zu besprechen. Ich habe an anderer Stelle ausführlich darüber berichtet[1]. Hat man es aber mit oft wechselnden Brennstoffen zu tun, dann ist es eine unerläßliche Pflicht, sich gründlich mit ihren feuerungstechnischen Eigenschaften bekannt zu machen, wenn man Verluste vermeiden will.

Auch die Teereigenschaften der Brennstoffe sind sehr verschieden. Der Steinkohlenteer gehört der Benzolreihe an. Da diese aromatischen Kohlenwasserstoffe schwer spaltbar und daher schwer verbrennlich sind, neigen sie zur Rußbildung. Der Braunkohlenteer gehört dagegen zur Paraffinreihe, ist leicht spaltbar und leicht verbrennlich. Außerdem beginnt bei diesem Brennstoff die Entgasung bereits bei 250° und die Teerbildung ist bei 500° beendet, während sie bei Steinkohle viel höher liegt.

In engem Zusammenhang mit vorstehendem steht die Koksbeschaffenheit. Wir unterscheiden einen sandigen oder leicht zerfallenden, einen schwach gesinterten oder gefritteten und einen stark zusammengeschmolzenen, z. T. geblähten Koks. Je älter und je jünger die Kohle ist, desto leichter zerfallend ist der Koks. Bei einem Gehalt an flüchtigen Bestandteilen, der zwischen etwa 20 und 30% liegt, ist der Koks am dichtesten zusammengebacken. Das kommt in den Erfahrungen der Zentralheizungsindustrie eindringlich zum Ausdruck, die diese Brennstoffe für ihre Geräte ablehnt, da sie den Brennstofftransport vom Vorratsraum zum Rost infolge der backenden Eigenschaft des Kokses nicht mehr selbsttätig beherrschen kann. Wenn wir heute im Zentral-

---

[1] M a r c a r d , ›Rostfeuerungen‹. VDI-Verlag, Berlin 1934.

heizungswesen aber den »Allesbrenner« anstreben, dann sollten wir uns die Erfahrungen zunutze machen, die der Großfeuerungsbau in dieser Richtung gesammelt hat. Wenn sich diese auch nicht für alle Fälle übertragen lassen — der Kleinheizungs-Kessel und Ofen muß zunächst zurückgestellt werden —, so sind bei Großanlagen von Heizungen mit etwa mehr als 10 Kesseln von je 50 m² genügend Möglichkeiten vorhanden.

Über den Einfluß der Körnung auf den Verbrennungsvorgang braucht nicht viel gesagt zu werden, da er allgemein bekannt ist. Je feiner der Brennstoff ist, desto dichter liegt er auf dem Rost, desto größer ist der Zugbedarf, der bei Heizungsanlagen häufig nicht in ausreichender Höhe zur Verfügung gestellt werden kann. Ganz besonders schwierig sind im Hausbrand Förder- oder Feinkohlen, da bei diesen die Poren zwischen den gröberen Stücken durch die feinen Teile ausgefüllt sind.

Das Verhalten der Schlacke kann den Verbrennungsvorgang weitgehend beeinflussen. Das kann einerseits daran liegen, daß der Schlackenschmelzpunkt sehr niedrig ist und die Schlacke bei den normalen Betriebstemperaturen zum Erweichen kommt. In vielen Fällen können aber auch infolge falscher Bedienung oder Konstruktion örtlich hohe Temperaturen auftreten, die an dieser Stelle die Schlacke zum Erweichen bringen, und den Ausgangspunkt von Störungen bilden.

Die Stapelfähigkeit des Brennstoffes spielt oft eine Rolle. Die festen Brennstoffe können in einfachen Bunkern untergebracht werden, während für Öl besondere Gefäße mit den zugehörigen Pumpen vorgesehen werden müssen. Gas- und Elektrizität brauchen dagegen überhaupt keine Stapelung. Für diejenigen Haus- oder Wohnungsbesitzer, welche also nicht in der Lage sind, irgendwelche Räume für die Lagerung des Brennstoffes zur Verfügung zu stellen, bleiben nur diese beiden übrig, von denen in Deutschland praktisch nur das Gas in Frage kommt, da der elektrische Wärmepreis viel zu hoch ist. Geldlich hat man dann den großen Vorteil, daß man in Monatsraten bezahlen kann und nicht beim Sommereinkauf der Kohlen eine sehr große Summe auf einmal auf den Tisch legen muß; im ganzen genommen ist jedoch das Gas immer teurer als Kohlen.

Zahlentafel 1. **Brennstoff-Verbrauch und Brennstoff-Lagerraum eines Wohnhauses für einen jährlichen Brennstoff-Wärmebedarf von 100 × 10⁶ kcal/Jahr.**

Brennstoff-Sorte	Unterer Heizwert kcal/kg	Gewicht/Jahr t/Jahr	Gewicht/Jahr Ztr./Jahr	Schüttgewichte[1] t/m³ lose	Schüttgewichte[1] t/m³ gesetzt	Raumbedarf m³ lose	Raumbedarf m³ gesetzt
Anthrazit	7600÷7800	13,0	260	0,83	—	15,7	—
Fettkohle	7400÷7800	13,2	264	0,83	—	15,9	—
Gaskoks	6800÷7000	14,0	280	0,415	—	33,7	—
Zechenkoks	7000÷7300	14,0	280	0,455	—	30,7	—
Braunkohlenbriketts	4800÷5000	20,0	400	0,72	1,03	27,8	19,4

Über den Lagerraumbedarf der festen Brennstoffe gibt die Zahlentafel 1 Auskunft. Die Tafel ist für einen jährlichen Brennstoffwärmebedarf von 100 · 10⁶ kcal ermittelt und unter der Annahme, daß der gesamte Bedarf im Sommer vor Eintritt der Heizperiode zu den billigen Sommerpreisen eingekauft wird. Wir sehen, daß der Raumbedarf bei Steinkohle am günstigsten ist und bei Koks infolge des geringen Schüttgewichtes nahezu doppelt so groß wird. Braunkohlenbriketts können, wenn sie gesetzt werden, ebenfalls mit einem verhältnismäßig geringen Raumbedarf auskommen. Die Angabe, die man an einigen Stellen des Schrifttums findet, daß man die Lagerung eines 2monatigen Bedarfes anstreben soll, und daß man eine Schütthöhe von 1 m bis höchstens 1,5 m vorsehen kann, dürfte den wirtschaftlichen und technischen Belangen keineswegs entsprechen. Man sollte wenn irgend möglich von den großen

---

[1] Mittelwerte nach Hütte 1931, 26. Auflage Bd. I, Seite 718.

3*

Preisnachlässen des Sommereinkaufes weitestgehend Gebrauch machen und eine Lagerung des ganzen Wintervorrates anstreben. Mit der Schütthöhe kann man dabei bis an die Grenze des möglichen, d. h. bis an die Kellerdecke gehen. Schütthöhen von mehreren Metern sind ohne weiteres zulässig.

Zum Schluß sollen noch die staatlichen Belange besprochen werden, die für die Auswahl des Brennstoffes von Wichtigkeit sein können. In der heutigen Zeit der Ankurbelung des Kraftfahr- und Flugzeugwesens und des damit verbundenen erhöhten Treibstoffverbrauches müssen bei der knappen Devisenlage alle diejenigen Möglichkeiten gefördert werden, mit denen Treibstoffe aus einheimischen Kohlen gewonnen werden können. Die Vergasung und Verkokung und in noch höherem Maße die Verschwelung sind solche Möglichkeiten. Daraus ergibt sich die Forderung, beim Aufstellen einer Heizungsanlage in erster Linie solche Kessel und Öfen zu berücksichtigen, die mit Koksen als Heizmittel arbeiten. Bei der zunehmenden Bedeutung der Braunkohlenschwelerei wird dem Braunkohlenschwelkoks eine erhöhte Aufmerksamkeit von seiten der Heizungsindustrie zu schenken sein.

Aus dem Vorstehenden haben wir gesehen, wie stark die Kohle in das Wirtschaftsleben des Deutschen Reiches eingreift, und daß der Hausbrand den größten Anteil daran hat. Es entstehen daraus für die Heizungsindustrie Pflichten und Aufgaben, die sie zielbewußt anfassen und erfüllen muß.

Wir müssen einer gütigen Vorsehung dankbar sein, daß sie uns das Gottesgeschenk der Kohle in so reichem Maße in unsere heimatliche Erde gelegt hat, die es uns mit Hilfe unserer auf der Kohle aufgebauten Industrie ermöglichte, Millionen Deutsche dem Deutschtum zu erhalten. Lassen Sie uns darüber nachsinnen, wie wir Kohle und Landwirtschaft sinnvoll kuppeln, daß sie sich gegenseitig befruchten und helfen. Darüber aber lassen Sie uns den kategorischen Imperativ des Ingenieurs schreiben, den Ostwald in die Worte gefaßt hat:

»Vergeude keine Energie, verwerte und veredle sie.«

Vorsitzender: Herr Prof. M a r c a r d ! Der reiche Beifall beweist das große Interesse, das die Zuhörerschaft an Ihrem Vortrag genommen hat. Sie haben uns den wirtschaftlichen Wert unserer natürlichen Kohle vor Augen geführt, aber auch darauf hingewiesen, daß diese nicht geeignet ist, in unseren Zentralheizungskesseln ohne weiteres verfeuert zu werden. —

Wir dürfen nun Herrn Prof. D r a w e bitten, uns den Vortrag zu halten, was wir am geeignetsten mit den natürlichen Brennstoffen vornehmen sollen, ehe wir sie der Verbrennung anheimgeben.

Künstliche Brennstoffe und ihre Erzeugung.

Von Professor Dr.-Ing. R. Drawe, Berlin.

Künstliche Brennstoffe werden aus natürlich vorkommenden durch Brennstoffveredlung gewonnen. Die Erkenntnis der besseren Eignung künstlicher Brennstoffe für bestimmte Verwendungszwecke ist uralt.

In vorgeschichtlicher Zeit bereits gewannen die Köhler aus Holz die Holzkohle; sie ist dem Holze gegenüber deshalb der wertvollere Brennstoff, weil sie wasser- und teerfrei, ihr Gehalt an flüchtigen Bestandteilen gering, und weil ihr Heizwert mehr als doppelt so hoch ist als der des Holzes.

Die Holzkohle ist auch heute noch der vornehmste feste Brennstoff, wegen ihrer leichten Verbrennlichkeit, ihres geringen Gehaltes an flüchtigen Bestandteilen und Asche, ihrer Stückigkeit, und weil sie beim Verbrennen stückig bleibt.

Ungezählte Jahrtausende hindurch, solange der Menschheit Holz zu erschwinglichen Preisen zur Verfügung stand, blieb die Holzkohle der einzige künstliche Brennstoff.

Erst vor etwa 150 Jahren, als das Holz in den Ländern, die sich der Holzkohle zu gewerblichen Zwecken bedienten, knapp wurde, trat an die Stelle der Holzkohle der aus Steinkohle gewonnene Koks. Der Koks ist ebenfalls ein stückiger, teerfreier, fester Brennstoff mit geringem Gehalt an flüchtigen Bestandteilen. Er hat einen hohen Heizwert und hat ebenfalls den großen Vorzug, beim Verbrennen stückig zu bleiben. Von der Holzkohle unterscheidet er sich grundlegend dadurch, daß er infolge der hohen Temperaturen, die bei der Verkokung angewendet werden, sehr schwer verbrennlich ist.

Durch Auffangen und Reinigen des bei der Verkokung der Steinkohle entstehenden Gases wird in England seit der vorigen Jahrhundertwende, in Deutschland seit etwas mehr als 100 Jahren, ein weiterer künstlicher Brennstoff, das Leuchtgas, gewonnen, das heutige Stadt- oder Ferngas.

Als flüssige, zu Heizzwecken geeignete künstliche Brennstoffe stehen uns als Fraktion des Erdöles das Gasöl, als ein Bestandteil des bei der Braunkohlenschwelung gewonnenen Teeres das Braunkohlenteerheizöl, und als Steinkohlenteerfraktion das Steinkohlenteeröl zur Verfügung.

Ihre ausgedehntere Verwendung als Heizöl bei uns beginnt etwa mit der Wende des letzten Jahrhunderts.

Das Starkgas und die Heizöle sind gegenüber allen festen Brennstoffen Edelbrennstoffe, vor allem, weil sie aschefrei sind; die Umsetzung ihrer chemischen Energie in fühlbare Wärme läßt sich schneller und besser regelbar durchführen.

Weitere Nachteile der natürlich vorkommenden festen Brennstoffe sind ihr Gehalt an flüchtigen Bestandteilen, insbesondere an Teer, der Verlust ihrer Stückigkeit beim Verbrennen und ihre Mannigfaltigkeit.

Für ortsfeste Heizanlagen ist und bleibt der wertvollste Brennstoff das Starkgas, und zwar deshalb, weil es der Verwendungsstelle verbrennungsreif zugeführt wird; es braucht nicht mehr verdampft zu werden.

Alle Brennstoffe, auch der Koks, verdampfen, bevor sie verbrennen; bei der Verbrennung des Kokses fallen Adsorption des Sauerstoffes, Verdampfung des Kohlenstoffes und Verbrennungsreaktion praktisch zusammen.

Ein Brennstoff ist um so besser verbrennlich, je leichter er verdampft und je schneller er zündet, d. h. je tiefer sein Zündpunkt liegt. Die Zündung ist der Zerfall eines Moleküls in Anwesenheit von Sauerstoff. Je leichter also ein Molekül zerfällt, um so tiefer liegt sein Zündpunkt. Große Moleküle zerfallen leichter als kleine, kettenförmige leichter als ringförmige. Junge Brennstoffe haben größere Moleküle als alte; Temperaturbehandlung der Brennstoffe ist gleichbedeutend mit Altern.

Der verzögernde Einfluß hoher Zündpunkte auf die Verbrennungsgeschwindigkeit kann durch leichte Verdampfbarkeit mehr als ausgeglichen werden. Benzin und Benzol haben kleinere Moleküle mit höheren Zündpunkten als das Gasöl; jene sind aber viel leichter verdampfbar als dieses, und deshalb sind Benzin und Benzol leichter verbrennlich als Gasöl. Wir müssen das Gasöl zerstäuben, um seine Verdampfungsoberfläche zu vergrößern und dadurch die Verbrennung zu beschleunigen.

Stadt- und Ferngas bestehen nur aus kleinen, fest gebundenen Molekülen mit hohen Zündpunkten. Die Dampfform des Gases gleicht diesen Nachteil so weitgehend aus, daß Gas der am leichtesten zu verbrennende Brennstoff ist.

I. Stadt- oder Ferngas als Brennstoffe für die Raumheizung.

Die allgemein anerkannten Vorteile der Gasheizung sind die sofortige Betriebsbereitschaft, weitgehende Regelbarkeit und Anpassungsfähigkeit an den jeweiligen Wärmebedarf, Vermeidung der Anfuhr und Lagerung des Brennstoffes, Fortfall von Staub und Asche, einfachste Bedienung, schnellstes Hochheizen.

Diesen so bedeutsamen Vorteilen steht leider als einziger, allerdings entscheidender Nachteil der zu hohe Gaspreis gegenüber. Nur 3 % des gesamten in den Städten verbrauchten Stadt- oder Ferngases wird in Deutschland zur Raumheizung benutzt.

Am günstigsten liegen die Verbrauchszahlen für Raumheizungsgas in den Städten, die das billigere in Kokereien gewonnene Ferngas verteilen. In Essen wird mehr als $\frac{1}{4}$ der gesamten verbrauchten Gasmenge für die Raumheizung benutzt; die neue Universität in Köln wird mit Gas beheizt.

Die Bedeutung der Raumbeheizung durch Gas für den Gasabsatz ist selbstverständlich den Gaswerken nicht verborgen geblieben. Auch dort, wo sie im Preise bereits entgegengekommen sind, liegen jedoch die Gaspreise für die Raumbeheizung, abgesehen von Sonderfällen, wie die Beheizung von Kirchen und Schulen, noch um etwa 25 % zu hoch. Wohl könnten größere Städte das Stadtgas in mäßigem Umfang verbilligen, wenn sie das Gas nicht in Gaswerken, sondern in Kokereien erzeugten; es fehlt ihnen aber die Absatzmöglichkeit für den Mehranfall an Koks.

Ein bedeutsamer Grund für das schnelle Anwachsen des Verbrauchs an elektrischem Strom, gegenüber dem langsamen Anwachsen des Gasverbrauchs, liegt darin, daß die Elektrizitätswerke nur Strom erzeugen. Würden in den Elektrizitätswerken je erzeugter Koliwattstunde 1 bis 2 kg Koks anfallen, so hätten wir in Deutschland so hohe Kokshalden, daß wir im Sommer nicht mehr nach der Schweiz zu reisen brauchten, um schneebedeckte Berge zu sehen.

Nach dem Vorbild der Elektrizitätswerke müssen Gaswerke gebaut werden, die die ganze chemische Energie der eingeführten Kohle ausschließlich in Gas verwandeln.

Aus dieser Erkenntnis heraus entstand in Deutschland ein neues Verfahren zur Herstellung von Stadt- oder Ferngas[1]), die restlose Vergasung fester Brennstoffe mit Sauerstoff unter Druck. Während heute in den Kokereien und Gaswerken je t hochwertiger Steinkohle mit einem Heizwert von etwa 7000 kcal/kg nur 300 bis 500 m³ Gas erzeugt werden, können nach dem neuen Verfahren beispielsweise aus 1 t Braunkohlenbrikette mit einem Heizwert von nur 4900 WE 1000 m³ Stadtgas gewonnen werden, und dieses Gas steht gleich unter dem Fernleitungsdruck. Der besondere Wert des neuen Verfahrens liegt darin, daß wir nicht auf die an den Grenzen des Reiches liegenden Steinkohlen zur Erzeugung von Stadt- oder Ferngas angewiesen sind.

---

[1]) D r a w e , Gas- u. Wasserfach 76 (1933) S. 541.

Unter günstigen Voraussetzungen, wie sie beispielweise auf Braunkohlenbergwerken gegeben sind, läßt sich nach dem neuen Verfahren ein dem Ferngas genau gleiches Starkgas heute schon ungefähr ebenso billig erzeugen wie dieses.

Nur auf solchen Wegen erscheint es erreichbar, zu Gaspreisen und Gasmengen zu kommen, die diesem für die mittelbare und unmittelbare Raumheizung am besten geeigneten Brennstoff weitgehende Verwendung ermöglichen.

II. Heizöle für die Raumbeheizung.

Die Heizöle haben für die Verfeuerung in Zentralheizungskesseln gegenüber festen Brennstoffen die gleichen Vorteile wie das Starkgas; diesem gegenüber sind sie im Nachteil, weil sie gelagert und bei der Verbrennung zerstäubt werden müssen; die Zerstäubung erfordert Kraft und macht dafür vielfach beachtlich Krach; die Heizöle eignen sich nicht für die unmittelbare Wohnraumbeheizung.

Die drei uns zur Verfügung stehenden Heizöle, Gasöl, Braunkohlenteeröl und Steinkohlenteeröl haben praktisch die gleiche Verdampfbarkeit; in ihrem molekularen Aufbau aber sind sie stark verschieden.

Das wertvollste Heizöl ist das aus Erdöl gewonnene Gasöl. Seine aliphatischen Moleküle sind groß und kettenförmig gebunden; sie zerfallen und zünden deshalb leicht. Die Verbrennung des Gasöles wird unterstützt durch seinen hohen Wasserstoffgehalt, der bei Gasöl etwa 12 bis 13% beträgt; der untere Heizwert des Gasöles liegt bei 10 000 kcal/kg, sein Zündpunkt bei 350 bis 400°.

Das Braunkohlenteerheizöl ist eine Fraktion des im Inlande durch Schwelung gewonnenen Braunkohlenteeres. Dieses Heizöl besteht ebenfalls zum größten Teil aus aliphatischen Kohlenwasserstoffen; es enthält aber auch ringförmig gebundene Kreosote, die einen hohen Zündpunkt haben und schwer verbrennlich sind, und außerdem ungesättigte Kohlenwasserstoffe. Der Wasserstoffgehalt des Braunkohlenteeröles liegt bei 11%; sein unterer Heizwert beträgt 9600 kcal/kg, sein Zündpunkt liegt bei 370°.

Das Braunkohlenteeröl duftet stark und nicht gerade lieblich; gutes Braunkohlenteerheizöl ist für Heizzwecke praktisch ebenso gut verwendbar wie Gasöl. Da jenes aber im Preise sich nicht nennenswert günstiger stellt als dieses, hat man das letztere bisher für Raumheizungszwecke bevorzugt.

Das Steinkohlenteeröl als Fraktion des in Kokereien und Gaswerken gewonnenen Steinkohlenteeres besteht infolge der hohen Temperaturen, bei denen dieser gewonnen wird, aus aromatischen, sehr fest ringförmig gebundenen Kohlenwasserstoffen; es hat deshalb gegenüber den beiden anderen Heizölen einen hohen Zündpunkt — 580 — 650° — und ist schwer verbrennlich; sein Wasserstoffgehalt ist nur 6,5%, sein unterer Heizwert ist 9000 kcal/kg.

Aus dieser Gegenüberstellung erhellt, daß von den drei Heizölen das Steinkohlenteeröl am schwersten brauchbar zu verbrennen ist. Vor allem versagten Brenner, die bei Gasöl und gutem Braunkohlenteeröl einwandfrei arbeiteten.

Daß es deutschen Ingenieuren, angeregt durch den billigeren Preis des Steinkohlenteerheizöles, gelungen ist, für diesen Brennstoff so brauchbare Brenner zu bauen, daß mit ihnen auch bei Zentralheizungskesseln gute Erfolge, sogar bei bestimmten Bauarten ohne den beachtlichen Krach, erzielt wurden, verdient hohe Anerkennung.

III. Künstliche feste Brennstoffe für die Raumheizung.

An einen guten festen Brennstoff, der auf dem Rost verbrannt wird, sind folgende Anforderungen zu stellen:

1. Er muß gleichmäßig stückig sein,
2. er muß beim Verbrennen seine Stückigkeit behalten, er darf also nicht zerfallen,
3. sein Gehalt an flüssigen Bestandteilen soll gering sein, insbesondere soll er keine Teere enthalten,
4. er soll leicht verbrennlich sein,
5. sein Aschegehalt soll klein, die Asche soll schwer schmelzbar sein.

Unter den zahlreichen natürlichen und künstlichen festen Brennstoffen, die uns in Deutschland zur Verfügung stehen, gibt es einen einzigen, der diese Anforderungen erfüllt, und ihn können wir nicht bezahlen; das ist die Holzkohle.

Nach ihr wird diesen Anforderungen am weitesten gerecht der Zechen- und Gaswerkskoks. Er kann als Brechkoks in gleichmäßiger Stückigkeit bezogen werden, er bleibt bei der Verbrennung stückig, sein Gehalt an flüchtigen Bestandteilen ist denkbarst gering. Er hat als Brennstoff nur einen sehr schwerwiegenden Fehler, er ist nicht leicht sondern schwer verbrennlich.

Seine schwere Verbrennlichkeit findet ihren Ausdruck darin, daß er in Zentralheizungskesseln in hoher Schütthöhe verfeuert wird, und daß er sich für Küchenherde und Zimmeröfen, auch für Dauerbrandöfen, nicht einbürgern konnte; in Zentralheizungskesseln hat er sich sehr gut bewährt und dort deshalb mit Recht weitgehende Verwendung gefunden.

Zechen- und Gaskoks sind deshalb schwer verbrennlich, weil sie bei ihrer Herstellung sehr hohen Temperaturen, 1000° und darüber, ausgesetzt werden. Sie werden so künstlich gealtert bis zur Schwerverbrennlichkeit; der Gaskoks ist im allgemeinen leichter verbrennlich als der Zechenkoks.

Der einzige künstliche aus fossilen Brennstoffen gewonnene feste Brennstoff, der in bezug auf Verbrennlichkeit mit der Holzkohle wetteifern kann, ist der bei der Braunkohlenschwelung gewonnene Grudekoks. Wegen seiner Kleinstückigkeit und seines hohen Asche- und Wassergehaltes ist der Grudekoks aber ein minderwertiger Brennstoff; für die Raumheizung ist er nicht zu gebrauchen.

Die Aufgabe, einen dem ältesten Erzeugnis der Brennstoffveredlungskunst, der Holzkohle, ähnlichen vernünftigen festen Brennstoff herzustellen, ist erst in allerjüngster Zeit brauchbar gelöst worden, und zwar mit Hilfe der Schwelung.

Unter Schwelen versteht man die Wärmebehandlung geeigneter natürlicher fester Brennstoffe bei Temperaturen von etwa 500° unter Luftabschluß. Beim Schwelen wird die angewendete Temperatur nur so hoch gewählt, daß alle flüssigen Bestandteile, also die Teere, aus dem geschwelten Brennstoff entweichen.

Wegen der beim Schwelen benutzten niedrigen Temperatur bleibt der so behandelte Brennstoff sehr leicht verbrennlich; sein Gehalt an flüchtigen Bestandteilen entspricht etwa dem des Anthrazites.

Die Schwelung wurde bisher betrieben, um aus bituminösen festen Brennstoffen, insbesondere aus Braunkohle, Schwelteere zu gewinnen. Die Schwelung wird aber erst dann ein brauchbarer Zweig der Brennstoffveredlung sein, wenn ihr Haupterzeugnis, der Schwelkoks, nicht als minderwertiger feinkörniger, sondern als stückiger und bei der Verbrennung stückig bleibender hochwertiger holzkohleähnlicher Brennstoff gewonnen wird.

Die Aufgabe, einen solchen Schwelkoks zu erzeugen, ist heute sowohl für die Verschwelung der Steinkohle als auch für die der Braunkohle gelöst.

Stückiger Schwelkoks aus backender Steinkohle wird gewonnen, indem man diese in schmalen außenbeheizten Kammern auf Temperaturen von 500 bis 700° erwärmt. Aus Braunkohle wird stückiger Schwelkoks gewonnen, indem man sie bis auf einen sehr geringen Wassergehalt trocknet, sie verhältnismäßig fein mahlt und mit sehr hohen Drücken, etwa 3000 kg/cm², in Brikette verwandelt und diese dann verschwelt. Man kann auch Staubkohle und feinkörnigen Schwelkoks unter Zusatz geeigneter Bindemittel durch Pressen stückig machen und dann verschwelen.

Alle so hergestellten Preßlinge kann man ebenfalls in außenbeheizten Kammern bei den angegebenen Temperaturen verschwelen. Richtiger aber ist es, bei ihnen die sogenannte Spülgasschwelung anzuwenden, bei der sauerstoffreie heiße Gase unmittelbar die zu schwelenden Preßlinge beheizen.

So verschieden die Ausgangsbrennstoffe, Steinkohle und Braunkohle, in physikalischer und chemischer Beziehung sind, die aus ihnen gewonnenen stückigen Schwelkokse sind einander sehr gleichartige Brennstoffe. Der Steinkohlenschwelkoks ist im allgemeinen infolge seines geringeren Aschegehaltes, der der gleiche ist, wie bei Zechenkoks, dem Braunkohlenschwelkoks überlegen.

Man wird lernen müssen, bei festen Brennstoffen unerwünscht hohe Aschegehalte zu verringern.

Der neue feste Brennstoff eignet sich für jede Art der Raumbeheizung gleich gut, vom offenen Kamin an bis zum Zentralheizungskessel. Seine besonderen Vorteile sind die schnelle Anpassungsfähigkeit an den schwankenden Wärmebedarf, das Halten der Glut ohne Luftzutritt und die geringere Verschlackung der Asche. Natürlich muß er in Zentralheizungskesseln in dünner Schicht mit unterem Abbrand verfeuert werden.

Die Verschlackung hängt ab:
1. vom Schmelzpunkt der Asche,
2. von der Rostbelastung,
3. von der Schütthöhe des Brennstoffbettes,
4. von der Verbrennlichkeit des Brennstoffes,
5. von seiner Stückigkeit und der Erhaltung der Stückigkeit im Feuer.

Je dichter der Brennstoff auf dem Rost liegt, je kleinkörniger er also von Anfang an ist oder je mehr er, wie Anthrazit, im Feuer zerfällt, und je dicker die Brennstoffschicht ist, um so geringer ist die Wärmebestrahlung der Verbrennungszone und um so stärker die Verschlackung. Je leichter verbrennlich aber ein Brennstoff ist, um so niedriger kann bei gegebener Stückgröße die Schütthöhe sein, mit der er verfeuert wird. Und umgekehrt kann man für eine gegebene Schütthöhe bei leichtverbrennlichen Brennstoffen mit der Korngröße gegenüber schwer verbrennlichen heraufgehen.

Mit diesen Mitteln kann man bei der Verbrennung eines nicht zerfallenden, leicht verbrennlichen Stückkokses durch Wärmeabstrahlung die Temperatur der Feuerzone so gering halten, daß bei angemessener Rostbelastung die Asche nur wenig oder gar nicht verschlackt, und daß die vom Rost kommenden Feuergase einen geringen CO-Gehalt haben.

Aus der Zahl der wenigen Versuche, die bisher mit dem neuen Brennstoff durchgeführt werden konnten, sei der Bericht über solche Versuche von Dr. Meuth[1]) herausgegriffen.

Er lautet:

»In Hausbrandöfen und -herden verschiedener Bauart waren die Ergebnisse mit Schwelkoks überraschend gut. Der in den neuen Schwelanlagen gewonnene stückfeste, leicht entzündliche Schwelkoks zeigte eine große Stetigkeit im Dauerbrand, rasche Anpassung an höheren Wärmebedarf und schlackenlose, vollständig ausgebrannte Rückstände. Auch in einem Zentralheizungskessel war Steinkohlenschwelkoks dem Hochtemperaturkoks an rascher Wärmeentwicklung, durch gute Regelfähigkeit und fast schlackenlosen Abbrand überlegen.«

Je eine Großanlage zum Herstellen von stückigem Schwelkoks aus Steinkohle und Braunkohle befinden sich in Deutschland im Bau; weitere werden folgen; immerhin wird der neue feste Brennstoff nur allmählich auf dem Markt in größeren Mengen erscheinen.

Stückiger Schwelkoks aus Steinkohle wird etwa ebensoviel kosten wie Zechenkoks gleicher Körnung; Braunkohlenkoks wird wegen seines höheren Aschegehaltes beachtlich billiger sein müssen.

Nicht nur für die Raumheizung, sondern für fast alle Verwendungszwecke ist der neue Brennstoff den besten bisher bekannten festen Brennstoffen mindestens gleichwertig; er erobert sich seine Anwendungsgebiete ganz von selbst.

Gefördert aber muß sein Verbrauch werden aus volkswirtschaftlichen und wehrpolitischen Gründen, vor allem, um uns im Bezuge flüssiger Treibstoffe vom Ausland unabhängig zu machen. Die bei der Schwelung anfallenden Teere sind wegen ihres hohen Gehaltes an Wasserstoff für uns wertvollste Mineralölgrundstoffe, aus denen

---

[1]) Meuth, Arch. Wärmewirtsch. 16 (1935) S. 141.

wir in erprobten Verfahren leichte und schwere Treiböle herstellen können Wird die Erzeugung solchen Schwelkokses auf 20 Mio t jährlich gesteigert, so fallen dabei rd. 3 Mio t Mineralölgrundstoffe an, mit denen wir einen beachtlichen Teil unseres stark steigenden Treibstoffbedarfes decken können.

Vielleicht kommen wir auf diesem Wege auch noch zu guten, leicht verbrennlichen, lagerbeständigen, billigen Heizölen für die Raumheizung und andere Zwecke.

Ausblick und Schluß.

Auf fast allen Gebieten der Brennstoffveredlung hat Deutschland die Führung gegenüber der ganzen Welt. Der Armut Deutschlands an Erdöl und Naturgas werden wir wirksam begegnen, indem wir diese für unsere Wirtschaft und unsere Wehrhaftigkeit so wertvollen Brennstoffe, soweit wir sie nicht durch den stückigen Schwelkoks brauchbar ersetzen können, aus unserem unerschöpflichen Vorrat an Kohlen in immer größerem Ausmaße und mit stets verbesserten Verfahren gewinnen, mit dem Ziele, auch auf diesem Gebiete zu einer so weitgehenden Eigenversorgung zu kommen, wie bei der Stickstoffindustrie. Es geschieht dem Auslande ganz recht, daß es uns durch seine mangelnde wirtschaftliche und politische Einsicht zu solchen Erfolgen zwingt

Und Sorge tragen werden wir, daß das Wort unseres Führers wahr bleibe:

»Der deutsche Ingenieur und Techniker, unsere Physiker und Chemiker, sie gehören zu den Bahnbrechern auf dieser Welt.«

Vorsitzender: Hochgeehrter Herr Prof. D r a w e l Der Beifall zu dem Vortrag sagt Ihnen gleichzeitig den Dank der Versammlung für Ihre wertvollen Ausführungen. — Wir alle ahnen, daß wir an einem Wendepunkt stehen, der für unsere Nationalwirtschaft zweifellos die weitgehendste Bedeutung haben wird. — Haben Sie herzlichen Dank für Ihre Ausführungen. (Beifall.)

Wir dürfen nunmehr Herrn Oberingenieur A l b r e c h t bitten, uns seinen Vortrag über »die Verbrennung und Abführung der Verbrennungsprodukte, ein Transportproblem« zu halten. — Ich darf mitteilen, daß im Anschluß daran Herr Oberbaurat M e u t h dazu einen Mitbericht geben wird.

Verbrennung und Abführung der Verbrennungserzeugnisse — ein Transportproblem.

Von Dipl.-Ing. A. Albrecht, Berlin.

Das Thema »Verbrennung und Abführung der Verbrennungserzeugnisse — ein Transportproblem« reizt zunächst zum Widerspruch. Wie will man Verbrennung bei ruhendem Brennstoff als ein Transportproblem behandeln? Bei einer Kohlenstaubfeuerung, bei der der Brennstoff bewegt wird, könnte man sich eine solche Fragestellung schon eher gefallen lassen.

Aber an jeder Verbrennung ist ja nicht nur ein Brennstoff beteiligt, sondern auch Sauerstoff, mit anderen Worten: Luft.

12 kg Kohlenstoff gebrauchen bei theoretischer Verbrennung 32 kg Sauerstoff, 1 kg Kohlenstoff also 2,7 kg Sauerstoff oder rd. 13 kg Luft.

Bei 50% Luftüberschuß müssen wir also für jedes einzelne Kilogramm Kohlenstoff rd. 20 kg Luft hintransportieren und 21 kg Abgas wegtransportieren. Im Haushalt werden jährlich etwa 36 000 000 t Kohle, auf Steinkohle umgerechnet, verbrannt, das ergibt rd. 30 000 000 t Kohlenstoff, die zu ihrer Verbrennung 600 000 000 t Luft brauchen oder raummäßig 480 000 000 000 m³. Diese Menge ist nicht mehr gut vorstellbar. Wir nehmen das nächst größere Maß und kommen zu 480 km³, das entspricht einem Würfel von nicht ganz 8 km Kantenlänge. Der Himalaja würde aus diesem Würfel noch etwas herausragen. Ein Glück, daß wir diese Menge nicht mit der Eisenbahn verfrachten müssen, kostenlos ist aber unser Transport auch nicht.

Die Luft muß zum Brennstoff hintransportiert werden, durch das Brennstoffbett hindurch in den Feuerraum. In beiden spielen sich chemische Umsetzungen ab, die nach den Ausführungen von Prof. Marcard Hannover als ein »Transportproblem« betrachtet werden können, vielleicht werden müssen.

Die entstandenen Heizgase müssen durch die Feuerstätte hindurch transportiert werden, damit sie dort an den wärmeaustauschenden Flächen ihre Wärmenergie abgeben können.

Hinter dem Wärmeaustauscher sind die Heizgase für unsere Feuerstätte wertlos, sind Abgase, ein wertloser Abfall, der wegtransportiert werden muß. Nicht nur weil sie, wenn sie sich im Raume ansammeln würden, gesundheitsschädigend wirken könnten, sondern vor allem, weil sonst keine Luft an den Brennstoff gelangen kann, also keine Heizgase gebildet werden. Asche und Schlacke, ebenfalls wertlose Abfälle der Verbrennung, können sich im Aschenraum in erheblichem Umfange ansammeln, ohne daß die Verbrennung leidet; die Rauchgase, die Abgase, müssen aber sofort, wenn sie sich aus den Heizgasen gebildet haben, abgeführt, wegtransportiert werden.

Wollen wir bei einer Feuerstätte für feste Brennstoffe die Verbrennung verzögern, so verlangsamen wir (teilweises Schließen des Rauchgasschiebers) den Transport der Abgase und damit auch den Transport der Frischluft zum Brennstoff.

Der gesamte Koksverbrauch für Heizzwecke beläuft sich auf etwa 3,8 Mio t. Rechnet man den Preis des Kokses frei Keller zu durchschnittlich RM. 35,—/t, so ergibt sich ein Gesamtbetrag von 133 Mio RM. Nimmt man nun an, daß im Durchschnitt der sogenannte Schornsteinverlust 15 % beträgt, so werden für den Transport der Luft zu den Zentralheizungs- usw. Kesseln und für den Transport der Verbrennungserzeugnisse von den Kesseln weg rd. 20 Mio RM. im Jahre gebraucht.

Der Gesamtverbrauch im Hausbrand und Kleingewerbe in Städten und in der Landwirtschaft, umgerechnet auf Steinkohle, beträgt mindestens 36 Mio t. Rechnet man einen Durchschnittspreis von RM. 22,—/t — es kommt hierbei auf einige Mark mehr oder weniger nicht an —, so beträgt der Wert dieser Kohlenmenge rd. 800 Mio RM. Bei den Feuerstätten für Hausbrand und Kleingewerbe wird man den sogenannten Schornsteinverlust mindestens mit 20 % einsetzen müssen. Wir haben also für den Transport der Luft und der Verbrennungserzeugnisse jährlich 160 Mio RM. auszugeben!

Wenn wir sagen, daß wir 15 % der im Brennstoff enthaltenen Wärmeenergie für den Schornstein opfern, so ist das für unsere Betrachtungen »Verbrennung und Abführung der Verbrennungserzeugnisse — ein Transportproblem« zunächst nichtssagend.

Von 1000 im Brennstoff zugeführten kcal gehen 150 kcal nutzlos für die Wärmeübertragung in der Feuerstätte in den Schornstein. Wärmeenergie und mechanische Energie sind äquivalent. 1 kcal entspricht 427 kgm. Der »Schornsteinverlust« beträgt also für je 1000 im Brennstoff zugeführte kcal: $150 \cdot 427 = $ rd. 64 000 kgm. — Auch mit dieser Zahl können wir noch nicht viel anfangen. Ich will ein Beispiel nehmen: einen Zentralheizungskessel, der 85 000 kcal/h liefert. Der sog. »Schornsteinverlust« beträgt dann stündlich $15 000 \cdot 427 = $ rd. 6,4 Mio kgm; 6,4 Mio kgm gehen also stündlich in den Schornstein, das sind in der Sekunde rd. 1800 kgm und diesem Wert entspricht, da 75 kgm/s = 1 PS sind, 24 PS.

Das erscheint nicht recht glaubhaft, wir greifen deshalb zur »Hütte« und schlagen nach, daß 1 PSh 270 000 kgm entspricht. Zugeführt haben wir dem Schornstein in der Stunde 6,4 Mio kgm und 6,4 Mio : 270 000 ergibt wiederum 24 PSh.

Da fragt man sich unwillkürlich: muß das sein? Müssen wir wirklich Schornsteinverluste in dieser Größe in Kauf nehmen?

Eine Nebenbemerkung: in ganz runden Zahlen können wir die Wärmebilanz eines Diesel-Motors etwa ansetzen zu:

$33 \frac{1}{3} \%$ Nutzwärme,
$33 \frac{1}{3} \%$ Kühlwasserverlust,
$33 \frac{1}{3} \%$ Auspuffverlust.

Bei einem Diesel-Motor von 1000 PS Leistung werden also 1000 PS in den Schornstein geleitet.

Die Fragestellung, ob Schornsteinverluste der angegebenen Größe in Kauf genommen werden müssen, ist aber falsch. Wir dürfen überhaupt nicht von einem Schornsteinverlust sprechen. Wir betrachten die Verbrennung und die Abführung der Verbrennungserzeugnisse als ein Transportproblem und ein Transport erfordert selbstverständlich ein Arbeitsvermögen. Deshalb sollten wir den Ausdruck »Schornsteinverlust« aus unserem Schrifttum wie auch aus unserer täglichen technischen Umgangssprache verbannen und besser vom »Wärmerest für den Schornstein« sprechen.

Bei dem Ausdruck »Schornsteinverlust« denkt der Konstrukteur der Feuerstätte zunächst daran, die Verluste zu verringern. Das ist ohne weiteres möglich, aber bei verringertem Schornsteinverlust wird diesem nicht mehr genug Wärme (d. h. Arbeitsvermögen) zugeführt, um die ihm gestellten Aufgaben zu erfüllen. Feuerstätte, Rauchrohr oder Fuchs und Schornstein dürfen für unsere Fragestellung nicht getrennt betrachtet, sondern müssen gemeinsam behandelt werden. Die beste Feuerstätte versagt, wenn der Schornstein nicht genügend Luft zur Feuerstätte hinzuführen kann; der beste Schornstein kann eine minderwertige Feuerstätte nicht besser machen. Der vorgeschlagene Ausdruck »Wärmerest für den Schornstein« weist den Konstrukteur darauf hin, daß dem Schornstein für die Erfüllung seiner Aufgaben eine bestimmte Wärmemenge, ein bestimmtes Arbeitsvermögen zugeführt werden muß.

Im Gasfach, aus dem ich stamme, ist diese Betrachtungsweise seit längerer Zeit geläufig. Sie führt uns weiter, weil wir hierbei noch ohne weiteres an ein anderes Wichtiges denken: an die Abkühlung der Verbrennungserzeugnisse unter den Taupunkt, durch die ein Teil des Verbrennungswassers sich niederschlägt. Bei dem erwähnten Kessel von 85000 kcal Leistung führen wir dem Schornstein stündlich 15000 kcal, entsprechend 6,4 Mio kgm, entsprechend 24 PS, zu. Wir fragen uns, was geschieht denn hiermit in dem Schornstein? Es ist doch unmöglich, daß zur Heranschaffung der Luft und zur Abführung der Verbrennungserzeugnisse bei diesem kleinen Kessel 24 PS gebraucht werden.

Da müssen wir uns zunächst einmal überlegen, was fängt denn der Schornstein mit den 15000 kcal in der Stunde an?

Der Schornstein ist nicht masselos, deshalb wirkt er zunächst, bis er den Beharrungszustand erreicht hat, als ein Wärmespeicher, richtiger gesagt als ein Wärmefresser. Er kühlt uns die Verbrennungserzeugnisse in ganz unerwünschter Weise ab und entzieht ihnen Energie, die für den Lufttransport verloren ist.

Leider behält aber der Schornstein die verschluckte Wärme nicht bei sich, er ist, sobald er angeheizt wird, ein durchaus unerwünschter Heizkörper am falschen Orte. Wer das Glück hat, in heißen Tagen ein Hotelzimmer zu bekommen, an dessen einer Wand der Schornstein für die Zentralwarmwasserversorgung sich befindet, wird das nachempfinden.

Der überwiegende Teil der zugeführten Wärme oder was dasselbe ist, der zugeführten mechanischen Energie wird für die Beheizung des Schornsteins verbraucht und nur ein geringer Bruchteil dient zum Transport der Luft und der Verbrennungserzeugnisse.

Und für diesen Zweck ist der Schornstein gleichzeitig Kraftmaschine und auch Arbeitsmaschine, Motor und Gebläse in einem.

Wenn wir jetzt an die Aufstellung der Grundgleichung für die Berechnung des Schornsteins als Kraft- und Arbeitsmaschine gehen, so müssen wir zunächst die notwendigen und hinreichenden Bedingungen für den verbrennungstechnisch einwandfreien Betrieb einer Feuerstätte, also für den Transport der Luft und der Verbrennungserzeugnisse aufstellen. Diese beiden Bedingungen sind:

1. Zufuhr der zur vollkommenen Verbrennung des Brennstoffes erforderlichen Luftmenge,
2. Abführung aller Verbrennungserzeugnisse von der Feuerstätte.

Die Erfüllung der Aufgaben des Schornsteins bedingt einen Arbeitsaufwand, dem Schornstein muß also ein Arbeitsvermögen zugeführt werden.

Das Arbeitsvermögen kann sowohl als Wärmeenergie (Wärmeinhalt der Rauchgase) wie auch als mechanische Energie (Unterwindfeuerung, Saugzugfeuerung, Blasrohr, auch günstiger Wind) zugeführt werden.

Wird das Arbeitsvermögen allein durch Wärmeenergie gedeckt, so sprechen wir vom »natürlichen« Schornsteinzug. Wird außer der Wärmeenergie noch mechanische Energie zugeführt — wobei der günstig wirkende Wind nicht berücksichtigt wird —, so sprechen wir von »künstlichem« Schornsteinzug.

Bei unseren Berechnungen müssen wir den günstig wirkenden Wind ausschalten, da der Kessel auch bei Windstille einwandfrei arbeiten muß. Der ungünstig wirkende Wind dagegen muß, weil er das dem Schornstein zugeführte Arbeitsvermögen verringert, Berücksichtigung finden.

Haben Feuerstätte, Fuchs, Schornstein, Außenluft und Schornsteininhalt die gleiche Temperatur, so findet keine Bewegung des Schornsteininhaltes statt. Zur Einleitung des Verbrennungsvorganges muß dem Schornstein ein zusätzliches Arbeitsvermögen zugeführt werden. Das kann z. B. vom günstigen Wind herrühren. Fehlt dieser oder ist ungünstig wirkender Wind vorhanden, so werden wir im Schornstein ein Lockfeuer anzünden. Die im Lockfeuer entwickelte Wärme besitzt ein Arbeitsvermögen, das die im Schornstein ruhende Luft zur Mündung heraustreibt. Dafür tritt Luft zum Brennstoff; der Verbrennungsvorgang ist eingeleitet, der Schornstein als Motor und Gebläse arbeitet.

Bei der Betrachtung der Vorgänge im Schornstein ist man bis jetzt fast immer von den im Schornstein auftretenden Unterdrücken, manchmal auch Überdrücken, ausgegangen. Ich breche absichtlich mit diesem Brauch, der uns in der Erkenntnis nicht weiter bringt, aber das Verständnis für die Vorgänge im Schornstein außerordentlich erschwert. Der Fall liegt doch so, daß üblicherweise vor dem Rost der Druck 0 = der Atmosphäre vorhanden ist; im Schornstein ein mehr oder minder großer Unterdruck und oberhalb der Schornsteinausmündung wieder der Atmosphärendruck. Wenn man bei der Betrachtung der Vorgänge im Schornstein von den Drücken ausgeht, so findet man den Widerspruch, daß die Luft zunächst vom Druck ± 0 auf einen Unterdruck geht und dann wieder auf ± 0. Zwischendurch kann aus dem Unterdruck auch ein Überdruck, nämlich vor einem größeren Einzelwiderstand, geworden sein.

Bezeichnen wir mit H die Höhe des Schornsteins, mit F seinen Querschnitt, mit V sein Volumen, mit δ_a die Dichte der Außenluft. Wem das Wort »Dichte« an dieser Stelle nicht gefällt, mag dafür »Raumgewicht« setzen. Wir haben leider in Deutschland noch keine Übereinstimmung in den Begriffen: Dichte, Raumgewicht und spez. Gewicht von Gasen.

Weiter bezeichne ich mit δ_i die Dichte des Schornsteininhalts.

Das Arbeitsvermögen des Schornsteininhalts beträgt dann

$$V \cdot (\delta_a - \delta_i) \cdot H \ \text{(kgm)}.$$

Aus diesem Arbeitsvermögen muß nun der Arbeitsverbrauch zur Überwindung der Widerstände in der Feuerstätte und im Schornstein aufgebracht werden.

In der Feuerstätte für feste Brennstoffe treten folgende Widerstände auf:

Eintrittswiderstand, hervorgerufen durch Aschfalltür und Rost.

Brennstoffwiderstand beim Hindurchstreichen der Luft (der Heizgase) durch das Brennstoffbett. Der Brennstoffwiderstand verändert sich mit der Höhe der Brennstoffschicht, mit der Verschlackung des Rostes. Er ist ein feuerungstechnisches Merkmal.

Heizkanal- oder Heizzugwiderstand beim Durchstreichen der Heizgase durch die Heizkanäle, die Heizzüge. Er verändert sich durch die Veränderung der zugeführten Brennstoffmenge und durch Flugascheablagerung; er ist ein Kennzeichen für die Anstrengung der Feuerstätte.

Austrittswiderstand durch Umlenken und Zusammendrängen der Heizgase von den Heizzügen zum Rauchrohrstutzen.

Die Summe aller dieser Widerstände (p_f) soll als der »Widerstand der Feuerstätte« bezeichnet werden. Der Arbeitsaufwand zur Überwindung dieses Widerstandes beträgt, wenn F der Querschnitt des Schornsteins und H seine Höhe ist,

$$(F \cdot p_f) \cdot H \ \text{(kgm)}.$$

Der Eigenwiderstand der Feuerstätte muß vom Erbauer für die Höchstleistung angegeben werden; er wird dabei auf den Querschnitt des Rauchrohrstutzens bezogen, also als ein Widerstandsdruck (Unterdruck) angegeben. Im Zentralheizungskesselbau beginnen erfreulicherweise schon einzelne Hersteller in ihren Katalogen den Unterdruck im Rauchrohrstutzen für die Höchstleistung des Kessels anzugeben.

Die Widerstände im Schornstein sind Einzelwiderstände und Reibungswiderstände.

Im Schrifttum und in der Praxis ist es üblich, die Widerstände als Drücke in kg/m² = mm WS anzugeben. Mit dieser Unsitte muß besser früher als später gebrochen werden. Ein Widerstand ist in der Mechanik eine Kraft und kein Druck. Was im Schrifttum im vorliegenden Fall in kg/m² oder mm WS angegeben wird, ist der Widerstandsd r u c k. Man mißt bei der Feststellung eines Widerstandes allerdings den Druck, darf diesen Druck aber nicht fälschlich als eine Kraft, als den »Widerstand«

bezeichnen. Durch die Vermengung der Begriffe »Druck« und »Kraft« entstehen dauernd Irrtümer, die vermieden werden, wenn jedem Begriff gleich die zugehörige Dimension beigefügt wird.

In der »Hütte« heißt es im 1. Band der 26. Auflage auf S. 202: »In Formeln und Gleichungen dürfen nur Größen gleicher Dimensionen durch $+$, $-$ oder $=$ verbunden auftreten.«

Wird der Widerstandsdruck eines Einzelwiderstandes mit Z bezeichnet, so ist die Arbeit zur Überwindung der Widerstände im Schornstein

$$(F \cdot \Sigma Z) \cdot H \text{ (kgm)}.$$

Die Reibung ist der Widerstand in kg, der sich der Bewegung der Rauchgase/Abgase im Rauchrohr (Fuchs) oder Abgasrohr und im Schornstein durch die Rauhigkeit der Wandung entgegenstellt. Bestehen Rauchrohr und Schornstein aus verschiedenen Baustoffen mit verschiedenen Rauhigkeitszahlen, so muß die Reibung für jeden Teil einzeln in die Rechnung eingesetzt werden.

Was im Schrifttum und in der Praxis als Reibung angegeben wird, ist, ähnlich wie beim Einzelwiderstand, ein Reibungsdruck in kg/m² oder mm WS, aber keine Reibung in kg. Das unter »Einzelwiderstand« Gesagte gilt also auch hier.

Die Reibung bezieht man zur Vereinfachung der Rechnung gewöhnlich auf 1 m Länge; dann hat sie die Dimension $\text{kg} \cdot \dfrac{1}{\text{m}}$. Im Schrifttum und in der Praxis wird der Reibungsdruck ebenfalls für 1 m Rohrlänge angegeben, er hat dann die Dimension

$$\frac{\text{kg}}{\text{m}^2} \cdot \frac{1}{\text{m}}.$$

(Es wird unübersichtlich und erschwert das Verständnis, wenn dieser Ausdruck zusammengezogen wird zu $\dfrac{\text{kg}}{\text{m}^3}$. Diese Dimension gehört bei unserer Betrachtung der Dichte zu.)

Die Arbeit zur Überwindung der Reibung hat die Größe:

$$[F \cdot \Sigma (L \cdot R)] \cdot H \text{ (kgm)},$$

wobei L die Länge des Schornsteins (einschließlich seiner Schleifungen) und R der Reibungsdruck je m Länge ist.

Was vom Arbeitsvermögen des Schornsteininhaltes nicht zur Überwindung der verschiedenen Widerstände aufgezehrt wird, bleibt als kinetische Energie[1] der Rauchgase übrig

$$V \cdot (\delta_a - \delta_i) \cdot H - F \cdot [p_f + \Sigma (L \cdot R) + \Sigma Z] \cdot H = \frac{V \cdot \delta_i}{g} \frac{v^2}{2} = M \frac{v^2}{2} \quad \cdots \quad (1)$$

Der kinetischen Energie $M \dfrac{v^2}{2}$ entspricht eine Geschwindigkeit der Gase im Schornstein v (m/s); ein dynamischer Druck

$$\frac{v^2}{2 g} \cdot \delta_i \text{ (kg/m}^2\text{)},$$

eine Kraft $= \dfrac{F \cdot \delta_i}{g} \cdot \dfrac{v^2}{2}$ (kg).

Der an der Schornsteinausmündung vorbeiströmende Wind kann entweder das Arbeitsvermögen der Rauchgase vermehren oder vermindern. Die vom Wind geleistete Arbeit beträgt, wenn p_d den Druckunterschied zwischen Anfang der Feuerstätte und Schornsteinausmündung bezeichnet.

$$\pm F \cdot p_d \cdot H \text{ (kgm)}.$$

---

[1] Deutscher, sprich deutsch! Kinetische Energie = Wucht. Was aber soll man für Energie, potentielle Energie usw. setzen?

Damit wird die Gleichung (1) erweitert zu

$$V \cdot (\delta_a - \delta_i) \cdot H \pm F \cdot p_d \cdot H - F [p_f + \Sigma (L \cdot R) + \Sigma Z] \cdot H = \frac{V \cdot \delta_i}{g} \frac{v^2}{2} \quad \cdot \cdot \; (2)$$

Bei einer beabsichtigten Verringerung der Belastung wird zunächst der Eigenwiderstand der Feuerstätte kleiner; dadurch wird die kinetische Energie der Rauchgase größer, die Feuerung will also durchbrennen.

Bei Feuerstätten mit festen Brennstoffen wird in den Rauchrohrstutzen eine Drosselklappe, in den Fuchs ein Rauchschieber eingebaut und dadurch ein von Hand veränderlicher Drosselwiderstand geschaffen, zu dessen Überwindung ein Teil der kinetischen Energie verbraucht wird.

Drosselwiderstand: hervorgerufen durch die Drosselklappe im Rauchrohr, den Rauchschieber im Fuchs. Durch die Drosselklappe oder den Rauchgasschieber wird die Geschwindigkeit der Rauchgase und damit die Belastung der Feuerstätte geregelt.

$$V \cdot (\delta_a - \delta_i) \cdot H \pm F \cdot p_d \cdot H - F [p_f + p_{dr} + \Sigma (L \cdot R) + \Sigma Z] \cdot H = \frac{V \cdot \delta_i}{g} \frac{v^2}{2} \quad (3)$$

Damit ist die Grundgleichung für die Schornsteinbetrachtung aufgestellt. Bei ihrer Benutzung muß die fördernde Arbeitsleistung des Windes außer Betracht bleiben, da die Feuerstätte auch bei Windstille einwandfrei arbeiten muß. Dem Arbeitsaufwand durch den hemmenden Wind wird dadurch Rechnung getragen, daß die Geschwindigkeit v um einen bestimmten Betrag größer gewählt wird als erforderlich. Bei Feuerstätten für feste Brennstoffe wird sie dann durch den Drosselwiderstand auf die normale Größe gebracht; bei Feuerstätten für gasförmige Brennstoffe durch den Zugunterbrecher.

Der Eigenwiderstand der Feuerstätte muß von ihrem Erbauer angegeben werden. Die Summe der Reibungswiderstände und der Einzelwiderstände lassen sich bei ähnlichen Anlagen, wie z. B. Zentralheizungen durch Vergleich bestehender, gut arbeitender Anlagen setzen =

$$\Sigma (L \cdot R) + \Sigma Z = \alpha H \cdot (\delta_a - \delta_i)$$

und mit dem Wert

$$\frac{1}{1 + \alpha} = k$$

wird die Schornsteinhöhe

$$H = k \frac{\frac{v^2}{2 g} \delta_i + p_f}{\delta_a - \delta_i} \cdot$$

Der Querschnitt des Schornsteins errechnet sich aus der sekundlichen Rauchgasmenge und der angenommenen Geschwindigkeit v. Ist der Querschnitt des Schornsteins durch Bauordnungen oder ähnliches vorgeschrieben, so ist damit die Geschwindigkeit v gegeben.

Es ist vielleicht aufgefallen, daß ich bisher nur zweimal das Wort »Zug« erwähnte. Ich sprach vom natürlichen Schornsteinzug und vom künstlichen Schornsteinzug, aber nie vom »Zug im Schornstein«. Am liebsten würde ich den Begriff »Zug« ganz aus der Betrachtungsweise des Schornsteins verbannen, denn wenn man die Vorgänge im Schornstein als Auswirkung von Arbeitsvermögen und Arbeitsaufwand betrachtet, so ist der Begriff »Zug« nicht erforderlich. Der Begriff »Zug« ist im Sprachgebrauch überaus zweideutig. Der Konstrukteur berechnet Maschinenteile auf Zug oder auf Druck. Wer in der Eisenbahn bei beiderseits offenen Fenstern sitzt, sitzt im Zuge im Zug.

Der »Zug« wird als Druck, oder richtiger gesagt, als »Unterdruck« angegeben. Dividiert man Gleichung (1) durch V, so ergibt das die bekannte Druckgleichung:

$$H (\delta_a - \delta_i) - [p_f + \Sigma (L \cdot R) + \Sigma Z] = \frac{v^2}{2 g} \cdot \delta_i \quad \cdot \; \cdot \; \cdot \; \cdot \; \cdot \; \cdot \; \cdot \; (4)$$

Es ist zu prüfen, welcher Wert in Gleichung (4) zur Bestimmung des Begriffes »Zug« verwendet werden kann.

Ohne weiteres scheiden aus:

p_f Eigenwiderstand der Feuerstätte,
$\Sigma (L \cdot R)$ Reibung,
ΣZ Einzelwiderstand.

Somit bleiben übrig:

$$H \cdot (\delta_a - \delta_i) \text{ und}$$

$$\frac{v^2}{2g} \cdot \delta_i \,,$$

d. h.: Einzelwerte der linken Seite der Gleichung (4) können niemals als Kennzeichen für die Erfüllung der Aufgaben des Schornsteins betrachtet werden, sondern einzig und allein ihre algebraische Zusammenfassung:

$$\frac{v^2}{2g} \cdot \delta_i \,.$$

Das heißt mit anderen Worten, der im Sprachgebrauch übliche Begriff »Zug« muß, da das Wort »Zug« — leider — nicht mehr ausgerottet werden kann, wissenschaftlich umgedeutet werden.

In der Technik ist der Ausdruck »Zug« für Feuerungsanlagen als ein gemessener oder zu messender Unterdruck so vieldeutig (Unterdruck in der Feuerstätte: an welcher Stelle? Im Fuchs: vor oder hinter dem Rauchschieber? Im Schornstein: an welcher Stelle, vor oder hinter einem zufällig vorhandenen Widerstand?) und hat dadurch so viel Verwirrung geschaffen, daß es höchste Zeit ist, den Begriff »Zug« eindeutig und wissenschaftlich einwandfrei festzulegen.

»Zug« $= v$ (m/s) ist diejenige (mittlere) aufwärtsgerichtete Geschwindigkeit der Rauchgase (Abgase im Schornstein), bei der alle der jeweiligen Belastung der Feuerstätte entsprechenden Rauchgas-/Abgasmengen restlos abgeführt werden.

Damit wird auch äußerlich angedeutet, daß die Verbrennung als ein Transportproblem aufgefaßt werden muß.

Zugstärke $= \frac{v^2}{2g} \cdot \delta_i$ (kg/m²) ist der dynamische Druck der Rauchgase/Abgase bei der Geschwindigkeit v.

Gefühlsmäßig wird bereits der »Zug« oftmals als eine Geschwindigkeit empfunden, z. B. in dem Ausdruck »Der Zug pfeift durch den Schornstein, durch den Ofen«.

»Zug« und »Zugstärke« nach der neuen Begriffsbestimmung können mit den üblichen Meßgeräten nicht mehr gemessen werden. Das ist kein Nachteil, sondern Gott sei Dank ein wesentlicher Vorteil der neuen Begriffsbestimmung, da nunmehr der Unfug der Bestimmung statischer Drücke an beliebigen Stellen des Schornsteins im praktischen Betriebe zur Ermittlung des »Zuges« oder der »Zugstärke« mit allen daraus gezogenen Fehlschlüssen aufhört. Mit »Zug« und »Zugstärke« kann der Schornstein seine Aufgabe nicht erfüllen. Ein Arbeitsvermögen braucht er, das alle Widerstände überwindet und noch für eine genügende kinetische Energie des Schornsteininhaltes ausreicht!

Dagegen ist die Messung des »Eigenwiderstandes« der Feuerstätte nicht nur zweckmäßig, sondern bei industriellen Kohlenfeuerstätten notwendig. Es ist aber grober Unfug und verewigt vorhandene Irrtümer, wenn dieser »Eigenwiderstand« als »Zug« bezeichnet wird. Diese Gedankenfaulheit muß mit Stumpf und Stiel ausgerottet werden! Vielleicht bezeichnen die Hersteller in Zukunft ihre »Zugmesser« als »Unterdruckmesser« oder. »Widerstandsmesser«.

Nur ein Bruchteil des dem Schornstein zugeführten Arbeitsvermögens wird für den Transport der Luft und der Verbrennungserzeugnisse nutzbar gemacht. Der weitaus größte Teil geht in die Schornsteinwand. Unsere Aufgabe muß es sein, diese Verluste so weit wie möglich zu verringern. Die für unsere Betrachtung wichtigsten Übelstände des jetzigen Schornsteins sind zu große Wärmeaufnahmefähigkeit und zu große Wärmedurchlässigkeit. Es müssen andere Baustoffe gesucht und gefunden werden, die der Forderung nach möglichst geringer Wärmeaufnahmefähigkeit und möglichst großer Wärmedichtheit entsprechen. Daneben müssen auch selbstverständlich die sonst notwendigen Anforderungen an den Baustoff, wie Festigkeit, Säurebeständigkeit usw. erfüllt werden. Die Lösung dieser Aufgabe erinnert stark an eine andere bekanntere Aufgabe: Wasch mir den Pelz, aber mach ihn nicht naß.

Und trotzdem müssen wir an die Aufgabe herangehen. Sehr gute Vorarbeiten hat bereits auf diesem Gebiete mit geldlicher Unterstützung der Stiftung zur Förderung von Bauforschungen die Arbeitsgemeinschaft für Brennstoffersparnis e. V., Berlin, durchgeführt. Wir werden vielleicht im Laufe dieses Winters in der Arbeitsgemeinschaft für Brennstoffersparnis dazu kommen, die notwendigen und hinreichenden Bedingungen aufzustellen, denen der Schornsteinbaustoff genügen muß.

Der Leser erwartet nunmehr die Einfügung von Beispielen über die praktische Benutzung der entwickelten Arbeitsgleichung, Angaben über die zweckmäßige mittlere Geschwindigkeit der Rauchgase im Schornstein usw. Dafür ist aber die Zeit noch nicht gekommen. Hierzu müssen Versuche angestellt werden, die über die Kraft des Einzelnen weit hinausgehen. Aber jeder einzelne Heizungsingenieur kann an dieser Arbeit mithelfen.

Die Auswertung der vorhin entwickelten Arbeitsgleichung für die Berechnung des Schornsteins wird sich wohl zunächst darauf zu erstrecken haben, einheitliche Begriffe in der gesamten Feuerungstechnik für den Transport der Verbrennungserzeugnisse zu schaffen. Damit wäre schon viel erreicht, weil dann dem Aneinandervorbeireden der Boden entzogen wäre.

Die Arbeitsgleichung in der vorliegenden Form ist zwar durchaus brauchbar, aber sie gefällt mir selbst noch nicht. Ich würde es dankbar begrüßen, wenn einmal ein Strömungstechniker die Vorgänge im Schornstein recht genau unter die Lupe nehmen wollte. Ich glaube, daß wir mit dem Rüstzeug der Strömungstechnik (Bernoullische Gleichung) zu neuen weittragenden Aufschlüssen kommen werden.

Vorsitzender: Meine Herren! Herr Oberingenieur Albrecht hat uns die sehr »brennende« Frage der Schornsteinrechnung wieder mal vor Augen geführt. Wir sind ihm dankbar, daß er die Einzelheiten in seinem gedruckten Bericht noch ergänzen wird. Es ist sehr wertvoll, daß wir unser Augenmerk diesem Transportproblem zuwenden, ist doch, wie ich schon einmal heute ausgeführt habe, die richtige Berechnung und Anordnung des Schornsteins ganz wesentlich von Einfluß auf die Wärmekosten. —

Ich darf nun Herrn Oberbaurat Meuth bitten, uns den Mitbericht zu diesem Vortrag zu erstatten.

Einfluß des Windes auf den Kaminzug.

Von Oberbaurat Dr.-Ing. H. Meuth VDI, Stuttgart.

Bei ausreichendem Auftrieb der Rauchgase in einem Schornstein wäre es für die Verbrennung am günstigsten, wenn jeder Einfluß des Windes an der Mündung, auch der zugfördernde, ferngehalten würde. In sehr vielen Fällen ist aber der Zug durch Abkühlung und Strömungswiderstände der Rauchgase stark vermindert, so daß jeder widrige Wind, auch schon schwache Stauwirkungen an der Kaminmündung, den Austritt der Rauchgase erschweren oder verhindern. Deshalb ist ein vom Wind erzeugter zusätzlicher Zug in den meisten Fällen erwünscht. Zu starker Zug läßt sich leicht regeln, zu schwacher Zug aber nicht verstärken. Kaminköpfe sind deshalb nicht bloß danach zu beurteilen, ob sie widrige Winde von dem Kaminschacht fernhalten, sondern auch danach, ob sie möglichst bei allen Windrichtungen zugverbessernd wirken.

Untersuchungen in dieser Richtung habe ich mit Unterstützung der Stiftung für Bauforschungen in den letzten Jahren an einer Reihe gebräuchlicher Kaminköpfe vorgenommen, sowohl an kleinen Modellen wie an solchen in Naturgröße[1].

Das Verhalten des Rauches im Kamin bei verschiedenen Bekrönungen läßt sich in einem gläsernen Kamin an den Schlieren der strömenden Luft erkennen; ferner gibt die Messung der Drucke im Kamin einen Einblick in den Strömungsvorgang (s. Abb. 1). Bei richtiger Feuerungs- und Kaminanlage und bei Windstille nimmt der Unterdruck im unbekrönten Kamin (B) vom Fuß an erst langsam, dann stärker ab; mit zunehmendem Wind erhöht sich der Unterdruck vom Fuß bis zur Mündung annähernd gleichmäßig.

Ein aufgesetztes Rohrstück mit Hut (A) verändert sofort das Bild. Der an der Mündung entstehende Stau pflanzt sich durch den ganzen Kamin fort, wie dies auch der Schlierenversuch zeigt. Von einer Stelle an stellt sich Überdruck ein. Das hindert zwar nicht, daß der Rauch abströmt. Doch wird ein im Überdruckgebiet angeschlossener Ofen rauchen müssen, auch wenn er nicht gefeuert ist. Das verschlimmert sich in einem solchen Falle bei Wind in zunehmendem Grad mit seiner Stärke. Dagegen verstärkt sich bei saugend wirkenden Kaminaufsätzen der Unterdruck mit der Windstärke auf der ganzen Länge des Kamins. Es besteht hier nicht die Gefahr des Rauchrücktritts. Dieser Versuch zeigt, daß der Druckverlauf im Kamin wesentlich von der Gestaltung des Kaminkopfes abhängt.

Ein anderer Versuch zeigt, daß der Zug eines Kamins im Windschatten vom Wind praktisch nicht beeinflußt wird. Der auf die Dachschräge auftreffende Wind strömt in deren Richtung nach oben ab und läßt die jenseits des Firstes liegende Kaminmündung unberührt. Der Wind verstärkt den Zug nur dann, wenn die Kaminmündung so weit über dem First liegt, daß sie die verlängerte Dachschräge überragt.

Um für die Wirkung gebräuchlicher Kaminaufsätze vergleichsweise einen Anhalt zu gewinnen, habe ich unter 8 verschiedenen Versuchsbedingungen ihre Saugleistung festgestellt. Die Ergebnisse sind in Abb. 2 zusammengestellt. Die Versuchsbedingungen

---

[1] Der ausführliche Versuchsbericht, der auch die Versuche mit Gas- und Lüftungsaufsätzen sowie die Versuchsanordnung enthält, kann vom Württ. Wärmewirtschaftsverband, Stuttgart, Landesgewerbemuseum, gegen Einzahlung von 1 RM. auf dessen Postscheckkonto 22 700 bezogen werden.

4*

sind seitlich vermerkt. In der Länge der waagerechten Säulen ist die Größe der jeweils angesaugten Luftmenge dargestellt. Der Mittelwert der Zugwirkung bei den 8 Versuchsbedingungen ist als Kennziffer (eingekreist) bei jedem Kaminkopf vermerkt. Der einfachen unbekrönten Kaminmündung ist dabei die Kennziffer 100 beigelegt.

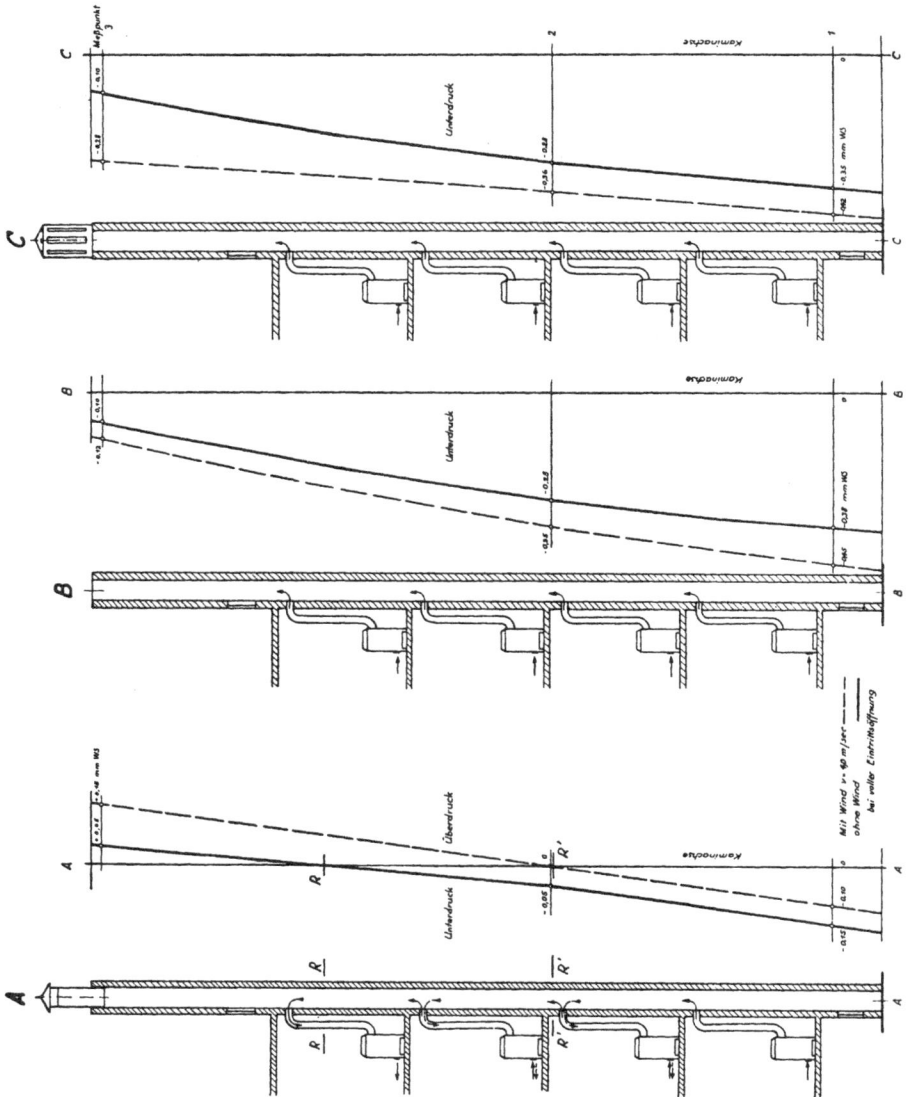

Abb. 1. Einfluß der Kaminmündung auf den Druckverlauf im Kamin.

Im einzelnen ist zu bemerken:
Nr. 1. Die geringe Wirkung eines verjüngten Rohrstückes mit Hut auf dem rechteckigen Kamin rührt von dem Stau beim Übergang vom rechteckigen zum runden Querschnitt, von der Querschnittverminderung am aufgesetzten Rohr und dem Stau der Abgase an dem Hut her, der sich mit zunehmender Windgeschwindigkeit noch verstärkt.

Nr. 2. Ohne Hut ist die Gesamtwirkung etwas besser.

Nr. 3 und 4. Ein nicht verjüngtes längeres Blechrohr mit Hut hat infolge der stärkeren Abkühlung nur eine mäßige Wirkung. Ob das Rohr durch eine flache (sog. Meidinger-) Scheibe oder einen kegelförmigen Hut abgedeckt wird, macht nur wenig aus.

Nr. 5, 6 und 7. Die häufig anzutreffende Abdeckung durch eine Steinplatte auf 4 Eckstützen verschlechtert die Wirkung des einfachen offenen Kamins nur wenig, gewährt vor allem einen guten Schutz gegen Oberwinde und gegen Einfall von Regen, Schnee und Sonnenstrahlen. Ein kurzes Rohrstück auf der Deckplatte bei geringem Plattenabstand verringert den Stau.

Nr. 8 ist ein häufig verwendeter Aufsatz für Gaskamine, bei denen es darauf ankommt, daß der Wind die Abgasströmung möglichst wenig beeinflußt.

Nr. 9. Bei diesem Aufsatz, unter dem Namen „Staudrucksauger" bekannt, soll der Wind in den düsenförmigen äußeren Kanälen gestaut, mit hoher Geschwindigkeit quer über die Schornsteinmündung hinweggeführt werden und dabei einen hohen Unterdruck im Kamin erzeugen. Der verwickelte Weg, der den Rauchgasen dabei zugemutet wird, hebt aber zum Teil diese Wirkung wieder auf.

Nr. 10. Der über die einfache, offene Kaminmündung hinwegstreichende Wind wirkt stark zugfördernd, abgesehen von Wind über Eck und von oben. Gegen Regen, Schnee und Sonnenbestrahlung ist kein Schutz vorhanden.

Nr. 11. Ein vorstehender Rand verschlechtert im ganzen die Wirkung nicht; bei waagrechtem Wind treten Wirbel auf, die die Zugkraft etwas beeinträchtigen.

Nr. 12 und 17 sind schon etwas verwickeltere Bauarten aus Blech. Nr. 12, ohne bewegliche Schutzwand, übertrifft die Wirkung des einfachen Kamins nur wenig. Gegen Oberwind schützen sie recht gut.

Nr. 13 ist ein ausgesprochener Aufsatz für Gaskamine, der den hier geforderten annähernd gleichmäßigen Zug unter allen Windverhältnissen gewährt.

Nr. 16. Der bekannte und weit verbreitete Johnsche Helm beeinträchtigt den Gasaustritt etwas und erreicht auch sonst die Wirkung der einfachen Kaminmündung nicht, nur über Eck und bei Oberwind übertrifft er sie erheblich. Er schützt gegen Regen- und Schneeinfall und bietet gute Reinigungsmöglichkeit. Sorgfältige Ausführung ist für dauernde Beweglichkeit und längere Lebensdauer Vorbedingung.

Nr. 15, 18 und 22. Eine Sonderstellung nehmen die sich drehenden Aufsätze ein. Der Kugel- (oder auch Zylinder-) Rotor mit jalousieartigen Öffnungen gibt nur eine wenig bessere Wirkung als die einfache Kaminmündung. Wesentlich besser ist die Wirkung der mit Ventilatoren ausgerüsteten Aufsätze, die ihren Antrieb durch besondere Windflügel erhalten, wie bei den Savonius-Rotoren Nr. 18 und 22 (nur durch bessere Ausführung verschieden). Im Staugebiet werden diese Rotoren weniger stark in der Zugwirkung beeinflußt als andere Aufsätze. Sie arbeiten wie alle runden Aufsätze bei allen Windrichtungen gleich gut.

Nr. 19 und 19a ist der bekannte und recht wirksame Groveaufsatz, allerdings nur, wenn er mit der Breitseite gegen die Hauptwindrichtung steht. Er erschwert bei Feuerungskaminen die Reinigung.

Nr. 20 zeichnet sich durch gleichmäßig gute Wirkung unter allen Windverhältnissen aus.

Bei einer Gruppe von Aufsätzen sind düsenförmige Kanäle zur Führung und Umlenkung des Windes in die Richtung der Kaminachse angeordnet, zu dem Zweck, die Rauchgase vom Wind mitreißen zu lassen. Hierher gehören die Nr. 21, 23, 24, 24a und 25. Die Versuche haben gezeigt, daß solche düsenförmigen Kanäle dem Wind nur dann die gewünschte Richtung nach oben aufzwingen, wenn sie lang genug sind. Sonst sucht der Wind auf dem kürzesten Weg nach der Stelle größten Unterdrucks zu gelangen, die nach Abb. 3 auf der Seite liegt, an der der Wind vorbeistreicht. Die Bauarten 21, 23 und 25 haben lange Düsenkanäle; letztere erreicht ihre gute Wirkung dadurch, daß hier der Wind sowohl im Innenkanal wie an der Außenfläche in die Richtung der senkrecht nach oben austretenden Abgase gezwungen wird.

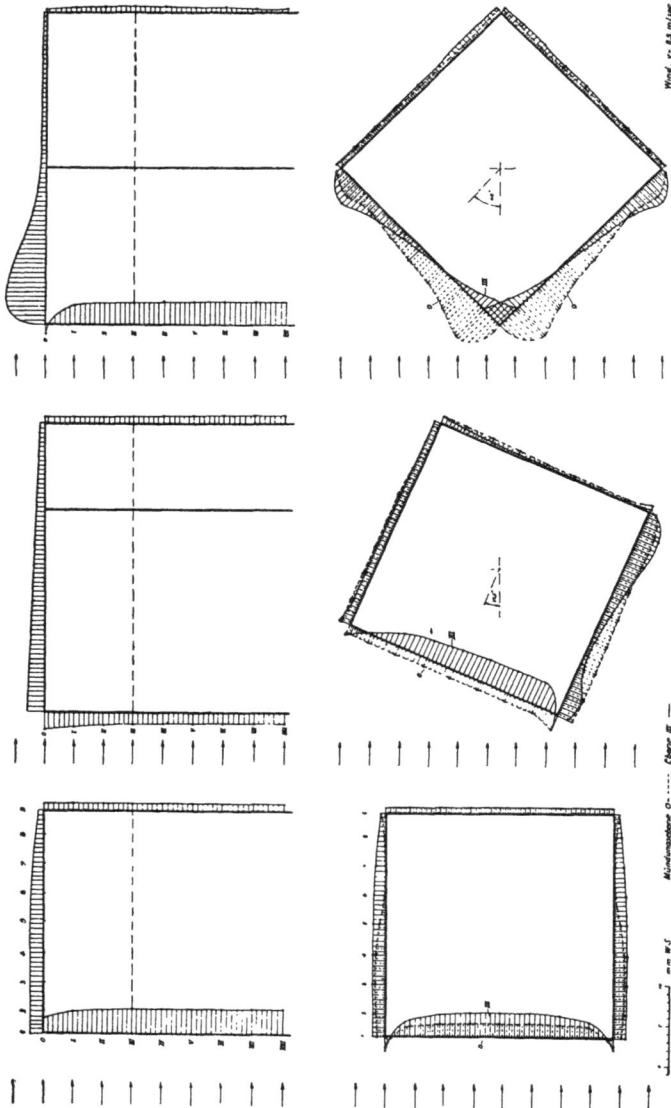

Abb. 3. Druckverteilung auf der Oberfläche eines quadratischen Prismas bei waagrechtem Wind.

Wie aus der Zusammenstellung ersichtlich, sind die Unterschiede in den Kennziffern nicht sehr groß. Auch als gut bekannte Aufsätze übertreffen die einfache unbekrönte Kaminmündung nicht viel.

Zur Erklärung dieses auffallenden Ergebnisses versuchte ich zunächst die Strömungsvorgänge an der Kaminmündung bei Wind durch Schlieren sichtbar zu machen.

Diese ließen sich aber nur in einer Ebene verfolgen und im Lichtbild nicht festhalten. Ich ging dann dazu über, die Drucke an der Oberfläche der Kaminmündung zu messen. Diese Druckmessungen gaben ein einwandfreies Bild von der Wirkung des Windes.

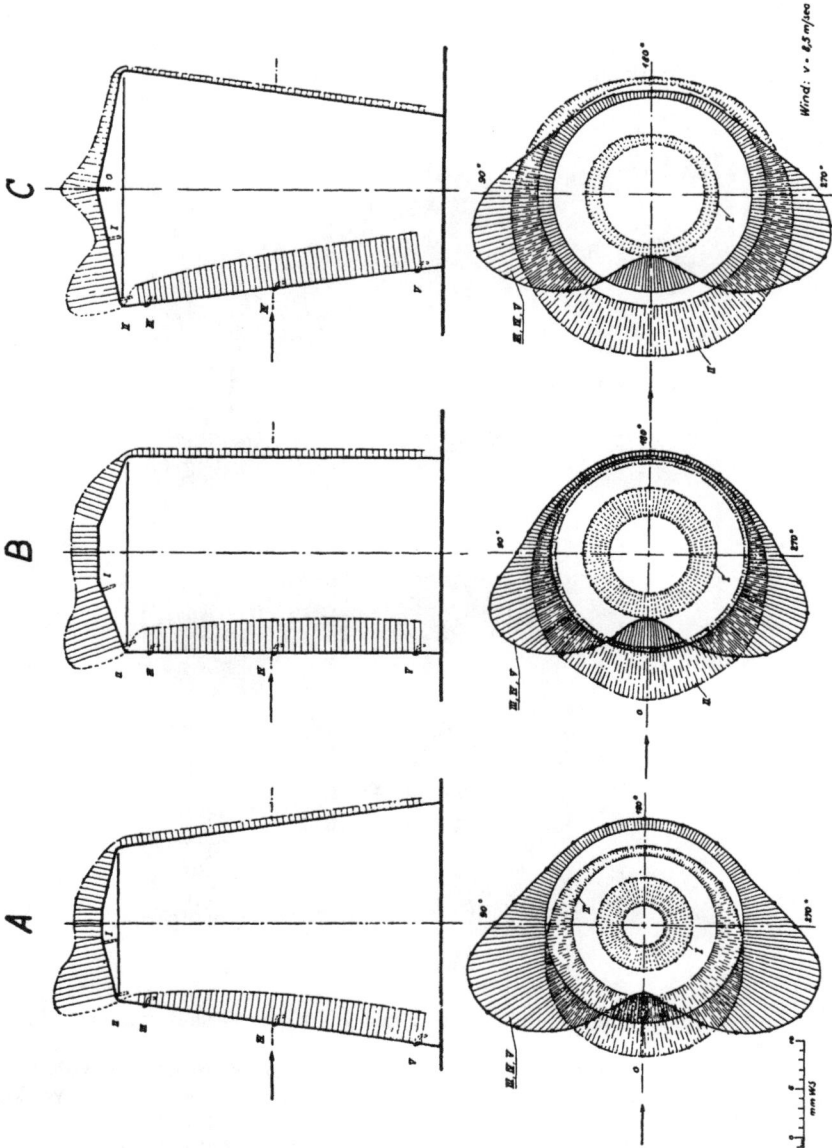

Abb. 4. Druckverteilung auf der Oberfläche von runden Kaminkopfformen bei waagrechtem Wind.

Die Ergebnisse dieser Messungen an einfachen geometrischen Grundformen sind aus Abb. 3 und 4 ersichtlich. Die schlechte Wirkung bei Windanfall über Eck auf rechteckige Kaminmündungen erklärt sich aus dem Druckverlauf in Abb. 3. Bei zylindrischen und kegeligen Formen (Abb. 4) fällt auf, daß der Sektor des Überdruckes nur verhältnismäßig klein ist, während das Unterdruckgebiet den ganzen übrigen Umfang einnimmt; ferner ist ein auffallend hoher Unterdruck auf der Seite festzustellen, nicht etwa auf der dem Wind entgegengesetzten Seite. Hier ist der Unterdruck nur etwa $1/_8$ von dem auf der Seite. Es lag nun nahe, die Austrittsöffnungen für die Abgase hauptsächlich an diesen Stellen größten Unterdrucks anzuordnen, die sich am Deckel des Kaminkopfes nahe dem Rande befinden. Der darnach ausgebildete Aufsatz zeigte, wie zu erwarten, die beste Wirkung von den untersuchten Aufsätzen. Auch der Druck im

Abb. 5.

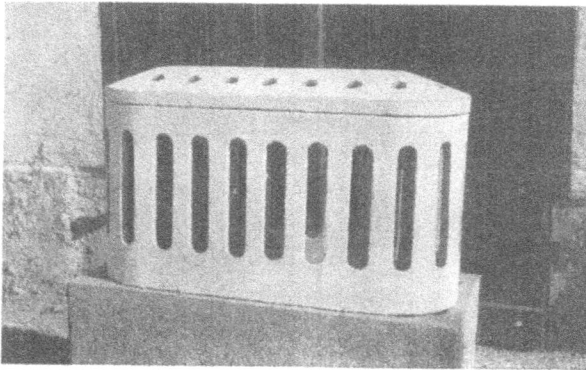

Abb. 6.

Kamin zwischen Sohle und Mündung zeigt einen günstigen Verlauf, wie aus Abb. 1 C ersichtlich ist.

Aus der Zusammenstellung der Ergebnisse der Vergleichsversuche in Abb. 2 läßt sich ersehen, daß die Aufsätze, die vom Wind umströmt werden, eine bessere Wirkung aufweisen als die, bei denen der Wind in den Aufsatzkörper durch die Rauchgaswege oder durch düsenartige Öffnungen eindringt und die Gase mit fortreißt. Die auf Grund der Druckmessungen entwickelten Kopfformen Nr. 26 bis 28 am Ende der Zusammenstellung zeigen das beste Ergebnis. Sie gewähren zugleich einen guten Schutz gegen Oberwind, Sonnenstrahlen und Regeneinfall. Ihre praktische Ausführung vereinfacht sich noch dadurch, daß die schmale Staufläche für eine gleich gute Saugwirkung bei allen Windrichtungen nicht beweglich gemacht zu werden braucht, wie bei den bekannten drehbaren Helmen.

Es hat sich nämlich bei den Versuchen gezeigt, daß auch eine mit Schlitzen durchbrochene schmale Staufläche die gleiche Wirkung hervorruft wie eine volle, wenn nur die Schlitze gleich breit wie die dazwischen stehenbleibenden Stege gemacht werden. Geschieht dies gleichmäßig am ganzen Umfang, so gibt der Aufsatz auch gleiche Wirkung bei allen Windrichtungen. Es lassen sich auch, wie aus den Querschnitten 2 und 3 ersichtlich, mehrere Kaminöffnungen unter einer Haube zusammenfassen; Versuche haben gezeigt, daß auch hier die Saugwirkung des Windes bei den verschiednen Windrichtungen annähernd gleich ist und daß ein auf die geschlitzte Breitseite des Aufsatzes auftreffender Wind auch hier nicht in das Innere eindringt, sondern an den Schmalseiten vorbeiströmt und dort hohen Unterdruck erzeugt. Abb. 5 und 6 zeigen Ausführungen aus der Praxis.

Für Lüftungszwecke, die Regendichtheit des Kaminaufsatzes verlangen, werden die Öffnungen am Deckelrand geschlossen unter Verzicht auf die dort auftretende starke Saugwirkung des Windes. Versuche haben gezeigt, daß bei überstehendem Deckel (nach Art einer Meidinger-Scheibe) eine gute Regendichtheit erzielt wird; auch waagrecht angeblasener Pulverschnee dringt nicht in die Schlitze ein, sondern benutzt wie der Wind den Weg des geringeren Strömungswiderstandes um den Aufsatz herum[1]).

Die große Zahl verschiedenartiger Ausführungsformen von Kaminaufsätzen für Rauchgasabführung und Lüftungszwecke, von denen mitunter Vertreter verschiedener Bauarten auf dem gleichen Dach anzutreffen sind, muß als ein Zeichen der Unsicherheit gegenüber der hier vorliegenden strömungstechnischen Aufgabe angesehen werden. Es ist auffallend, daß sich die Institute für Strömungsforschung bis jetzt so wenig mit den Vorgängen an der Kaminmündung befaßt haben, während z. B. dem weit weniger verbreiteten und die Allgemeinheit weniger berührenden Flugzeugtragflügel die meisten Forschungsarbeiten gewidmet worden sind. Auf der Suche nach dem besten Gas- und Dunstabzug kann zur Einschränkung von Rauchbelästigungen und Brennstoffverlusten und zur Besserung der Raumbelüftung noch manches geschehen; man muß nur von der herrschenden Meinung abkommen, als liege hier kein Problem mehr vor. Den Fachgenossen im Heizungs- und Lüftungswesen kommt es vor allem zu, sich zur Förderung von Volkswirtschaft und Volksgesundheit mit diesen Fragen eingehend zu beschäftigen, wozu die vorstehend mitgeteilten Versuche einen Beitrag liefern sollen.

Vorsitzender: Ich möchte Herrn Oberbaurat Me u t h für seine Ausführungen danken. — Wir wollen hoffen, daß seine Arbeiten auch in Zukunft zu weiteren Erfolgen gelangen werden.

Wir kommen zum letzten Vortrag vor der Pause und bitten Herrn Dr. Raisch-München, uns den Vortrag über Wärmeverlust und Wärmeschutz zu halten.

---

[1]) Dieser Kaminaufsatz Meuth wird in keramischem Werkstoff von dem Betonwerk Schell-Ludwigsburg und von der Deutschen Steinzeugwarenfabrik Mannheim-Friedrichsfeld, in Blech von der Firma J. A. Topf & Söhne in Erfurt ausgeführt.

Wärmeverluste und Wärmeschutz in der Heizungstechnik.

Von Dr.-Ing. E. Raisch VDI, München.

Das richtige technische Denken und Handeln muß darauf eingestellt sein, Stoff- und Energieverluste mindestens so weit einzuschränken, als dies unter Berücksichtigung des Wertes der dafür aufzuwendenden Zeit und Mittel nach wirtschaftlichen Gesichtspunkten gerechtfertigt ist. Darüber hinaus können wirtschaftspolitische Forderungen dazu zwingen, Verluste auch dann zu verhindern, wenn durch den Aufwand für die dazu erforderlichen Maßnahmen zwar keine eigentlichen Ersparnisse mehr bedingt sind, dies im Hinblick auf die Lebensnotwendigkeiten des Volkes aber geboten ist.

Bei den Energieverlusten, die hier zur Erörterung stehen, handelt es sich um die Wärmeverluste. Bekanntlich hat jedes Vorhandensein von Temperaturunterschieden das Fließen eines Wärmestromes zur Folge, es gibt kein Mittel, diesen die Temperaturunterschiede schließlich ausgleichenden Wärmefluß völlig zu verhindern, man kann ihn vielmehr nur eindämmen. Es ist also, um an einer Stelle eines Temperaturfeldes eine bestimmte Temperatur und damit einen Temperaturunterschied gegen die Umgebung aufrechtzuerhalten, ein dauernder Nachschub als Ersatz der abfließenden Wärme erforderlich. Auf dieses Naturgesetz gründen sich die Arbeiten vieler wichtiger Berufs- und Industriezweige, darunter namentlich das Heizungswesen mit der Heizungsindustrie und die Wärmeschutztechnik mit der Isolierindustrie. Die erste dient zur möglichst wirtschaftlichen Erzeugung der Wärme in geeignet gebauten Anlagen und ihrer zweckentsprechenden Verteilung auf die Verbrauchsstellen, die zweite hat die Aufgabe, die erzeugte Wärme bei ihrer Fortleitung und am Verwendungsort vor Verlusten tunlichst zu schützen. Diese Aufgabe der Wärmeschutztechnik soll in den folgenden Ausführungen behandelt werden.

Als nach dem Kriegsende unter dem Druck der Verhältnisse wir gezwungen waren, die verschiedenen Verlustquellen aufzusuchen und zu verstopfen, war es naheliegend, daß dem Wärmeschutz in seinen mannigfachen Anwendungsgebieten und Anwendungsverfahren sich ein besonderes Augenmerk zuwandte. Wenn in jener Zeit der uns aufgezwungenen Selbsthilfe, die mit den augenblicklichen Verhältnissen manche Ähnlichkeit aufweist, vom Ausland unter Geringschätzung unserer Bestrebungen dafür die Bezeichnung »Kalorienfänger« aufkam, so konnte uns dies in der Weiterverfolgung unserer Ziele nicht hindern, wenn auch andererseits zugegeben werden mag, daß im Übereifer zunächst weniger Bedeutsames vielleicht allzusehr in den Vordergrund gerückt worden war und größere Aufgaben in der Wärmeschutztechnik noch einer Lösung harrten. Durch die einsetzende planmäßige Erforschung der Gesetze der Wärmeübertragung, durch Zusammenarbeit der wissenschaftlichen Forschungsinstitute mit den Herstellern der Wärmeschutzmittel, die ständige Prüfung der Erzeugnisse und die in ihrer praktischen Anwendung gewonnenen Erfahrungen wurde dieses Arbeitsgebiet inzwischen weitgehend geklärt. Zur Nachprüfung der Wirkung ausgeführter Wärmeschutzanlagen wurden in Form der verschiedenen Arten von Wärmeflußmessern die erforderlichen Hilfsmittel geschaffen. Um die teils immer noch in Verwendung befindlichen und immer wieder neu auftauchenden unsachgemäßen Prüfverfahren auszuschalten und die wärmetechnische Stoffprüfung zu vereinheitlichen, wurden »Regeln«[1]) dafür ausge-

---

[1]) »Regeln für die Prüfung von Wärme- und Kälteschutzanlagen«. Berlin: VDI-Verlag 1930.

arbeitet, die auch die Grundlagen für die Berechnung des Wärmedurchgangs und Zahlentafeln dafür enthalten. Weiterhin wurden die Richtlinien zur Bemessung von Wärme- und Kälteschutzanlagen[1]) und Regelangebote aufgestellt und herausgegeben. So sind heute die Möglichkeiten und die erforderlichen Unterlagen zu einer weitgehenden Eindämmung von Wärmeverlusten in allen Fällen gegeben und sollten auch ausgenutzt werden.

Wie steht es nun mit den Wärmeverlusten und dem Wärmeschutz in der Heizungstechnik? Wenn diese Frage mit Heizungsfachleuten angeschnitten wird, so erhält man nahezu immer gleich die Erwiderung, daß dem Wärmeschutz in der Heizungstechnik gegenüber dem in den übrigen Zweigen der Technik im allgemeinen nur eine untergeordnete Bedeutung zukommt. Als Begründung dazu wird angeführt, daß ja die bei den Heizungskesseln und Rohrleitungen auftretenden Wärmeverluste nicht als solche gelten können, da sie doch als Heizungswärme den Bauten und Räumen zugute kommen. Soweit es sich um die innerhalb der Bauten auftretenden Wärmeverluste handelt, hat diese Begründung an sich zwar einige Berechtigung. Die allgemeine Gültigkeit muß ihr jedoch abgesprochen werden; denn es ist, vom technischen Standpunkt aus gesehen, unrichtig, die Wärme irgendwo ohne eine Regelmöglichkeit austreten zu lassen, wenn diese wie Heizkörper wirkende Stellen nicht während der ganzen Heizzeit und in immer gleichmäßiger Stärke Wärme abgeben sollen. Hier sind es zunächst die Wärmeverluste im Kesselhaus, wo doch wohl alles an unnötiger Wärmezufuhr vermieden werden sollte, um die an sich meist schon zu hohe Temperatur nicht noch mehr in die Höhe zu treiben. Weiterhin sind es die Steigleitungen, die, etwa im Stiegenhaus verlaufend, dort vielfach gleichzeitig mitheizen sollen, was aber z. B. in der Übergangszeit unnötig ist und einen Verlust darstellt. Ungeschützte Steigleitungen in Nischen der Außenwand verlegt, schaffen große Wärmemengen durch die Wand hindurch nach außen, um so mehr, als an diesen Stellen die Wand geschwächt ist; für die Raumheizung ist die dafür aufgewandte Wärme praktisch völlig verloren.

Es erhebt sich nun die Frage, welches Wärmeschutzmittel in jedem einzelnen Falle zu wählen ist. Hierzu läßt sich zunächst sagen, daß es bei den vorhandenen Temperaturen hinreichend beständig sein muß. Im übrigen ist die anzustrebende niedrige Wärmeleitfähigkeit eines Dämmstoffes allein noch kein Maß, das seine Anwendung rechtfertigt; denn es kommt gleichzeitig auch darauf an, wie hoch der Preis der ausgeführten Abdämmung ist. Ihre Wahl hat somit nach Wirtschaftlichkeit zu erfolgen, und zwar ist diejenige Abdämmung natürlich die wirtschaftlichste, mit der bei gleichen Anlagekosten und gleicher sonstiger Eignung und Haltbarkeit die größeren Einsparungen an Wärmeverlusten erzielt werden. Dabei zeigt sich allerdings, daß im allgemeinen die guten Dämmstoffe die wirtschaftlicheren sind. Nach den gleichen Gesichtspunkten ergibt sich auch die zu wählende Dämmstärke, wobei diejenige die wirtschaftlichste ist, für die die Herstellungskosten mit Abschreibungen und Verzinsung zuzüglich des Wertes für den Wärmeverlust der isolierten Anlage einen Mindestwert ergeben. Bei diesen Wirtschaftlichkeits-Berechnungen sind außer den Kosten für die Abdämmung die verschiedensten Größen von Einfluß, so der Wärmepreis, die Kessel- oder Rohrtemperaturen, die Lufttemperatur, der Rohrdurchmesser, die jährlichen Betriebsstunden und die Betriebsweise, d. h. ob durchlaufender oder täglich unterbrochener Betrieb. Während nun aber diese wirtschaftliche Bewertung der Dämmstoffe in der Dampfkrafttechnik für die Wahl des Wärmeschutzes heute meist die gebührende Berücksichtigung findet, ist dies in der Heizungstechnik nur selten der Fall. Aus Kreisen der Wärmeschutztechnik wird immer wieder der Vorwurf erhoben, daß die Auswahl der Abdämmung von Heizungsanlagen selten nach Wirkung und Wirtschaftlichkeit erfolgt, sondern für die Ausführung meist nur der Preis maßgebend ist. Unter diesen Umständen ist es dann auch nicht zu verwundern, wenn die Wirkung des Wärmeschutzes unzureichend ist. Es ist ja wohl richtig, daß die Temperaturen und damit auch die Wärme-

---

[1]) Berlin: VDI-Verlag 1931.

verluste in den Heizungsanlagen, wenigstens bei Warmwasser- und Niederdruckdampf-heizungen mit etwa 100° erheblich niedriger liegen als beim Dampfkraftbetrieb, wo heute mit Dampftemperaturen bis zu 500° zu rechnen ist, so daß man bei den genannten Heizungen nach den Wirtschaftlichkeitsberechnungen auch mit wesentlich geringeren Dämmstärken auskommt. Bei den Verschiedenheiten in den Kosten der einzelnen Dämmarten, im Wärmepreis und den Rohrdurchmessern läßt sich eine allgemein gültige Angabe für die wirtschaftlichsten Dämmstärken nicht machen, sie liegen jedoch meist in der Größenordnung von 15 bis 30 mm, bei ebenen Flächen höher. Jedenfalls sind aber, wie man dies verschiedentlich feststellen kann, nur wenige Millimeter eines Wärme-schutzmittels, namentlich wenn es sich noch um ein solches von zweifelhafter Güte handelt, als Abdämmung zu wenig und unwirtschaftlich, und es kann hierüber auch ein etwaiger schöner äußerer Anstrich, so wünschenswert dieser für ein sauberes Aus-sehen der Anlage auch ist, nicht hinwegtäuschen.

Um auf Einzelheiten etwas einzugehen, mag in diesem Zusammenhang erwähnt werden, daß zunächst der Wärmeschutz der Heizkessel selbst manchmal unzureichend ist. Es ist bemerkenswert, welche Mühen darauf verwendet wurden, durch richtiges Leiten des Verbrennungsvorganges und zweckmäßige Führung der Heizgase den Feue-rungswirkungsgrad der Heizungskessel zu verbessern und es ist erstaunlich, welche Erfolge im Laufe der Zeit dabei erzielt wurden. Beim Wärmeschutz der Kessel sind aber die Fortschritte in der Wärmeschutztechnik nicht in entsprechender Weise berück-sichtigt worden. Ein Blechabdeckmantel mit einer eingeschlossenen Luftschicht genügt nicht als Abdämmung, es muß schon ein ausgesprochener Wärmeschutzstoff in ent-sprechender Stärke eingefügt werden, wobei z. B. Matten aus faserförmigen Stoffen geeignet sind. Ein Fall aus der Praxis gibt Veranlassung, auch darauf hinzuweisen, daß man für den Kessel selbst, also in unmittelbarer Nähe der Feuerung, zweckmäßig keine brennbaren Dämmstoffe wählt. Mit Rücksicht auf eine zu starke Temperaturerhöhung im Aufstellungsraum der Kessel, die sich u. U. auch auf nebenliegende, etwa Keller-räume unangenehm auswirkt, kann es erforderlich sein, mit der Dämmstärke auch noch über die wirtschaftlichste Stärke hinauszugehen.

Über die Notwendigkeit einer Abdämmung der Rohrleitungen wurden bereits einige Angaben gemacht. Ihr kommt noch erhöhte Bedeutung zu bei den Fernheizleitungen; ein wirtschaftlicher Betrieb ist bei den großen Leitungslängen und den meist auch höheren Temperaturen im besonderen Maße von der Wahl des richtigen Wärmeschutzes abhängig. Dabei ist namentlich auch hinzuweisen auf die Wärmeverluste, die durch Flanschverbindungen, soweit solche noch verwendet werden, und durch Einbauten in die Leitungen wie Ventile, Wasserabscheider und ähnliches entstehen, wenn diese nicht abgedämmt werden. Da, wie die Erfahrungen zeigen, die Notwendigkeit für eine Ab-dämmung dieser Teile noch immer nicht richtig erkannt ist, sollen die Angaben in Schaubild Abb. 1 über die Größe der entstehenden Wärmeverluste aufklären.

Das Schaubild zeigt die Wärmeabgabe von nackten Teilen in Abhängigkeit von der Innentemperatur für einen lichten Leitungsdurchmesser von 100 mm, und zwar für 1 Flanschenpaar, für 1 m Rohr und für 1 Ventil einschließlich seiner beiden Anschluß-Flanschenpaare. Es ist zu ersehen, daß bei 100° C Rohrtemperatur 1 Flanschenpaar etwa denselben Wärmeverlust verursacht wie ½ m Rohr, er ist erheblich größer, als man früher angenommen hatte[1]. Der Wärmeverlust eines nackten Ventils einschließlich seiner Flanschen ist im Mittel etwa das Dreieinhalbfache des Flanschenpaares und ent-spricht somit, um ein anschauliches Maß zu gebrauchen, einer Heizkörperfläche von rd. 1 m², ist also doch ganz erstaunlich hoch. Dabei muß noch darauf hingewiesen wer-den, daß diese Verluste für ruhende, d. h. künstlich nicht bewegte Luft gelten; bei Zugluft oder im Freien bei Windanfall können sie die doppelte Höhe und noch mehr erreichen. Betrachtet man die Wärmeverluste bei einer Rohrtemperatur von 200°, so sieht man, daß sie bereits etwa das Dreifache der vorgenannten Werte erreichen.

---

[1] Vgl. W. W e y h , »Wärmeersparnis durch Flanschisolierung«. Arch. Wärmewirtsch. 16 (1935) S. 151.

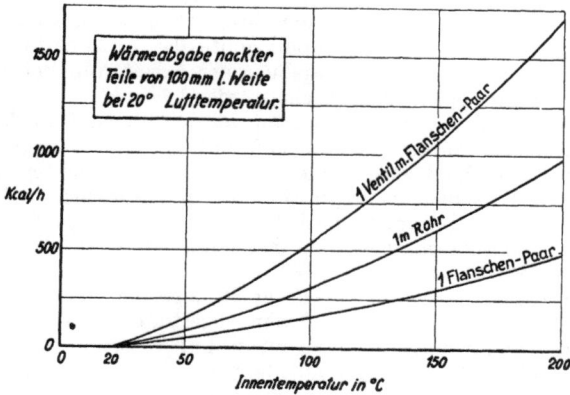

Abb. 1.

Welche Ersparnisse durch den Wärmeschutz dieser Teile erzielt werden, zeigt Zahlentafel 1. Sie ist aufgestellt für einen Wärmepreis von RM. 7,50 je 1 Mio Kilokalorien, die Heizungszeit ist zu 4000 h im Jahr, als Dämmstärke ein mittlerer Wert für wirtschaftlichste Ausführung angenommen. Nachdem die Kosten der Abdämmung von 1 m Rohr von 100 mm l. W. in 30 mm Stärke etwa RM. 2,50, für 1 Flanschenpaar in einfacher Ausführung RM. 1,50 bis 2,—, für 1 Ventil etwa RM. 2,— bis 3,— und auch für die ebene Fläche nur einen Bruchteil der jährlichen Ersparnis betragen, so sind in allen Fällen durch den verringerten Wärmeverlust die Ausgaben dafür bereits innerhalb einer Heizungszeit eingespart, der Wert und die Wirtschaftlichkeit eines richtigen Wärmeschutzes ist also erwiesen und damit seine Anwendung auch geboten.

Zahlentafel 1.

		Wärmeverlust in kcal/h				Jährliche Ersparnis in RM	
		ohne Wärmeschutz		mit Wärmeschutz			
Innentemp. °C		100°	200°	100°	200°	100°	200°
1m Rohr	für	310	980	46	86	7.9	26.8
1 Flansch. Paar	100 mm	152	485	31	97	3.6	11.7
1 Ventil	l. W.	530	1700	146	336	11.5	40.9
1 m² ebene Wand		1100	3300	82	148	30.6	94.6

Wärmepreis: 7,5 RM / 10⁶ kcal
Betriebszeit: 4000 h / Jahr

Man wird nun vielleicht gegen die an bisherigen Ausführungen geübte Kritik und die aufgestellten Forderungen den Einwand erheben, daß diese ohne ausreichende Berücksichtigung der übrigen Verhältnisse, gewissermaßen vom sog. »grünen Tisch« aus, aufgestellt sind. Natürlich ist es richtig, daß man für eine Sache nicht mehr Mittel anlegen kann, als dafür verfügbar sind oder zugebilligt werden und in diesem Fall ist auch das Unzureichende schließlich immer noch besser als gar nichts. Der

Zweck der Ausführungen ist aber der, die notwendigen Aufklärungen zu geben und damit namentlich zu verhindern, daß ein als unrichtig erkannter Zustand schließlich zur Gewohnheit und zur Norm wird. Jedenfalls sollte die wirtschaftlichste Ausführung immer angestrebt und bei den für die Vergebung der Arbeiten in Betracht kommenden Stellen eindringlichst in Vorschlag gebracht werden.

In einem zweiten Teil meines Vortrags möchte ich nun auf die Verluste am Verwendungsort der Heizungswärme, und zwar auf die Wärmedurchlässigkeit von Wänden eingehen und über die bis jetzt vorliegenden Ergebnisse der neuesten Untersuchungen, die von W. Weyh im Forschungsheim für Wärmeschutz, München, ausgeführt wurden, berichten. Sie sind für die Heizungstechnik deshalb wichtig, da ja die Heizungsanlagen nach den Wärmebedarfsberechnungen zu bemessen sind und für Aufstellung der letzteren die Wärmedurchlässigkeit der Wände bekannt sein muß. Unsere heutigen Kenntnisse hierüber stützen sich auf praktische Erfahrungen und auf wissenschaftliche Untersuchungen, die von verschiedenen Seiten angestellt wurden. Insbesondere sind dies die Stoff- und Wandprüfungen, die zuerst im Laboratorium für technische Physik der Technischen Hochschule München und dann im Auftrag und mit Unterstützung des Verbandes der Zentralheizungsindustrie in dem bereits genannten Münchner Forschungsheim vorgenommen wurden. Sie führten bekanntlich zur Aufstellung der im Jahre 1929 herausgegebenen Regeln[1]). Da es nicht möglich ist, alle die außerordentlich vielen verschiedenen Wandbauweisen hinsichtlich ihrer Wärmedurchlässigkeit durch Versuch zu prüfen, so mußte von Anfang an das Bestreben darauf gerichtet sein, ein möglichst einfaches Verfahren für die rechnerische Bestimmung der Wärmedurchlässigkeit zu finden, das mit den Versuchen hinreichend übereinstimmende Werte liefert. Die Möglichkeit einer solchen Berechnung ist nach den Gesetzen der Wärmeleitung ohne weiteres dann gegeben, wenn die Wand aus einem einheitlichen Baustoff besteht, dessen Wärmeleitzahl bekannt ist. Die Berechnung ist auch noch eindeutig, wenn die Wand aus verschiedenen, in Richtung des durchfließenden Wärmestromes hintereinanderliegenden homogenen Schichten aus Stoffen mit bekannten Wärmeleitzahlen besteht. Für derartige Wände haben die rechnerischen und versuchsmäßigen Bestimmungen der Wärmedurchlässigkeit auch immer übereingestimmt. Besteht die Wand jedoch aus verschiedenen, in Richtung des durchfließenden Wärmestromes nebeneinander liegenden Teilen, wie z. B. bei Fachwerksbauten, gemauerten Wänden mit den Mörtelfugen, Hohlsteinen mit Stegen und ähnlichem, so müssen, um eine Berechnung vornehmen zu können, vereinfachende Annahmen über das Temperaturfeld und den Wärmefluß gemacht werden. Doch hat bei der Mehrzahl der durchgeführten Prüfungen derartiger Wände die zum Vergleich vorgenommene Nachrechnung ebenfalls befriedigende Übereinstimmung ergeben; verschiedentlich wurden jedoch in den Ergebnissen größere Abweichungen festgestellt. Den Grund dafür glaubte man zunächst aber darin zu sehen, daß die in die Rechnung eingesetzten Wärmeleitzahlen der Stoffe, die je nach Art, Raumgewicht und Feuchtigkeitsgrad doch innerhalb gewisser Grenzen schwanken können, außerdem auch die Widerstandswerte für die Lufträume, für den jeweils gegebenen und nicht immer genau nachprüfbaren Zustand unrichtig gewählt waren. In den vergangenen Jahren wurden nun im Forschungsheim für das Ausland eine größere Zahl von Prüfungen verschiedenster Hohlsteinwände durchgeführt, deren rechnerische Nachprüfung dann aber klar zeigte, daß die Ursache für die mangelnde Übereinstimmung doch in der angewandten Berechnungsweise, also in den dabei gemachten, nicht immer zutreffenden Annahmen über den Wärmefluß gesucht werden mußte. Damit lag in der rechnerischen Bestimmung der Wärmedurchlässigkeit eine gewisse Unsicherheit, die sich recht unangenehm auswirken konnte, da sie in den betreffenden Fällen zu niedrige Werte ergab und somit eine danach bemessene Heizungsanlage u. U. nicht ausreichte. Dieser Zustand war in jeder Hinsicht recht unerfreulich und unbequem, um so mehr, als wegen der höheren Gebühren für die Versuchsprüfungen

---

[1]) »Regeln für die Berechnung des Wärmebedarfs von Gebäuden und für die Berechnung der Kessel- und Heizkörpergrößen von Heizungsanlagen.«

von Wänden an deren Stelle in den letzten Jahren fast nur mehr Berechnungen verlangt und unter der Annahme ihrer Richtigkeit auch gutachtlich ausgefertigt wurden.
Wir selbst wußten nun zwar ungefähr, welche Wandarten für eine zuverlässige Berechnung auszuscheiden waren und konnten dies berücksichtigen; die vorhandenen
Unterlagen reichten aber noch nicht aus, um an Hand einer entsprechenden Veröffentlichung für die Allgemeinheit dies hinreichend klar zum Ausdruck bringen zu können.
Um dies zu ermöglichen, wurden planmäßige Untersuchungen in Angriff genommen,
ein Teil der dazu benötigten Mittel wird von der Stiftung zur Förderung von Bauforschungen, Berlin, zur Verfügung gestellt.

An den folgenden, aus Abb. 2 ersichtlichen Zeichnungen von Hohlsteinen sollen
nun die für die Durchführung der Untersuchungen angestellten Überlegungen kurz
erläutert werden[1]). Die im Schnitt abgebildeten Steine sind Ausführungen bekannter

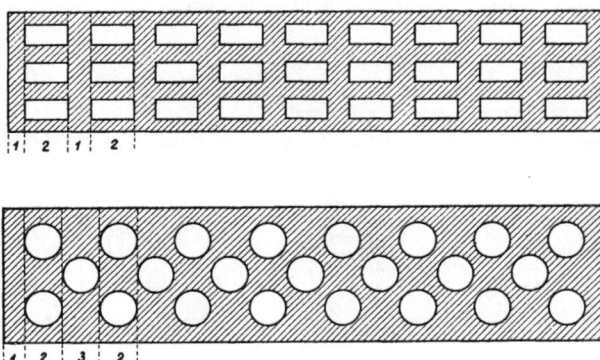

Abb. 2.

Art, der obere ist ein Deckenhohlstein, der untere ein Lochstein. Bei beiden Steinarten
sind in Richtung des durchfließenden Wärmestromes nebeneinanderliegende Teile mit
verschiedener Wärmedurchlässigkeit enthalten. Man muß nun nach dem bisher angewandten Verfahren für die Berechnung der Wärmedurchlässigkeit die Annahme machen,
daß in jedem einzelnen der durch die gestrichelten Linien abgegrenzten Schnitte die
Wärme nur senkrecht durch den Stein hindurchfließt und in seitlicher Richtung kein
Wärmeaustausch stattfindet. Für den ersten Stein kann man diese zwar sicher nicht
völlig zutreffende Annahme dennoch insoferne als erfüllt betrachten, als die darauf
aufgebaute Berechnung, wenn man also in üblicher Weise die Wärmedurchlässigkeit
der einzelnen Schnitte entsprechend ihrem Anteil an der Gesamtsteinfläche zu einem
mittleren Wert der Wärmedurchlässigkeit vereinigt, zu einem Ergebnis führt, das mit
der versuchsmäßig festgestellten Wärmedurchlässigkeit befriedigend übereinstimmt.
Wesentlich anders liegen die Verhältnisse bei dem gezeichneten Lochstein. Hier muß
man wohl annehmen, daß die Wärme nicht den eingezeichneten Streifen entlang-
fließt, sondern im Schnitt 3 dem abdämmenden Hohlraum gewissermaßen seitlich ausweicht und den Weg in dem besser leitenden festen Material sucht. Zu dem gleichen
Endergebnis kommt man auch, wenn man den schräg zwischen den einzelnen Löchern
durch den Stein verlaufenden Steg aus festem Material betrachtet; er bietet, obwohl
der Weg etwas länger ist, dem Wärmefluß weniger Widerstand, als wenn, wie dies die

---

[1]) Im Rahmen des Vortrages war es nicht möglich, die außerordentlich verwickelten Vorgänge
beim Wärmedurchgang durch die verschiedenen Arten von Hohlsteinen und die Begründung für die
bei der Berechnung gemachten Annahmen ausführlicher zu behandeln; es muß dies einer späteren
Veröffentlichung vorbehalten bleiben. Die gewählte Art, die Verhältnisse in einfacher Weise allge-
meinverständlich zu veranschaulichen, darf deshalb über die Schwierigkeiten für die Beurteilung
der Zusammenhänge zwischen Temperaturfeld und Wärmefluß nicht hinwegtäuschen.

Berechnungsart annimmt, in senkrechter Richtung 1 oder 2 Hohlräume in seinem Weg liegen. Somit steht auch zu erwarten, daß die Wärmedurchlässigkeit des Lochsteins in Wirklichkeit größer ist, als das übliche Rechnungsverfahren ergibt.

Wenn man nun andererseits annimmt, daß durch einen Wärmefluß in seitlicher Richtung in den einzelnen hintereinanderliegenden Schichten, in die man den Stein aufteilen kann, ein vollständiger Temperaturausgleich eintritt, so kommt man zu einer anderen, zweiten Berechnungsart, die zur ersten gewissermaßen den entgegengesetzten Grenzfall darstellt. Man rechnet dabei für jede der einzelnen hintereinanderliegenden Schichten den Widerstand bzw. in Schichten mit Teilen verschiedener Wärmeleitzahl den mittleren Widerstand aus; die Summe dieser einzelnen Wärmedurchlaßwiderstände ergibt den Widerstand des ganzen Steines und ihr reziproker Wert dann bekanntlich seine Wärmedurchlässigkeit. Diese der zweiten Berechnungsart zugrunde liegenden Annahmen haben aber im allgemeinen keine oder nur geringe Berechtigung, die Ergebnisse dieser Rechnungsart sind deshalb auch nur insoweit von Wert, als man dadurch

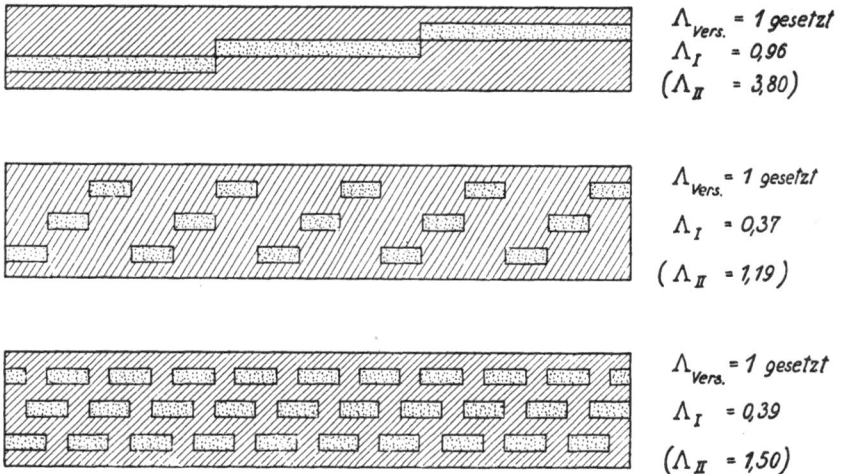

$$\Lambda_{vers.} = 1 \text{ gesetzt}$$
$$\Lambda_I = 0{,}96$$
$$(\Lambda_{II} = 3{,}80)$$

$$\Lambda_{vers.} = 1 \text{ gesetzt}$$
$$\Lambda_I = 0{,}37$$
$$(\Lambda_{II} = 1{,}19)$$

$$\Lambda_{vers.} = 1 \text{ gesetzt}$$
$$\Lambda_I = 0{,}39$$
$$(\Lambda_{II} = 1{,}50)$$

Abb. 3.

die größtmöglichen Wärmedurchlaßzahlen erhält und damit im Vergleich zur ersten Berechnungsart beurteilen kann, innerhalb welcher Grenzen die tatsächliche Wärmedurchlässigkeit im jeweiligen Fall liegen muß.

Nach diesen Vorbemerkungen kommen wir zum Ergebnis der bis jetzt durchgeführten Untersuchungen. Die hierzu hergestellten Probekörper sind in Abb. 3 dargestellt. Es sind Platten aus sehr dichtem, gutleitendem Beton, in die Streifen aus einem Wärmeschutzstoff eingebettet sind. Bei späteren Versuchsreihen konnten diese Streifen herausgezogen werden, so daß dann an deren Stelle im Beton Luftkanäle enthalten waren. An einer aus demselben Beton hergestellten Vollplatte und an einer Platte aus dem verwendeten Dämmstoff wurden deren Wärmeleitzahlen gesondert bestimmt, um diese für die Berechnung dann richtig einsetzen zu können. Bei der ersten Versuchsplatte ist jeder Schnitt in Richtung des Wärmedurchgangs hinsichtlich des gebotenen Widerstandes gleich; die Berechnung nach dem üblichen ersten Verfahren gibt deshalb auch denselben Wert der Wärmedurchlässigkeit, als wenn die Dämmplatte in einer Schicht durchlaufend wäre. Setzt man den festgestellten Versuchswert zu $\Lambda = 1$[1]),

---

[1]) Das Maß für die Wärmedurchlaßzahl Λ ist bekanntlich kcal/m² · h · °C.

so ergibt die übliche Berechnung mit $\Lambda = 0,96$ einen etwas zu niedrigen Wert. Dies ist ohne weiteres verständlich, da an den Stößen der Dämmplatten die Wärme seitlich ausweicht und verstärkt hindurchtreten kann. Einen unmöglich hohen Wert liefert die zweite Berechnungsart, was ebenfalls erklärlich ist, wenn man berücksichtigt, daß die hierfür gemachten Voraussetzungen keineswegs zutreffen.

In der zweiten Versuchsplatte ist die gleiche Menge Dämmstoff, wie in der ersten Platte, enthalten; auch hier ist die Wärmedurchlässigkeit in jedem Schnitt senkrecht zur Platte dieselbe. Setzt man wiederum den durch Versuch bestimmten Wert der Wärmedurchlässigkeit zu $\Lambda = 1$, so ist der nach der üblichen ersten Berechnungsart festgestellte Wert $\Lambda = 0,37$, also nur der 2,7. Teil der wirklichen Durchlässigkeit, die in diesem Falle der oberen Grenze nach der zweiten Rechnungsart ziemlich nahe kommt. Daß bei dieser Bauart die Wärme schräg zwischen den Dämmstreifen hindurch und ganz anders fließt, als die Berechnung voraussetzt, ist erkenntlich und erklärt die großen Unterschiede zwischen Rechnung und Versuch.

Ähnliche Verhältnisse liegen bei der dritten Versuchsplatte vor. Auch hier ist jeder Schnitt senkrecht zur Platte gleich; nach den Annahmen für die Berechnung müßte die Wärme immer 2 Isolierschichten durchfließen. In Wirklichkeit sucht sie sich auch hier einen anderen Weg, so daß der Versuchswert etwa das 2,6fache des Rechnungswertes ergibt.

Während die beiden ersten Platten etwas unnatürliche und nur für die planmäßige Klärung der Verhältnisse gewählte Bauarten darstellen, ist die dritte Platte, allerdings mit Luftschichten anstatt der Dämmeinlagen, einigen bereits vorhandenen Ausführungen durchaus ähnlich. Hierfür darf also zur Bestimmung der Wärmedurchlässigkeit die bisher übliche Berechnungsweise nicht mehr angewandt werden, auch wenn man berücksichtigt, daß die Abweichungen zwischen Rechnung und Versuch nicht mehr so groß sind, wenn man die Wärmedurchgangszahlen k, also unter Einschluß der Übergangszahlen, auswertet. Wie wir uns nun aus dem jetzigen Zustand herausfinden und ob es möglich ist, auf den bisherigen Ergebnissen und denen weiterer Versuche ein einfaches und doch hinreichend zuverlässiges Rechnungsverfahren aufzubauen, wird erst die nächste Zeit ergeben.

Im zweiten Teil meiner Ausführungen habe ich versucht, einen kurzen Einblick zu geben, wie durch Verarbeitung und ständige kritische Beurteilung von Prüfungsergebnissen Unstimmigkeiten aufgedeckt und einer Klärung zugeführt wurden. Bei der Bedeutung, die diese Untersuchungen an Wandbauarten gerade für die Heizungstechnik haben, schien es mir angebracht, sie beim diesjährigen Kongreß zu behandeln und über die bis jetzt vorliegenden Ergebnisse kurz zu berichten.

Vorsitzender: Herr Dr. Raisch! Ich darf Ihnen den Dank der Versammlung zum Ausdruck bringen. Ihre Ausführungen haben uns einen Einblick gewährt in die Arbeiten des von Ihnen geleiteten Forschungsheims. Wir wünschen nur, daß Ihnen auch in Zukunft weitere Erfolge beschieden sein mögen. Haben Sie verbindlichsten Dank! M. H.! Wir sind am Ende des ersten Teils. Es tritt eine kleine Erholungspause ein.

14.15 Uhr nachmittags.
Vorsitzender Stadtbaurat Dr. Wahl-Dresden: Wir fahren in der Tagesordnung fort. Ich darf jetzt Herrn Oberingenieur Dr. Reschke bitten, uns den Vortrag über die allgemeinen hygienischen, technischen und wirtschaftlichen Fragen zu halten.

Allgemeine, hygienische, technische und wirtschaftliche Fragen der Sammelheizung.

Von Dr.-Ing. **P. Reschke** VDI, Dresden.

Es gibt heute wohl nur noch wenig Arten des Ingenieurberufs, die ein so allgemeines, umfassendes Wissen und Können voraussetzen wie der Beruf des Heizungsingenieurs. Es genügt bei weitem nicht, daß er Rohrleitungen richtig berechnen kann und imstande ist, zur genügenden Erwärmung eines Raumes die richtige Anzahl von Heizkörpern hineinzustellen. Wenn d a s das ganze Wesen eines Heizungsingenieurs ausmachen würde, so hätten diejenigen recht, die da glauben, daß nach einer bestimmten Vorschrift jeder einigermaßen geschickte Handwerker in der Lage ist, eine Sammelheizung zu bauen. In gewissen einfachen Fällen mag das zutreffen; so wird ja auch ein guter Maurer- oder Zimmermeister sehr wohl fähig sein, in ganz zufriedenstellender Weise ein einfaches Gebäude herzustellen. Gehen aber die Ansprüche des Bauherrn über ein gewisses Mindestmaß an Schönheit, Behaglichkeit und zweckmäßige Bauart des Gebäudes, der Räume und ihrer Inneneinrichtung hinaus, oder erfordert der Bau eine ingenieurmäßige Bauweise oder verlangt seine Zweckbestimmung die Berücksichtigung von Gesichtspunkten, die außerhalb des baulichen Fachkönnens eines Handwerkers liegen, so ist die Kunst des Architekten nicht zu entbehren. Ähnlich ist es auch mit der Herstellung einer Heizung; sie ist fast stets eine Ingenieuraufgabe, die eine umfassende technische Bildung voraussetzt, wenn das Werk gelingen und der Benutzer der Anlage zufriedengestellt sein soll. Die Vorträge unseres Kongresses zeigen ja, welche vielseitigen Fragen an den Heizungsingenieur herantreten.

Ich möchte hier auf einige besondere Fragen eingehen, die uns in letzter Zeit bewegen. Ihre Erörterung erscheint mir um dessentwillen besonders wichtig, weil sie geeignet ist zu zeigen, daß der Heizungsingenieur sich nicht nur rein als Lieferer einer technischen Anlage fühlt, sondern als »Ingenieur«, als ein Schaffender, der sein Werk nicht nur als »Werk an sich« betrachtet, sondern der überlegt, ob das, was er baut, auch der Allgemeinheit nützt, ob er im Sinne der Volkswirtschaft und des Volkswohls richtig plant, ob er den gewünschten Zweck mit möglichst billigen Mitteln in vollkommenster Weise erreicht.

Eine dieser Fragen ist die H e i z k o s t e n frage.

Die Höhe der Heizkosten ist zunächst und in erster Linie abhängig von den Kosten des Brennstoffes, der uns heute in mannigfaltigster Gestalt angeboten wird, wie Sie heute bereits gehört haben. Bei der Wahl des Brennstoffes wird nicht nur auf Heizwert und Zentnerpreis zu achten sein, sondern auch auf die Brenneigenschaften, die Eignung des Brennstoffes für die üblichen Sammelheizungskessel, auf die Ersatzfrage durch andere Brennstoffe für den Fall starker Preisveränderungen oder des Ausbleibens der Zufuhren u. ä. Als üblicher Brennstoff für Sammelheizungen kann zur Zeit im allgemeinen noch Zechen- und Gaskoks angesehen werden, doch ist in den letzten Jahren bereits eine Reihe von Kesselbauarten für andere Brennstoffe entwickelt worden, von denen ich Steinkohlenbriketts, Anthrazit und Perlkoks nenne, zu denen in absehbarer Zeit noch Schwelkoks treten dürfte. Dabei möchte ich aber darauf aufmerksam machen, daß diese Vielheit für den Hersteller einer Heizungsanlage nicht gerade angenehm ist. Sie erschwert nämlich unter Umständen die Beschaffung von Ersatzteilen bei auftretenden Kesselschäden. Wir waren im Kesselbau erfreulicherweise bereits zu einer recht weitgehenden Normalisierung und Beschränkung auf eine gewisse Anzahl von Grundbauarten gelangt, die natürlich auch preisliche Vorteile hat. Es droht jetzt, so sehr eine Entwicklung des Kesselbaues zu wünschen ist, die Gefahr, daß eine Vielzahl neuer Bauarten Verwirrung anrichtet. Ich möchte daher den Wunsch äußern, daß neue Bauarten erst dann auf den Markt kommen, wenn sie als völlig ausgereift angesehen werden können.

In starken Wettbewerb mit vorgenannten Heizstoffen ist die unmittelbare Wärmelieferung der Stadtheizungen in Form von Dampf und Warm- oder Heißwasser und die Heizung mit Gas und elektrischer Energie getreten. Wenn der Wärmepreis von Gas und elektrischem Strom auch meist höher liegt als z. B. von Koks, so haben sich diese Heizarten doch für einzelne Sonderzwecke (Hallen- und Kirchenheizungen, Kraftwagenhallen, Badezimmer und Küchen) Absatzgebiete erobert, auf denen sie — durch geeignete Tarife unterstützt — durchaus wettbewerbsfähig sind. So ist im letzten Winter in Dresden eine Schule durch Gaseinzelheizkörper geheizt worden zu Heizkosten, die nicht höher lagen als bei der früheren Ofenheizung, und bei einem Gaspreise, den das Gaswerk als auskömmlich bezeichnete. Ich möchte dabei betonen, daß es sich um Einzelheizkörper handelte; es werden also die Verluste der Verteilungsleitungen einer Sammelleitung vermieden, außerdem bewirken sorgfältig eingestellte Regler sparsamsten Gasverbrauch.

Die Höhe der Heizkosten ist weiter abhängig von der Bauart der Heizanlage. Übertriebene Beschränkung der Kessel- und Raumheizfläche, um billige Baukosten zu erhalten, bedingt lange Anheizzeiten, bei Warmwasserheizungen auch hohe Vorlauftemperaturen, und damit ein Anwachsen der Verteilungsverluste, also höhere Heizkosten.

Von großem Einfluß ist auch das Maß der Ausnutzung der Anlage. Wenn — wie wir es bei vielen Siedlungsbauten kennengelernt haben — von 4 Heizkörpern einer Wohnung nur einer dauernd benutzt wird — nämlich der in der Wohnküche —, so kann der Wohnungsinhaber trotz seiner Sparsamkeit zu ganz beträchtlichen Heizkosten kommen; denn die Rohrleitungen sind ja für das Vielfache der tatsächlich ausgenutzten Heizfläche angelegt, und die Verteilungsverluste bleiben gleich hoch. Häufig war dann noch — bedingt durch die nicht beheizten Nachbarräume — der Heizkörper in der Wohnküche zu klein; es traten vielleicht noch Umlaufstörungen auf; und so entstanden Klagen über die »schlechte und teure Sammelheizung«, die ihre Ursache lediglich in der schlechten Ausnutzung der Anlage hatten. Der Fehler lag also nicht in der Natur oder in der Bauweise der Heizung, sondern darin, daß die Sammelheizung für Verhältnisse gebaut war, für die sie nicht geeignet ist.

Nun noch zu einem Umstand, der einen ganz großen Einfluß auf die Höhe der Heizkosten hat; das ist die Bauart des Hauses. Da hat der arme Heizungsingenieur nicht selten die Sünden des Architekten auszubaden. Eisenbetonbauweisen und Skelettbau, die kurze Bauzeiten ergeben, große Fenster, die viel Licht spenden, sind gewiß schöne Sachen; aber der Architekt sollte bedenken, daß eine solche Bauweise zu einem recht großen Wärmeverbrauch führen kann, wenn dabei nicht für möglichste Herabminderung der Wärmeverluste — sei es durch guten Wärmeschutz der Wände oder durch dicht schließende Doppelfenster — Sorge getragen wird. Durch die vorzügliche Arbeit unserer Forschungsstätten sind wir leicht in der Lage, die Güte einer Bauweise hinsichtlich der Wärmehaltung im voraus festzustellen; auch liegen dank der mühevollen Untersuchungen von Eberle, Raiss u. a. über den tatsächlichen Wärmeverbrauch von Bauten reiche Erfahrungen vor. Ich möchte anregen, daß auch der reiche Schatz an Verbrauchsabrechnungen, der bei den Fernheizwerken lagert, einmal in dieser Richtung ausgewertet werden möchte.

Ein rechnerischer Maßstab zur Beurteilung der Wärmegüte eines Bauwerkes ist zunächst der sich aus der Wärmeverlustberechnung ergebende stündliche Wärmebedarf in kcal je m³ umbauten Raumes, ein guter praktischer Maßstab ist die Auskühlungsgeschwindigkeit eines Raumes. Weniger geeignet ist die Anheizdauer, die ja auch von der Größe der eingebauten Heizfläche, der Leistungsfähigkeit des Kessels und der Vorlauftemperatur abhängt.

Ein guter Maßstab zur Beurteilung der Heizkosten ist der Wärmeverbrauch je Gradtag; er umfaßt sowohl die Wärmegüte des Bauwerkes als auch die Güte der Heizanlage, weiter die Benutzungsart und die Betriebsweise. Wird der Wärmeverbrauch je Gradtag auf den Wärmeverlust des Bauwerks, für den sich bei den Stadtheizungen die Bezeichnung »Anschlußwert« eingebürgert hat, bezogen, so bietet diese »spezifische Gradtagzahl« einen guten Anhalt zum Vergleich von gleichartigen Anlagen und Bauten.

Unter Ausnützung unserer reichen Erfahrungen und der durch Forschung und Messung gegebenen Lehren sind wir wohl in der Lage Heizungen zu bauen, die ein Mindestmaß an Heizkosten erfordern. Es gilt nur, unsere Erkenntnisse auch dem Architekten und dem Bauherrn zum Verständnis zu bringen, dann wird der Erfolg — Zufriedenheit des Benutzers der Heizung — nicht ausbleiben.

Nun wünscht der Verbraucher aber noch etwas mehr als nur eine einwandfrei arbeitende Heizanlage mit niedrigen Heizkosten; letzten Endes ist die Heizung ja nur Mittel zum Zweck. Damit kommen wir zum Punkte: Behaglichkeit: denn der Zweck der Heizung ist die behagliche Durchwärmung der Wohnung oder des Büros oder des Ladens. Uns wird da oft der gute, alte Kachelofen vorgehalten, nicht immer zu Unrecht. Infolge der großen Wärmespeicherung gibt er tatsächlich, wenn er ausreichend bemessen ist und richtig beschickt wird, über viele Stunden eine verhältnismäßig gleichbleibende Raumtemperatur. Wir kennen leider Sammelheizungen, bei denen dies oft nicht erreicht wird; wenn sie angestellt sind, geben sie ein Übermaß von Wärme ab; wenn sie abgestellt werden, kühlt der Raum sehr schnell ab. Ich denke dabei an die alten Dampfheizungen in Wohn- und Bürohäusern, die der Verbreitung der Sammelheizung ganz außerordentlich geschadet haben.

Recht gut wird die Forderung einer gleichmäßigen Raumtemperatur durch die Warmwasserheizung erfüllt, sofern sie richtig bedient wird. Das ist: frühmorgens Anheizen mit hoher, später Weiterheizen mit zurückgenommener Vorlauftemperatur. Daneben behält die Dampfheizung ihre Berechtigung für Räume, die schnell hochgeheizt werden müssen, wie Säle und Vortragsräume; hier wird es wegen der Wärmeabgabe der Besucher meist möglich sein, die Heizung abzustellen, sobald der Saal gefüllt ist; allerdings wird man darauf zu achten haben, daß nicht Zugerscheinungen an den Fenstern auftreten. Für Räume mit großem Menschenverkehr — auch für Schulen — ist die Verbindung von örtlicher Heizung und Lüftung zu empfehlen. In diesem Falle kann die Luftheizung zur Beschleunigung des Anheizens in der Weise helfen, daß sie bis zur Benutzung der Räume vollkommen auf Umluftbetrieb eingestellt wird.

Auf die Frage der Luftfeuchtigkeit für das Behaglichkeitsempfinden möchte ich hier nicht weiter eingehen, da sie im Vortrag von Dr. Liese noch behandelt werden wird; dagegen halte ich es für zweckmäßig, die Frage der Oberflächentemperatur der Umfassungswände zu behandeln. Sie haben es wohl schon erlebt, daß die Insassen eines Raumes sich über angeblich ungenügende Heizung beklagten, obwohl man im Raume eine Temperatur von 20° und darüber feststellen konnte. Ging man den Klagen nach, so fand man vielleicht folgende Ursachen: Der Fußboden war kalt; es »zog« an den Füßen, oder hinter dem Rücken eines sitzenden Arbeiters war in kurzem Abstand eine kalte Außenwand, dann »zog« es immer so im Nacken. Auch gibt es Räume, in denen der Aufenthalt nur dann erträglich ist, wenn sie dauernd etwas höher geheizt werden, als sonst üblich ist, in denen es sofort ungemütlich wird, wenn die Heizung unterbrochen wird. Das sind dann vielleicht solche Gebäude, wie ich sie vorher erwähnte, mit dünnen Wänden oder großen, einfachen Fenstern. Wenn wir hier Oberflächentemperaturen messen, werden wir feststellen, daß sie vielleicht um 5, 10° und mehr unter der Raumtemperatur liegen. Solche Flächen üben durch vermehrte Abstrahlung einen unangenehmen Abkühlungsreiz aus und sind bei Dauerwirkung nicht selten die Ursache schwerer Erkältungen und rheumatischer Erkrankungen.

Soll sich ein Mensch in einem Raum behaglich fühlen[1]), so muß Wärmegleichgewicht bestehen, die »Wärmebilanz des menschlichen Körpers«, wie Dr. Liese es nennt, muß aufgehen. Das Gleichgewicht ist gestört, wenn der Körper mehr oder weniger Wärme an die Umgebung abgibt, als der Aufrechterhaltung der Körpertemperatur zuträglich ist. Da es sich um einen physiologisch-psychologischen Vorgang handelt, der mit rein physikalischen Verfahren nicht erfaßt werden kann, bedürfen wir der Mitarbeit des Hygienikers; dankenswerterweise haben sich schon seit langem bedeutende Mediziner mit der Erforschung der günstigsten Bedingungen für das Wohlbehagen in geheizten Räumen befaßt. Amerikanische Forscher haben vorgeschlagen, die drei ausschlaggebenden Umstände: »Temperatur«, »Luftbewegung« und »Feuch-

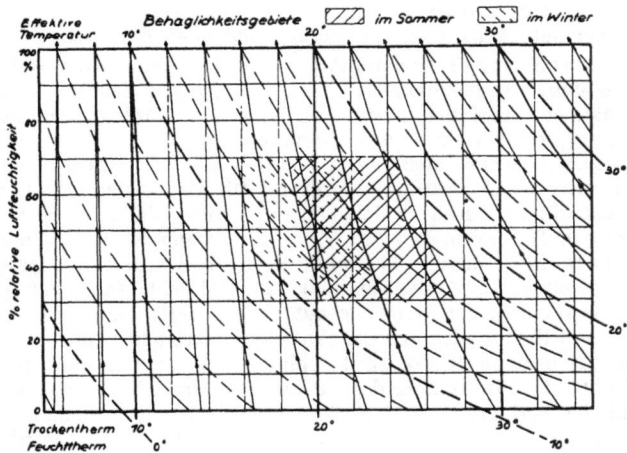

Abb. 1. Effektive Temperaturen für leicht Tätige bei ruhiger Luft.
(Behaglichkeitsgebiete für deutsche Verhältnisse.)

tigkeit« durch den Begriff der »effektiven Temperatur« miteinander zu verbinden. Unter Zuhilfenahme von Trockenthermometern, Naßthermometern und Anemometern wurde untersucht, wie Versuchspersonen einen Zustand der Raumluft empfanden, der hinsichtlich Temperatur, Feuchtigkeit und Luftbewegung verändert wurde. Aus den Beobachtungen der Meßgeräte wurden diejenigen Zustände einander zugeordnet, bei denen die Versuchspersonen das gleiche Wärmegefühl äußerten, z. B. wurde die effektive Temperatur t_{eff} = 20° einer solchen Raumluft zugeordnet, die auf die Mehrzahl der Versuchspersonen gleich behaglich wirkt wie gesättigte Luft von 20°. So ergibt bei unbewegter Luft eine Trockentemperatur von 20° und eine Naßtemperatur von 13,7° (entsprechend 50% Luftfeuchtigkeit) eine »effektive Temperatur« von 18°. Die gleiche »effektive Temperatur«, also gleiche Behaglichkeit, soll man empfinden bei 21° Trockentemperatur und 11,4° Naßtemperatur (entsprechend 30% Luftfeuchtigkeit) oder bei 19,2° Trockentemperatur und 15,6° Naßtemperatur (entsprechend 70% Luftfeuchtigkeit) (Abb. 1). Uns erscheint dieser Begriff der effektiven Temperatur nicht recht glücklich

---

[1]) Vgl. H. Rietschels Leitfaden der Heiz- und Lüftungstechnik, 10. Aufl., S. 247 u. f.
W. Königer, Z. VDI 77 (1933) S. 989.
W. Liese, Z. VDI 79 (1935) S. 125.

zu sein. Das Verfahren zur Ermittlung dieses Begriffes, das auf subjektiven Gefühls-
äußerungen beruht, erscheint doch stark mit Fehlern behaftet, auch nicht geeignet
zur Übertragung auf Länder mit anderen Lebensgewohnheiten. Vor allem aber scheint
der Luftfeuchtigkeit eine zu große Rolle zugeteilt, während der Luftbewegung nur wenig
Einfluß auf die resultierende Temperatur zugeschrieben wird.

Auf den vorerwähnten Versuchen ist von dem französischen Forscher Missenard
ein anderer neuer Temperaturbegriff aufgebaut worden, der noch die Temperatur der
raumbegrenzenden Flächen berücksichtigt.

Missenard hat ein »resultierendes Thermometer« gebaut, das die »resultierende
Temperatur« unmittelbar und in guter Übereinstimmung mit der rechnerisch ermittelten Temperatur wiedergeben soll. Es besteht aus einem Quecksilberthermometer,
dessen Kugel in einer etwa faustgroßen, hohlen, geschwärzten Metallkugel steckt. Über
der Kugel laufen als Meridiane kreuzweise Mullbinden von bestimmter Breite, so daß
sie noch den größten Teil der Kugeloberfläche frei lassen. Diese Mullbinden werden
feucht gehalten. Das Missenardsche Thermometer hat zweifellos den Vorteil, daß es
die Strahlung des Raumes berücksichtigt. Inwieweit es tatsächlich für Messungen der
Behaglichkeit geeignet ist, wird sich erst nach genügender Erprobung beurteilen lassen[1]).

Ein Maßstab vollkommen anderer Art ist die Beurteilung der Behaglichkeit nach
Katagraden. Als Meßgerät dienen hierzu ein trockenes und ein feuchtes Katathermometer.
In der ursprünglichen Ausführung von Hill ist es ein Alkoholthermometer mit unter-
drücktem Nullpunkt nach Art des Fieberthermometers. Die Kapillare ist ein wenig länger
als der mit Marken versehene Meßbereich von 35 bis 38°. Das obere Ende der Kapillare
ist zu einem erweiterten Hohlraum ausgezogen. Die Benutzung erfolgt derart, daß das
Thermometer vollständig durch Eintauchen in warmes Wasser so weit erwärmt wird,
bis der Alkohol den Hohlraum zu etwa $\frac{1}{3}$ anfüllt. Dann wird das Thermometer sorgfältig abgetrocknet, beim nassen Thermometer auch der in bekannter Weise um die
Kugel gelegte Musselinstrumpf etwas ausgedrückt, und beide Thermometer, das trockene
und das nasse, werden an der Meßstelle aufgehängt. Mit der Stoppuhr wird die Zeit
bestimmt, die der Alkoholfaden bei der Abkühlung braucht, um den Meßbereich von
der oberen bis zur unteren Marke zu durchlaufen. Jedes Thermometer besitzt einen
bestimmten Eichwert. Die Teilung des Eichwertes durch die gemessene Sekundenzahl
ergibt die Zahl der Katagrade, den Katawert. Das Katathermometer mißt also den
Wärmeentzug, den es durch die umgebende Luft erleidet. Dabei wird die Raumtemperatur, die Luftbewegung, beim nassen Thermometer auch die Luftfeuchtigkeit und
schließlich der Wärmeentzug durch Strahlung, also die Temperatur der Raumumfassung
gemessen. Wieweit die Ergebnisse für den Vergleich mit dem menschlichen Körper
geeignet sind, ist noch umstritten. Um den Vergleich möglichst genau zu machen,
ist eine Reihe von Sonderbauarten entwickelt worden. Einen recht guten Anhalt für
das Wohlbefinden gewährt bekanntlich die Messung der Stirntemperatur, und da hat
sich gezeigt, daß zwischen trockenen Katagraden und Stirntemperatur ein Zusammenhang besteht, der — mindestens für normale Fälle — Zimmertemperatur und ruhende
Luft — den Katawert als einfachen Maßstab für die Erfüllung der Behaglichkeits-
bedingungen erscheinen läßt. So entspricht ein trockener Katawert von 5 einer Stirntemperatur von 30 bis 31,5°; ein solcher Luftzustand wird als angenehm empfunden.

Wieweit sich die bisherigen Erkenntnisse verallgemeinern lassen, und ob die Möglichkeit besteht, einfache Gesetzmäßigkeiten abzuleiten, bleibt noch eine dankbare
Aufgabe für die Forschung. Es wäre zu begrüßen, wenn dieses Gebiet, das recht frucht-
bare Aussichten bietet, bald eingehend bearbeitet würde. Die Aufgaben, die ja nicht
nur das Wohnklima, sondern auch das Arbeitsklima betreffen, also von größtem Wert
für die gesamte Volksgesundheit sind, rechtfertigen auch den Aufwand größerer Mittel.

Aus den bisherigen Untersuchungen geht bereits hervor, daß das Behaglichkeitsempfinden nicht unbeeinflußt bleibt von der Oberflächentemperatur der Umfassungs-

---

[1]) Vgl. W. L i e s e, a. a. O.

wände. Das ist erklärlich, da ja von der Gesamtwärmeabgabe eines Menschen ein ganz erheblicher Teil — unter Umständen bis zu 80% — auf den Strahlungsanteil entfällt. Die Wandtemperatur macht sich um so mehr bemerkbar, je näher der Wand sich der Mensch befindet, je kälter die Wand ist und je größer der Anteil der Außenwände an der gesamten Wandfläche ist. Als günstig kann angesehen werden, wenn die Wandtemperatur 2 bis 3° unter der Raumtemperatur liegt. Ist sie gleich der Raumtemperatur, so wird sie vielfach als lästig warm empfunden; liegt sie wesentlich tiefer, so entsteht das Gefühl, als ob ein kalter Zug von der Wand herkäme. Von größerem Einfluß als die Wand ist natürlich das Fenster, in ungünstigstem Sinne das Einfachfenster; jedoch wird der Einfluß des Fensters teilweise dadurch ausgeglichen, daß unter ihm der Heizkörper steht. Der Heizkörper fängt einmal durch die aufsteigende Warmluft die an den kalten Fensterflächen entstehende, nach unten gerichtete Kaltluftströmung ab, dann aber gleicht er auch weitgehend durch seine abstrahlende Wärme die Kältestrahlung des Fensters aus, »warme Füße und kühler Kopf« werden im allgemeinen als angenehm empfunden. Aber auch die Wärmestrahlung des Heizkörpers kann lästig werden für den, der sich längere Zeit in unmittelbarer Nähe eines Dampfheizkörpers aufhalten muß. In diesem Falle ist die dem Körper zustrahlende Wärme größer als die vom Körper abstrahlende. Man kann sich hiergegen wirksam schützen, wenn man vor dem Heizkörper einen Ofenschirm aufstellt. Durch die Schornsteinwirkung eines derart abgeschirmten Heizkörpers wird nebenher noch eine Erhöhung der Luftströmung und eine bessere Verteilung der Wärme im Raum erreicht. Ob wir bei der jetzigen Bauart unserer Heizkörper bereits das bestmögliche Verhältnis von Strahlung einerseits, von Strömung und Leitung andererseits erreicht haben, bleibt noch zu untersuchen. Ich erinnere daran, daß besonders in den englisch sprechenden Ländern die Neigung besteht, den Strahlungsanteil zu erhöhen durch Aufstellung reiner Strahlungsheizflächen in Form von Plattenheizkörpern oder in die Wand, den Fußboden oder die Decke eingebauten Rohren. Ob allerdings die Deckenheizung mit der auf den Kopf gerichteten Strahlung und der in der oberen Hälfte des Raumes stark erhöhten Temperatur wirklich sehr angenehm ist, möchte ich bezweifeln. Ebenso habe ich über die Fußbodenheizung, die gelegentlich in Operationssälen von Krankenhäusern angewandt worden ist, Klagen gehört. Die hohe Fußbodentemperatur macht die Füße empfindlich und soll ermüdend wirken. Immerhin kann ich mir denken, daß Strahlungsheizflächen an geeigneter Stelle der Wände, z. B. der Fensterwand oder kalten Außenwänden, vorteilhaft sein können. Die Befürworter der Strahlungsheizflächen machen noch geltend, daß solche Heizflächen es ermöglichen, den Heizungsaufwand herabzusetzen, indem mit Rücksicht auf die angenehme Wirkung der strahlenden Wärme die Temperatur der Raumluft herabgesetzt werden kann. Es erscheint mir zweckmäßig, wenn auch auf diesem Gebiete durch wissenschaftliche Untersuchungen Klarheit geschaffen würde. Ich möchte allerdings nicht verfehlen, auf einen Umstand aufmerksam zu machen, der einer allgemeinen Verbreitung der Strahlungsheizung hinderlich sein dürfte, das ist der außerordentlich hohe Preis aller Arten von Strahlungsheizkörpern. Zum Vergleich führe ich an, daß 1 m² gewöhnlicher Heizfläche mit einer Wärmeabgabe von 360 bis 440 kcal/m²h (Warmwasserheizung von 80° Mitteltemperatur) frei Aufstellungsort angeliefert RM. 8 bis 11 kostet, das sind im Mittel 2,4 Rpf./kcal/m²h Wärmeabgabe, während 1 m² Plattenheizkörper mit einer Wärmeabgabe von ∼ 540 kcal RM. 23, also ∼ 4,2 Rpf./kcal/m²h kostet. Ob diese Heizkörper etwa durch Massenherstellung oder durch geschweißte Blechausführungen billiger werden können, ist ungewiß.

Ein weiterer Wunsch des Verbrauchers ist der nach Bequemlichkeit in der Bedienung. Bei der Sammelheizung eines Miethauses merkt der einzelne Benutzer unmittelbar allerdings wenig davon, daß jemand da sein muß, der den Kessel feuert und die Anlage bedient — außer bei der Bezahlung der Kosten für den Heizer. Mehr bemerkbar macht sich dagegen das Erfordernis der Bedienung bei der Heizung eines Einfamilienhauses· oder einer Stockwerksheizung. Da muß die Hausfrau oder das Mädchen täglich eine gewisse Zeit für die Bedienung der Anlage aufwenden. Hier kommt die Überlegenheit der Gas- und Elektroheizung und der Fernheizung zum Vorschein, und gar mancher Benutzer ist gern geneigt, diesen Vorteil zu bezahlen. Die Regelung einer Heizung nach dem Bedarf — d. h. insbesondere also nach der Außentemperatur — ist bei einer kesselgefeuerten Sammelheizung von dem Geschick des Bedienungsmannes abhängig. Versieht dieser Mann seinen Posten nicht ganz tadellos, so fangen die Klagen an über ungleichmäßige Heizung. Bald ist's zu kalt in den Zimmern, bald übermäßig heiß — das letztere macht sich dann auch noch in den Heizkosten bemerkbar. Der Regler am Kessel allein tuts nicht; der kann, sofern er überhaupt vorhanden ist, lediglich den eingestellten Dampfdruck oder die eingestellte Vorlauftemperatur zur Not gleichbleibend halten. Wird's im Laufe des Tages warm, so muß der Heizer rechtzeitig den Regler nachstellen. Nun sagt man allerdings, jeder Heizkörper hat sein Ventil, und wenn's zu warm wird, können die Zimmerbewohner den Heizkörper drosseln oder abstellen. Es gibt ein ganzes Schrifttum über die Regelfähigkeit der Heizkörper, aber im Ernst, meine Herren, wieviel Zimmerbewohner bedienen sich jemals des Ventils am Heizkörper? Wenn es geschieht, meist erst dann, wenn die Temperatur als lästig warm empfunden wird. Dann bleibt das Ventil vielleicht gedrosselt oder geschlossen, und am nächsten Tag ist's zu kalt im Zimmer. Man könnte es vielleicht ähnlich machen, wie es bei den Einzelgasöfen geschieht, d. h. jeden Heizkörper mit einem selbsttätigen Regelventil versehen. Derartige Regler an Heizkörpern hat es früher schon einmal gegeben; sie waren aber zu teuer und haben sich nicht bewährt. Aber sollte es heute nicht vielleicht doch möglich sein, geeignete Bauarten zu entwickeln? Es gibt ja bereits verfeinerte Feuerungsregler, die in Abhängigkeit von der Außentemperatur gebracht sind und eine gewisse zentrale Regelung ermöglichen. Ähnlicher Regler bedient man sich besonders bei den Fernheizungen, die auf diesem Gebiete zweifellos anregend und fruchtbar gewirkt haben. Es gibt eine Anzahl Bauarten, die es möglich machen, durch entsprechende Drosselung des Heizmittels der Fernheizung eine ganze Heizungsanlage so zu versorgen, daß in der Zeit, in der die Anlage benutzt wird, die Raumtemperaturen annähernd gleichmäßig gehalten werden. In der vollkommensten Ausführung sind sie den Programmreglern von Industrieheizungen angepaßt mit An- und Abstellen der Heizung von einer Uhr aus, Steuerung nach der Temperatur eines maßgeblichen Raumes und Beeinflussung der Vorlauftemperatur oder des Dampfdruckes durch die Außentemperatur. Für unzureichend halte ich allerdings die Bauarten, die stoßweise arbeiten, z. B. in einer Warmwasserheizung beim Erreichen der vorgeschriebenen Vorlauftemperatur den Zufluß des Heizmittels voll unterbrechen und ihm beim Absinken der Vorlauftemperatur unter eine bestimmte Grenze wieder voll öffnen; das gibt bei Schwerkraftheizungen manchmal die schönsten Umlaufstörungen. Der drosselnde Regler, der den Zufluß des Heizmittels so begrenzt, wie es für die Einhaltung der gewünschten Vorlauftemperatur erforderlich ist, ist vorteilhafter, da er eine gleichbleibende Vorlauftemperatur und ungestörten Umlauf sichert. Allerdings lassen sich häufig Regler, die sich als Industrieregler bewährt hatten, nicht ohne weiteres für Heizungen verwenden. Es ist vorgekommen, da jede Heizart ja eine gewisse Trägheit besitzt, daß die Heizung überregelt wurde und trotz großer Empfindlichkeit des Reglers die Vorlauftemperatur um 10 bis 20° um die Solltemperatur pendelte. Abhilfe kann hier der Einbau des Reglers im Rücklauf bringen. Damit aber der Vorlauf nicht überheizt wird, wird im Vorlauf ein Grenzregler eingebaut, der das Überschreiten einer einstellbaren Höchsttemperatur verhindert. Mit solchen Reglern läßt es sich erreichen, daß die Raumtemperaturen wirklich gleichmäßig gehalten werden. Es hat sich gezeigt, daß bei gut arbeitenden Reglern recht beträchtliche Ersparnisse an Heizkosten gegenüber ungeregeltem Betrieb erzielt werden können.

Bei Dampfheizungen ist die Regelung wesentlich schwieriger als bei Warmwasserheizungen. Die Regelung durch Pausen in der Dampfzufuhr, wie sie in Amerika häufig angewendet wird, hat folgende Nachteile: 1. werden beim Absperren der Dampfzufuhr die Heizkörper vollkommen kalt; bei längerer Absperrung klagen die Rauminsassen über Zug vom Fenster her, 2. werden beim Wiedereinschalten des Reglers die nahe gelegenen Räume zuerst mit Dampf versorgt. Bei Anlagen von größerer Ausdehnung vergeht eine gewisse Zeit, bis auch die entferntesten Heizkörper warm werden, es besteht daher die Gefahr, daß nahe gelegene Räume zu viel Dampf erhalten und überheizt, entfernter gelegene Räume nicht genügend geheizt werden. Die gleiche Gefahr besteht bei der Regelung der Dampfheizung durch Herabsetzen des Dampfdruckes; diese Art der Regelung ist nur möglich, wenn die Dampfleitungen zu den entfernteren Heizkörpern reichlich bemessen sind.

Einfachste Bedienung und zugleich sparsamster Verbrauch werden nach den Erfahrungen mit Gas- und elektrischen Heizungen dann erzielt, wenn die Wärmezufuhr zu jedem einzelnen Heizkörper selbsttätig geregelt wird. Von diesen Gesichtspunkten ausgehend, baut die Dresdner Stadtheizung jetzt eine Versuchsanlage. Wie Ihnen vielleicht bekannt ist, führt sie die Anschlüsse von Warmwasserleitungen an ihr Heizwassernetz seit einigen Jahren in der Weise aus, daß Heizwasser von 120 bis 140° aus dem Fernheiznetz durch eine Düse der Hausheizanlage zugesetzt wird (Abb. 2)[1]. Durch

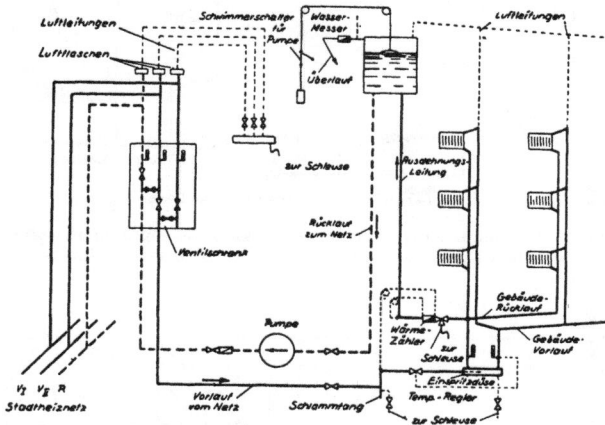

Abb. 2. Anschluß einer Warmwasserheizung an ein Heißwassernetz
nach dem Dresdner Einspritzverfahren. Zentrale Einspritzung.

die Zuspeisung steigt der Wasserspiegel im Ausdehnungsgefäß, welches über den Wärmezähler an den Rücklauf angeschlossen ist. In ähnlicher Weise, wie bei Dampf-Fernheizungen das Kondensat durch eine Kondensatspeisepumpe zurückgepumpt wird, wird dann das Wasser aus dem Ausdehnungsgefäß durch eine mittels Schwimmerschalter betätigte Rückspeisepumpe in die Rücklaufleitung des Fernheiznetzes zurückgepumpt. Man geht jetzt einen Schritt weiter, indem man das Heizwasser aus dem Netz nicht an einer Stelle in die Hausheizanlage einführt, sondern man gibt jedem einzelnen Heizkörper eine besondere Zuführung (Abb. 3). Das bedeutet, daß die Vorlaufleitungen der Hausheizanlage mehr oder minder ersetzt werden durch die Einspritzleitungen. Die Rücklaufleitungen bleiben wie bisher bestehen und leiten das abgekühlte Wasser nach dem Ausdehnungsgefäß ab, aus dem es in den Netzrücklauf gepumpt wird. Jeder Heizkörper wird noch mit einer Umführung vom Rücklaufaustritt nach dem Vorlaufeintritt versehen. In diese Umführung wird das heiße Wasser aus dem Stadtnetz eingespritzt; je nachdem mehr oder minder eingespritzt wird, entsteht eine höhere oder niedrigere Mischtemperatur. Nun wird noch versucht, die Einspritzmenge nach der Raumtemperatur selbsttätig zu regeln. In dem hohen Druck der Fernheizzuleitung ist

[1] P. Reschke, Gesundh.-Ing. 58 (1935) S. 261.

eine ausreichende Kraft vorhanden, um auch bei geringen Antriebskräften einen Regler sicher zu betätigen. Die Abmessungen der Heizwasserzuleitungen sind wegen der hohen Temperatur äußerst gering (Abb. 4). Für einen Heizkörper von 2000 kcal/h genügt eine lichte Weite von 4 mm, für eine Heizung von 10000 bis 20000 kcal/h genügen lichte Weiten von 9 bis 12 mm. Es ist natürlich erforderlich, daß diese Zuführungsleitungen

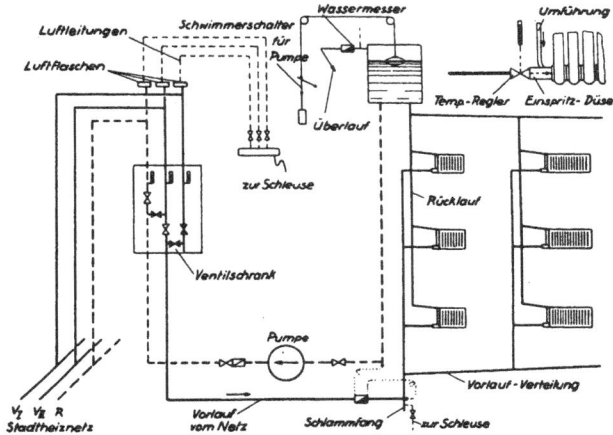

Abb. 3. Anschluß einer Warmwasserheizung an ein Heißwassernetz nach dem Dresdner Einspritzverfahren. Einzeleinspritzung.

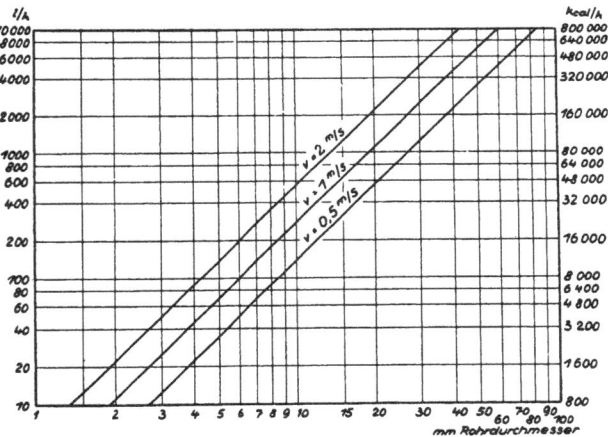

Abb. 4. Wasser- und Wärmeförderung eines Heizwasserrohres bei $t_v - t_r = 80°$.

gut gegen Wärmeverluste geschützt werden. Aber auch mit einem sehr guten Wärmeschutz bleiben die Abmessungen noch recht gering. Der hohe Druck in der Zuführungsleitung macht die Verlegung von Gefälle gänzlich unabhängig; Wassersäcke (z. B. um Türen zu unterfahren) oder Luftsäcke vermögen nicht Störungen zu verursachen. Man braucht also die Verteilung nicht mit senkrechten Steigesträngen zu verlegen, sondern kann sie auch waagerecht durchführen, so daß auch der Anschluß einzelner Stockwerks-heizungen an das Stadtheiznetz möglich wird. —

Ich habe hier nur einige von den vielen Fragen, die uns in unserer Praxis immer wieder begegnen, streifen können. Jede Neuanlage stellt uns vor neue Aufgaben. Damit wir in der Lage sind, die richtige Entscheidung zu treffen und den Architekten oder den Bauherrn richtig zu beraten, ist es notwendig, daß wir über ein umfassendes technisches Wissen und Können, nicht nur auf dem Gebiete der reinen Einrichtung, verfügen. Bleiben wir weiter bemüht, nur Bestes zu leisten, so erfüllen wir durch unsere Arbeit die Pflichten, die wir unserem Volke schulden.

Vorsitzender: Herr Dr. Reschke! Der Beifall beweist, mit welch' großem Inter-esse die Herren Ihren Ausführungen gefolgt sind. Ich habe Ihnen den Dank der Ver-sammlung zum Ausdruck zu bringen.

Darf ich nunmehr Herrn Dipl.-Ing. Reißner bitten, uns den Vortrag zu halten über »Stadtheizung als Glied der Energiewirtschaft«.

Die Städteheizung in der Energiewirtschaft.

Von Dipl.-Ing. **Reisner,** Dresden.

Aus den verschiedensten Ursachen und Zufällen sind wir in Deutschland zur Einrichtung von Städteheizungsanlagen gekommen. Einmal das Vorhandensein von stillgelegten Kesselanlagen und die Möglichkeit der Zusammenfassung von in der Nähe gelegenen Heizungsanlagen, dann der Wunsch, in einem vorhandenen Kraftwerk durch Angliederung eines Heizwerkes den Wärme-Wirkungsgrad der Anlagen zu verbessern, vielfach aber auch hygienische Gesichtspunkte sind die Veranlassung zum Bau manchmal recht kostspieliger Heizwerke und Verteilungsanlagen gewesen. Daß ein Teil dieser Anlagen, wie aus den verschiedenen Berichten hervorgeht, nicht wirtschaftlich arbeitet, liegt bestimmt nicht daran, daß der Grundgedanke nicht richtig wäre, sondern hat seine Ursache in einer nicht immer richtigen Planung und in einer Überspannung der Ansprüche und Erwartungen, die sich gewöhnlich in einer Überteuerung der für eine Wirtschaftlichkeit des Betriebes möglichen Aufwendungen auswirkte. Es soll hiermit niemand ein Vorwurf gemacht werden, es zeigt aber, daß die zum Bau derartiger Heizwerksanlagen notwendigen Erfahrungen bei uns zu jener Zeit in vielen Fällen fehlten und wir dafür haben Lehrgeld zahlen müssen.

Das Bedürfnis unserer Energiewirtschaft nach einer planvollen öffentlichen Städteheizung wird heute niemand mehr leugnen wollen. Diejenigen Anlagen, die bereits vor Jahren nach heute als richtig erwiesenen Richtlinien gebaut wurden und hiernach auch eine Wirtschaftlichkeit aufzuweisen haben, müssen uns Beweis genug sein. Der gegebene Weg für die Weiterentwicklung der Fernheizungsidee ist die Einbeziehung der Städteheizung in die Elektrizitätswirtschaft, also der weitere Ausbau der Wärmekraftwirtschaft.

Jede Planung eines neuen Heizwerkes bedarf umfangreicher Untersuchungen der Absatzmöglichkeiten, gleicher Weise für Strom und Wärme, zur Vermeidung von unweigerlich auftretenden Fehlschlägen nach der einen oder anderen Richtung. Es ist nicht angängig, im Wärmepreis von vornherein einen Kapitaldienstanteil berücksichtigen zu müssen, der einmal bei entsprechender Selbstkostenrechnung dem Abnehmer höhere Aufwendungen zumutet, als er sie mit seiner bisherigen mit Koks oder Briketts beheizten Anlage aufzuweisen hat und ihm bei dem zu bezahlenden Wärmepreis die Bequemlichkeit und Sauberkeit zahlenmäßig in Rechnung stellt. Auf der anderen Seite ist es aber auch unmöglich, durch zu hohe Bewertung der mit Heizdampf erzeugten Strommengen oder zu niedrige Ansetzung der im Kraftwerksbetrieb abgegebenen Heizdampfmengen sich selbst einen Gewinn in die Tasche zu lügen. Im ersteren Falle werden wir wahrscheinlich erstaunt sein, die Abnehmer nicht zum Anschluß an unser Heiznetz gewinnen zu können. Aus meinen Erfahrungen in der Werbung von Wärmeabnehmern kann ich nur feststellen, daß in den seltensten Fällen die unleugbaren Vorzüge des Stadtheizungsanschlusses auch zahlenmäßig berücksichtigt wurden, aber daß diese bei gleicher Wirtschaftlichkeit allerdings den Ausschlag für den Anschluß gegeben haben. Im zweiten Falle, der unrichtigen Bewertung der im Heizkraft- oder Kraftheizbetrieb gewonnenen Strom- oder Wärmemengen, wird die ursprünglich angenommene Erhöhung der Wirtschaftlichkeit des Werkes sich zahlenmäßig als falsch erweisen.

Als wichtige Unterlagen für die Planung der Städteheizungsanlagen möchte ich hier die Kennziffern von Dr. E. Schulz[1]) nennen, die aus den Erfahrungen in- und ausländischer Städteheizungen entwickelt wurden und geeignet sind, Fehlplanungen von vornherein zu vermeiden. Bei der Bewertung der im Wärmekraftverfahren gewonnenen Strommengen ist meiner Ansicht der Einsatz von Selbstkostenpreisen, wie sie im Kraftwerk für die Erzeugung von Spitzenstrom aufzuwenden wären, durchaus zulässig, während allerdings im Kraftwärmeverfahren den im Gegendruck- oder Anzapfungsbetrieb gewonnenen Wärmemengen außer den reinen Kohlenkosten ein angemessener Kapitaldienstanteil an den Kessel- und Verteilungsanlagen anzulasten ist. In diesem letzteren Falle wäre in der Einlaufzeit des Heizwerkes meines Erachtens durchaus zulässig, den durch den Verbundbetrieb erzielten Wärmegewinn im Kraftheizwerksbetrieb dem Heizwerk gutzubringen. Auf diese Fragen werde ich auch beim Bericht über das Dresdner Werk nochmals eingehen.

In den Vereinigten Staaten von Nordamerika ist die Entwicklung der Städteheizung von Anbeginn in engster Verbindung mit der Elektrizitätswirtschaft erfolgt und auch das wirtschaftliche Ergebnis nach den vorliegenden Berichten ein sehr gutes gewesen. Hier sind für die Entwicklung der Städteheizung in der Hauptsache natürlich wirtschaftliche Erwägungen bei sehr günstigen örtlichen Verhältnissen, sehr oft aber auch hygienische Gesichtspunkte maßgebend gewesen. Ich erinnere mich mit vieler Freude an die ungewollt erscheinenden Werbefeldzüge von amerikanischen Gesellschaften für den Anschluß an die Stadtheizung, die gewöhnlich mit einer bildlichen Anprangerung von rauchenden Schornsteinen, den »smoking-stacks« unter genauer Orts- und Zeitangabe in den Zeitungen eingeleitet wurden. Hervorzuheben ist allerdings, daß die Rauchentwicklung bei der in der Hauptsache verwendeten »soft-coal« ja auch eine besonders starke ist. Amerika ist aber nicht nur den Weg der Wärmekraftkupplung gegangen. Bei der Versorgung mit Wärme von Industrieabnehmern oder auch Wohnvierteln hat man bei Vorhandensein ausreichender Stromerzeugungsanlagen in einzelnen Fällen auch auf die Krafterzeugung verzichtet und reine Heizwerke erstellt. Ich möchte hier die beiden Heizwerke der »Cleveland Electric Illuminating Co« mit einer Gesamtheizfläche von 12 000 m² und Kohlenstaubfeuerung nennen, sowie auch die »Rochester Gas- and Electric Co« erwähnen, die allerdings nachträglich in einem Werke von 2000 m² Kesselheizfläche eine 3000-kW-Gegendruck-Turbine aufstellte. In beiden Fällen waren die Heizwerke zur Versorgung von Industrieabnehmern mit hohem Wärmebedarf erstellt worden, und zwar aus dem Grunde, weil nur auf diese Weise auch die Stromversorgung dieser Betriebe für das öffentliche Werk gewonnen werden konnte; also eine ähnliche Lösung, wie sie auch in Forst und teilweise in Brünn angewendet wurde. Ein anderer Fall ist die von der »Toledo Edison Co in Toledo/Ohio« aus 3 reinen Heizwerken durchgeführte Warmwasserversorgung der ausgedehnten Wohnviertel. In 3 stillgelegten kleineren Blockwerken wurden die Kessel als Warmwasserkessel in Betrieb genommen. Nach den mir vorliegenden Geschäftsergebnissen dieses Werkes aus 7 Jahren ist bei einem Pauschaltarif nach der Radiatorenheizfläche der Reingewinn aus der Warmwasser- und einer geringfügigen Dampfversorgung von 2,7% des Gesamtumsatzes im Jahre 1921 auf 26,5% des Gesamtumsatzes im Jahre 1927 angewachsen. Ich muß allerdings betonen, daß es sich hier um abgeschriebene Werke handelt und infolgedessen für die Werksanlagen keine Abschreibungen, sondern nur in den ersten Jahren eine verhältnismäßig sehr hoch bemessene Erneuerungsrücklage vorgesehen wurde.

Abb. 1 zeigt die kanalfreie Verlegungsart der Heizleitungen in Toledo. Die Gesellschaft hatte den Vorteil, ihre Leitungen in einen Grünstreifen zwischen Bordkante und Bürgersteig verlegen zu können und konnte dadurch verhältnismäßig niedrige Netzkosten herausholen. Überhaupt sind die Netzkosten in den Vereinigten Staaten, wie auch in Rußland, verhältnismäßig niedrig, was nicht zum geringsten Teil auf die guten

[1]) Dr. E. Schulz, »Öffentliche Heizkraftwerke und Elektrizitätswirtschaft in Städten«. Berlin: Julius Springer 1933.

Baumöglichkeiten in dem meist jungfräulichen Straßenuntergrund zurückzuführen ist. Allein die unserer Postkabelverlegung ähnelnde Verlegung der Starkstromkabel in Lochkanälen und die damit zwangsweise Zusammenfassung der Kabel in geraden Strecken gibt dem Straßenquerschnitt ein ganz anderes Bild. Um wieviel übler und kostspieliger waren da unsere Erfahrungen und um wieviel größer unsere Überraschungen beim Bau der Verteilungsleitungen in den mit Kabeln, Rohren, Festungsmauerwerk und alten Kanälen durchsetzten Straßen unserer alten Stadtviertel. Nachdem die in Abb. 1 als alte Ausführung bezeichnete Bauweise in 7 Jahren den Beweis

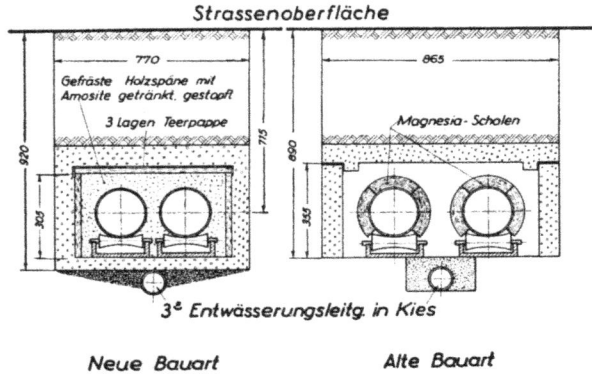

Abb. 1. Kanalfreie Verlegung von Fernheizleitungen in Toledo, Ohio, USA.

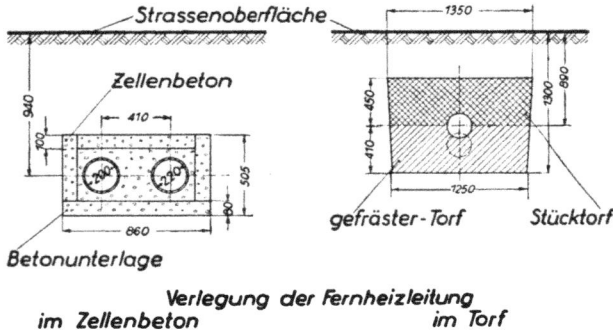

Abb. 2. Kanalfreie Verlegung von Fernheizleitungen in Rußland.

des störungsfreien Betriebes erbracht hatte, ging man im achten Jahre zu der als neue Bauweise bezeichneten Ausführung über. Die Schalungsbretter der Magerbetonseitenwände wurden stehen gelassen und der gesamte Kanal mit wasserdichten gefrästen Holzspänen ausgestopft, oben mit Schalbrettern und 3 Lagen Teerpappe geschlossen und gleichfalls mit einer Lage Magerbeton überdeckt. Über die Auswirkung dieser neuen Bauweise auf die Wärmeverluste habe ich genaue Zahlenangaben leider noch nicht bekommen können.

Einen ähnlichen Weg ist man in der Verlegung von Heizleitungen in Rußland gegangen (Abb. 2). Neben den Rinnenkanälen und der kanalfreien Verlegung im Zellenbeton hat man auch mit einer kanalfreien Verlegung der Fernheizleitungen im Torf sehr gute Ergebnisse erzielt[2]). Diese Verlegungsart verursacht sehr geringe Kosten und ergab die geringsten Wärmeverluste sogar bei verhältnismäßig hoher Erdreichfeuchtigkeit. Selbst nach künstlicher Überflutung der Torfhülle stiegen die Wärmeverluste in den Leitungen nur kurzfristig an und gingen dann allmählich auf ihren alten Stand zurück. Die von mancher Seite gefürchtete Selbstentzündung des Torfes bei hohen Temperaturen konnte auch bei starker Temperatursteigerung in keinem Falle wahrgenommen werden. Bei Rohrtemperaturen von rd. 200° C backten nur die unmittelbar an den Rohren liegenden Torfschichten zu Torfkoks zusammen. Angesichts dieser günstigen Betriebsergebnisse werden neuerdings in Rußland kanalfreie Rohrverlegungen in Torf immer öfter angewendet.

In Dresden haben wir bei einigen Leitungen gleichfalls eine kanalfreie Verlegungsart gewählt. Die mit Diatomen-Steinen umhüllten Rohre wurden durch sorgfältig gewickelte Bitumenbänder gegen das Eindringen von Feuchtigkeit geschützt und in Beton gelagert. Zum Schutze der Abdämmung wurde in gewissen Abständen eine Blechunterlage eingesetzt (Abb. 3)[3]).

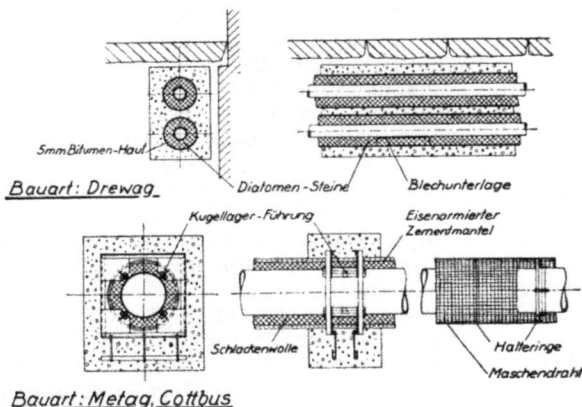

Abb. 3. Unmittelbar ins Erdreich verlegte Heizrohre.

Die METAG-Wärmeschutz, Kottbus, hat ebenfalls ein neues Verfahren der kanalfreien Verlegung von Heizleitungen entwickelt und angewendet. Die Rohrleitung wird mit Ölpapier umwickelt und erhält eine Abdämmung mit Mineralwolle, die von einem eisenbewehrten, druckfest ausgebildeten Betonmantel umschlossen wird. Das Eindringen von Feuchtigkeit wird durch Umhüllung mit Jute und Dachpappe sowie mehrfachen Bitumen-Anstrich unter Zusatz von Zementdichtungsmitteln verhindert (Abb. 3). Im Betonmantel sind Dehnungsfugen vorgesehen, die die Rißbildung vermeiden sollen. Die fertige Abdämmung kann Raddrücke bis zu 12 und 15 t aufnehmen. Die Rohrunterstützung erfolgt durch Kugellager, die in einbetoniertem Eisenrahmen befestigt sind. Bei dieser Verlegungsart ist nur axiale Rohrdehnung möglich, und man muß deshalb auf die Ausnutzung des natürlichen Ausgleichs verzichten und besondere Dehnungsausgleicher in die Leitung einbauen[4]).

Ein anderer Weg der Wärmeerzeugung, bei denen die geeignete Abwärme wie beim Dampfbetrieb gleichfalls aus dem Kraftbetrieb unmittelbar abfällt, ist das Heizkraftwerk als Verbrennungskraftbetrieb. Wenn auch die Zahl der bisher ausgeführten Anlagen mit Diesel- und Gasmaschinen gering und auch diese fast alle sehr kleiner

[2]) Vgl. Dipl.-Ing. Pohl, Gesundh.-Ing. 58 (1935) S. 101.
[3]) Vgl. Dr.-Ing. Reschke, Gesundh.-Ing. 58 (1935) S. 261.
[4]) Vgl. Dr.-Ing. Wellmann, Z. VDI 79 (1935) S. 765.

Leistung sind, so sind sie doch, auch bei ihrer geringeren Bedeutung für die Städteheizung an sich, wert, besprochen zu werden. Bei der in den letzten Jahren eingetretenen starken Förderung von sog. Dieselblockzentralen und auch der von mancher Seite stark empfohlenen Diesel- und Sauggaseigenerzeugung in kleinen Orten und in Industriebetrieben erscheint es mir notwendig, über diese Möglichkeit des Heizkraftbetriebes zu berichten.

Neben einigen kleinen Dieselheizkraftbetrieben in Dänemark und in den Vereinigten Staaten ist mir in Deutschland von öffentlichen Betrieben nur das städtische Werk in Schwerin in Mecklenburg bekannt, das das Kühlwasser und die Abgaswärme der Motoren bei gelegentlicher Nachheizung in befeuerten Kesseln für seine Stadtheizung verwendet.

Die ausgezeichneten Erfolge der Abgasausnutzung auf unseren neuzeitlichen Motorschiffen ermutigt mich auch, diese Frage vor Ihnen zu besprechen. Das von den Deutschen Werken in Kiel für die norwegische Reederei Wilhelmsen in Oslo gebaute Doppelschraubenmotorschiff »Toulouse« ist in seinen maschinenbaulichen Neuerungen hinsichtlich der Heizanlage besonders beachtlich. Das Schiff besitzt 2 kompressorlose Hauptmotoren von je 3400 PS Leistung und zum Erzeugen des für Heizzwecke und zum Vorwärmen des Brennstoffes benötigten Dampfes einen La Mont-Abhitzekessel von 60 m² Heizfläche und einem Betriebsdruck von 7 at. Bei der Abnahmefahrt wurden mittels der Abgase eines Hauptmotors — der La-Mont-Abhitzekessel ist für die Ausnutzung der Abgase nur eines Motors bemessen — 1365 kg/h Dampf von 7 at Überdruck erzeugt. Dabei entwickelte der Motor eine effektive Leistung von 3050 PS. Die Dampfleistung beträgt somit 0,448 kg/PS/h und, auf die Heizfläche bezogen, 2275 kg/m² je h. Die Abgase traten mit 343° in den Kessel ein und verließen ihn mit 219°. Die Speisewassertemperatur betrug 50°. Der Auspuff-Gegendruck, der durch den La-Mont-Abhitzekessel hervorgerufen wird, ist außerordentlich gering und machte sich in keiner Weise schädlich bemerkbar. Bei Vollast haben die Abgase im Abhitzekessel eine mittlere Geschwindigkeit von 19 m/s[5]).

Auf der Germania-Werft in Kiel lief im April 1935 das Motortankschiff »W. B. Walcker« vom Stapel, das bei Antrieb durch einen einfach wirkenden kompressorlosen 8-Zyl.-Zweitakt-Dieselmotor mit einer Effektivleistung von 3600 PS gleichfalls mit einem von den Abgasen des Hauptmotors geheizten Abgaskessel ausgerüstet ist. Dieser Kessel liefert den für die Heizung und die Hilfsmaschinen sowie die Ruderanlagen benötigten Dampf[6]).

Auf dem »Tag der Technik« in Breslau hat Dr. Wellmann, Berlin — im übrigen neben der sehr zu begrüßenden aus einer Rundfrage gewonnene Feststellung der Wirtschaftlichkeit und Betriebssicherheit der größten deutschen Städteheizungen —, auch über einen sehr beachtlichen Plan für ein Heizkraftwerk mit Gasfeuerung vorgetragen. Er hat hierbei auch die Möglichkeit der Eigengaserzeugung für den Betrieb des Werkes aus Generatorgas mit Braunkohlenbriketts zu einem Preise von 0,6 Rpf. je 1000 WE erwähnt[7]). Die Firma Deutz, Köln, berichtet nun über eine Sauggasanlage, die im Winddruckbetrieb auch als Druckgaserzeuger arbeiten kann, und bei entsprechender Wärmekraftkupplung von Gasmotoren und unmittelbar an die Motorenzylinder angehängten Röhrenkessel eine gute wärmewirtschaftliche Ausnutzung ermöglicht. Durch einen schnellen Wasserumlauf und den in der Bauweise bedingten hohen Wärmeübergang erreicht man für Warmwasser wie auch für Dampferzeugung gewichts- wie preismäßig günstigere Verhältnisse, als sie bisher bei besonders aufgestellten Rauchrohrabgaskesseln erreicht wurden. Für die Erzeugung von Niedrig-Temperatur-Wärmemengen, die über die verfügbare Wärmemenge hinausgehen, kann man dann den Weg über den gasbeheizten Dampfkessel gehen. Für kleinere Verhältnisse in der Städteheizung wäre auch dieser Weg der Wärmekraftkupplung gangbar[8]).

[5]) Dipl.-Ing. A. Schütte, Z. VDI 78 (1934) S. 458.
[6]) Dipl.-Ing. P. J. Nickel, Z. VDI 79 (1935) S. 529.
[7]) Vgl. auch Dr. W. E. Wellmann, Z. VDI 79 (1935) S. 772.
[8]) Dipl.-Ing. K. Schmidt, Z. VDI 79 (1935) S. 544.

Mit Erwähnung dieser Möglichkeiten will ich durchaus nicht einer hemmungslosen Ausbreitung derartig kleiner Anlagen das Wort reden. Eine Auswirkung der Wärmekraftwirtschaft auf die gesamte Energiewirtschaft werden wir aber im Laufe der Zeit nur durch die Schaffung einer Wärmebewirtschaftung durch die öffentlichen Werke erreichen können. Bei Zuschneidung unserer Verbundwirtschaft in der Stromversorgung auf eine gewisse Grundlastdeckung durch die Großkraftwerke, die dadurch bei gleichmäßiger Belastung möglichst wirtschaftlich arbeiten könnten, und einer örtlichen Spitzendeckung aus Heizkraftwerken auch kleineren Ausmaßes könnte m. E. bei etwa gleicher Strombelastungs- und Wärmedichte des zu versorgenden Gebietes dieses Ziel wohl erreicht werden. In welch technischer Lösung dann diese Spitzenwerke arbeiten, dürfte hierbei keine Rolle spielen. Ich verweise hier auf das Beispiel von Portland, Oregon, wo die Grundlastdeckung in der Stromversorgung durch ein außerhalb der Stadtgrenzen gelegenes Kraftwerk im Kondensationsbetrieb erfolgt. Ein im Wolkenkratzerviertel gelegenes Heizkraftwerk, das ausschließlich im Gegendruckbetrieb arbeitet, übernimmt die Spitzendeckung in der Stromversorgung sowie die Wärmeversorgung dieses Viertels und kommt nur während der Heizzeit in Betrieb.

Ein weiteres Verfahren in der Städteheizung möchte ich in diesem Rahmen noch erwähnt werden, nämlich das Heizkraftwerk als Wasserkraftbetrieb. Hier wird die für Heizanlagen geeignete Wärme erst durch Energieumformung — Wasserkraft in Strom in Wärme — aus der Wasserkraft gewonnen, d. h. die Überschuß-Wassermengen werden in Strom umgeformt und dienen zur Versorgung von Elektro-Dampfkesseln oder Elektro-Durchlauferhitzern, in denen die elektrische Energie wieder in Wärme umgesetzt wird, die unmittelbar verwendet oder wieder in Kraft umgeformt werden kann. Die Ergebnisse aus den' Anlagen dieser Art — von größtem Ausmaße in Kanada — ich erwähne die Papierfabrik Riverbend und die Anlagen in der Stadt Winnipeg — sowie in geringeren Leistungen in der Schweiz und in Süddeutschland — haben bewiesen, daß dieser Weg der Wärmeerzeugung durchaus seine wirtschaftliche Berechtigung haben kann. Diese Energieumformung kann nun, wie ich bereits erwähnte, im Elektro-Dampfkessel oder im Elektro-Durchlauferhitzer erfolgen. Dr. Schulz[9]) sagt hierüber: »Daß sich Elektro-Kesselanlagen vornehmlich in den Wasserkraftbezirken kohlenarmer Länder ausbreiten, hat 2 Gründe. Zunächst entstanden die Wasserkraftwerke an den Flußläufen mit Gefällen; die oft nicht speicherfähig waren. Man suchte dabei sehr bald für die nutzlos zu Tal gehenden Wassermengen Verwendung. Zum anderen eignen sich Elektro-Kessel sowohl zu Kraft- als Wärmezwecken und setzen sich in Gegenden mit hohen Kohlenpreisen leichter durch. Kanada verfügt über 126 Elektro-Kesselanlagen mit rd. 1,1 Mio kW Anschlußwert, wovon rd. 87% in Papierfabriken anzufinden sind. Bei der heutigen Hochspannungsnetzverteilung ist auch die Leistungseinbuße des Wasserkraftstromes in strengen Winterzeiten unbedenklich. Wärmekraftreserven sind ausreichend vorhanden. Das Heizwerk mit Elektro-Kesseln und Wärmespeicher als Wärmequelle ist für die Verbesserung unserer Wasserwirtschaft bisher fast unbeachtet geblieben.« Bis auf die größte deutsche Anlage in München und die übrigen in Elektrizitäts- und Industrieanlagen in Südbayern vorhandenen Elektro-Kesselanlagen sowie einer Elektro-Durchlauferhitzeranlage für die Beheizung eines Verwaltungsgebäudes sind mir weiter keine größeren Anlagen·dieser Art in Deutschland bekannt geworden. In der Schweiz sind mehrere derartige Anlagen, vorläufig aber noch kleineren Ausmaßes, vorhanden. Die bekanntesten Anlagen dürften wohl die Zusatzkessel im Heizkraftwerk der Technischen Hochschule in Zürich sein. Hier hat man mit dem Elektrizitätswerk das Abkommen getroffen, daß die mit Kohle beheizten Kessel im Sommer außer Betrieb gesetzt und durch 2 Elektro-Dampfkessel für 11 at, je 2000 kW Höchstanschlußwert und eine Dampfleistung von zusammen höchstens 5 t ersetzt werden. Auch im Winter ist es möglich, nach vorheriger Anmeldung vorübergehend Strom zu beziehen mit der Bedingung, daß diese Strommenge

---

[9]) Dr.-Ing. E. S c h u l z, a. a. O.

wieder in das Netz zurückgespeist wird, was natürlich sehr leicht möglich ist. Auf diese Weise kann bei vorübergehendem großen Bedarf an Wärme das Elektrizitätswerk diesem Heizkraftwerk aushelfen, umgekehrt ist dieses aber auch jederzeit in der Lage, bei Strommangel dem Elektrizitätswerk beizuspringen[10]).

Eine andere bekannte Anlage, die als reines Heizwerk ohne Krafterzeugung arbeitet, ist die elektrische Dampfanlage im Frauenspital Basel, deren Anschlußwert 1200 kW bei 13 at Dampfdruck beträgt. Durch Zusammenarbeit mit 3 Einflammenrohrkesseln von je 65 m² Heizfläche und 8 at Betriebsdruck sowie einem Dampfspeicherkessel von 31 m³ Inhalt und 12 at Betriebsdruck wird im Elektro-Dampfkessel ein Wärmewirkungsgrad von 94% beim Laden und von rd. 99,7% bei Pufferbetrieb erreicht. Die Wärmebilanz der gesamten Anlage — also Elektro-Kessel und Speicher — wies bei den Abnahmeversuchen einen Wirkungsgrad von 89,7% auf. Die elektrische Energie wird als Überschußenergie aus einem stadteigenen Niederdruck-Wasserkraftwerk am Rhein bezogen und war nur in der angegebenen Leistung verfügbar[11]).

Ein anderes interessantes Beispiel ist die allerdings kleine Anlage im Kantonspital Olten. Diese Anlage ist deshalb auch zu erwähnen, weil hier die Versorgung eines Krankenhauses durchweg mit Heißwasser durchgeführt ist und für die Dampf verbrauchenden Stellen — wie Wäscherei, Küche und Sterilisieranlage — der benötigte Dampf in besonderen Heißwasser-Dampf-Umformern erzeugt wird[12]).

Wie Sie sehen, sind also auf diesem Wege für eine bessere Ausnutzung der zur Zeit noch unausgenutzt zu Tal fließenden Energiemengen als Wärme im Heizwerk und auch im Heizkraftwerk noch sehr viele Möglichkeiten vorhanden.

Bei Beginn meiner Ausführungen stellte ich in Aussicht, auf die Selbstkostenrechnung für die an das Heizwerk vom Kraftwerk gelieferte Wärme noch einmal einzugehen. Ich sagte, daß es unbedingt notwendig wäre, den an das Heizwerk anzulastenden Dampfpreis nach den tatsächlichen Erzeugungskosten festzusetzen. Ich will bei der Erörterung dieser Dinge auf die Frage der Wirtschaftlichkeit des Heizwerkes an sich, sowie auf die diese beeinflussenden Umstände nicht eingehen, sondern nur vom Standpunkte des Kraftwerkmannes die Selbstkostenberechnung der an das Heizwerk abgegebenen Dampfmenge durchführen. Es scheint mir hierbei als selbstverständlich, daß bei einem Kraftwärmebetrieb — also im Kraftheizwerk — in den Betriebs- wie auch Kapitalslasten in der Kontenführung eine reinliche Scheidung eingehalten wird und Kraftwerk wie Heizwerk ihre Konten getrennt abrechnen. Ich möchte hier als Beispiel die Ergebnisse des Kraftheizwerkes der Dresdner Gas-, Wasser- und Elektrizitätswerke AG. aus den Jahren 1933 und 1934 heranziehen. Vorausschicken muß ich allerdings, daß die Belastungsverhältnisse in unserem Kraftwerksbetrieb — wie es ja auch schon Dr. Reschke auf dem letzten Kongreß ausführte[13]) — durch die Spitzendeckungsmöglichkeit in der Stromversorgung aus dem Pumpspeicherwerk Niederwartha sowie dem zusätzlichen Bezug aus dem Landesnetz besonders günstig liegen. Ähnliche Verhältnisse werden sich aber bei Verwendung anderer Speicherungsmöglichkeiten — seien es Ruths- oder Marguerre-Speicher — gleichfalls erzielen lassen.

Abb. 4 zeigt das Wärmefluß-Schaubild unseres Kraftheizwerkbetriebes und ich möchte auch hier auf die Veröffentlichung von Dr. Wengner im »Archiv für Wärmewirtschaft«[14]) sowie auf die Veröffentlichungen von Dr. Reschke im »Gesundheitsingenieur«[15]) hinweisen, und bitte, die Einzelheiten über die Anlagen des Kraftheizwerkes Dresden an diesen Stellen nachzulesen.

Wie Sie aus dem Schaubild ersehen können, war es uns möglich, für die gesamte Kraftheizwerksanlage unter Einsetzung entsprechender Werte für die an das Heizwerk abgegebene Wärme einen Wärmewirkungsgrad von im Jahresmittel 1933 33,8% zu

[10]) Sulzer, Werk-Mitteilungen, Nr. 3, 1933.
[11]) Dipl.-Ing. Walder, Archiv Wärmewirtsch. 8 (1927) Nr. 19.
[12]) M. Hottinger, Zürich, Schweiz. Techn. Z. 1934.
[13]) Bericht XIII. Kongreß für Heizung und Lüftung, S. 252.
[14]) Dr. M. Wengner, Arch. Wärmewirtsch. 12 (1931) Heft 5 u. 8.
[15]) Dr. P. Reschke, Gesundh.-Ing. 58 (1935) S. 261.

erreichen. In einzelnen Monaten dieses Jahres war der Wirkungsgrad bis auf über 45% angestiegen. Die Werte für 1934 halten sich auf etwa der gleichen Höhe. Für ein gewöhnliches Kraftwerk mit reinem Kondensationsbetrieb könnte man bei Berücksichtigung der gleichen eingerichteten Leistung und der gleichen Benutzungsdauer einen Wärmewirkungsgrad bei Hochdruck-Anlagen von etwa 25% und bei Mitteldruck-Anlagen von etwa 20 bis 22% einsetzen.

Der Rechnungsgang für die Aufteilung der beweglichen Kosten auf Kraft und Heizung ist nun bei uns folgender: Die einzelnen Wärmemengen des Sankey-Schaubildes (Abb. 4) werden sinngemäß zum Lieferkalorien-Schaubild zusammengefaßt, welches ein klares Bild über die von den einzelnen Dampfsammlern abgehenden tatsächlichen Wärmemengen gibt. Die planmäßige Zusammenfassung der in mechanische Arbeit umgewandelten Wärmemengen ergibt dann das geordnete Lieferkalorien-Schaubild. Für die Selbstkostenrechnung wird nun die gesamte Rücklieferung herausgezogen, so daß dieselbe im Rechnungsgang der Selbstkostenrechnung nicht mehr erscheint. Die Rücklieferung ist ein in sich geschlossener Wärmeflußkreis. Diese Wärmemenge muß einmal aufgebracht werden, durchfließt das ganze Werk und wird im stationären

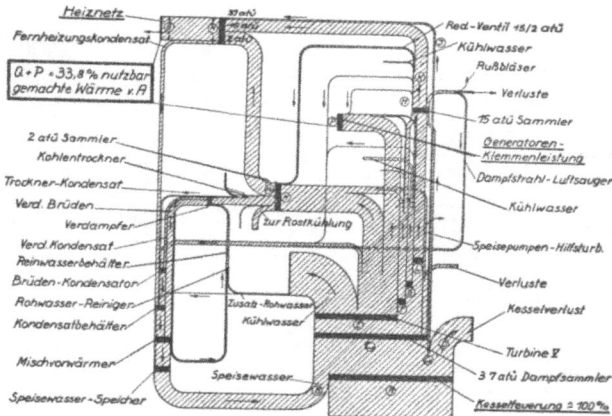

Abb. 4. **Wärmefluß-Schaubild des Westkraftwerkes 1933.**

Betriebszustand immer wieder zurückgewonnen. Es entstehen also dafür keine weiteren Kosten mehr und kann infolgedessen aus der Selbstkostenrechnung ausscheiden. Hat man die Rückliefermenge der einzelnen Strecken bestimmt, so kann das Lieferkalorien-Schaubild ohne Rücklieferungen gezeichnet werden. Das Rechnungskalorien-Schaubild, welches also die Wärmeeinheiten zeigt, welche an Kraft bzw. Heizung verrechnet werden, wird aus dem Lieferkalorien-Schaubild erhalten, indem man die Lieferkalorien mit den noch ermittelnden Verrechnungsfaktoren vervielfacht. Zur Berechnung der Verrechnungsfaktoren wird die Gegendruckturbine oder eine Entnahmestufe der Anzapfturbine verglichen mit der Anordnung: Kondensationsturbine + Minderungsventil, wobei die Kondensationsturbine dieselbe Strommenge liefern soll wie die Gegendruckturbine und auch das Minderungsventil an die Heizung die gleiche Wärmemenge abgeben soll wie der Auspuff der Gegendruckturbine. Folgende Voraussetzungen haben wir bei der Ermittlung des gemeinsamen Gewinnes für Kraft und Heizung je kg Dampf eingesetzt:

1. Die Rückgewinnung des Kondensats der Kondensationsturbine sowie des Kondensats der Heizung soll bei der Berechnung der Verrechnungsfaktoren unberücksichtigt bleiben.

2. Der gesamte Wärmegewinn, der sich beim gekuppelten Betrieb der Gegendruckturbine gegenüber dem getrennten Betrieb ergibt, wird ganz der Heizung gutgebracht und

3. die Kondensationsturbine, die mit der Gegendruckturbine verglichen wird, soll den gleichen gemessenen Wirkungsgrad besitzen, wie auch die Generator-Wirkungsgrade als unveränderlich eingesetzt werden.

Bei diesen Voraussetzungen ermitteln sich die Verrechnungsfaktoren in Vomhundertteilen, und zwar für die Kraftrechnungskalorien je kg Dampf zu

$$x\,^0/_0 = 100\,\frac{x}{z}$$

und für die Heizrechnungskalorien je kg Dampf zu

$$\beta\,^0/_0 = 100\left(1 - \frac{x}{z}\right),$$

wobei x die Anzahl der kWh ab Generatorklemme ist, die 1 kg Frischdampf im Gegendruckbetrieb erzeugt. z stellt die Anzahl kWh ab Generatorklemme dar, die 1 kg Frischdampf bei Kondensationsbetrieb erzeugt, wobei wir eine 10 000-kW-Turbine, die im Mittel mit 8000 kW belastet ist und einen Vollastwirkungsgrad der Turbine

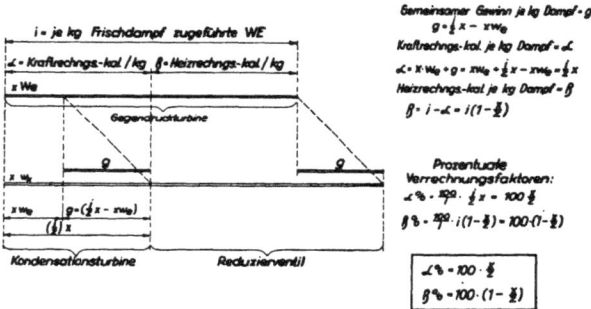

Abb. 5. Schaubild zur Ermittlung der prozentualen
Verrechnungsfaktoren.

Bezeichnungen:
$i =$ Wärmeinhalt von 1 kg Frischdampf,
$x =$ Anzahl der kWh ab Generatorklemme, die 1 kg Frischdampf bei Gegendruckbetrieb erzeugt,
$z =$ Anzahl der kWh ab Generatorklemme, die 1 kg Frischdampf bei Kondensationsbetrieb erzeugt,
$W_k =$ Anzahl WE, die zur Erzeugung von 1 kWh ab Generatorklemme bei Kondensationsbetrieb erforderlich sind,
$W_e =$ Anzahl WE, die zur Erzeugung von 1 kWh ab Generatorklemme bei Entnahme-(Anzapf- oder Gegendruck) Betrieb erforderlich sind.

von $\eta_T = 83\%$ und einen Generatorwirkungsgrad von $\eta_G = 93,6\%$ zu Grunde legten. Als spezifischer Dampfverbrauch im Kondensationsbetrieb bei einer Leistung von 8000 kW wurden 4,3 kg je kWh angenommen.

Die festen Dampfkosten sind nach dem Spitzenschaubild mit Hilfe des Treuhandgesetzes von Punga auf die gemeinsam daran beteiligten Kostenstellen für Kraft und Heizung aufgeteilt worden. Bezieht man die Selbstkosten auf den in Dresden bei den vorhandenen Kohle- und Kokspreisen möglichen Erlös je 1 Mio WE, so ergibt sich für die beweglichen Kosten ein Anteil von etwa 30% und für die festen Kosten ein Anteil von etwa 10% des möglichen Erlöses, so daß also dem Heizwerk zur Deckung seiner Übertragungsverluste, seines Kapitaldienstes und sonstiger Unkosten und zur Erzielung eines bescheidenen Gewinnes eine Spanne von 60% des möglichen Erlöses verbleibt. Zugrundegelegt sind hierbei die tatsächlichen Betriebsverhältnisse, d. h. also eine Benutzungsdauer von 1400 Stunden im Jahr.

Die Rechnungsverfahren sind in vielen Teilen bewußt grobschematisch und nur annäherungsweise behandelt worden. Ein weiteres Eingehen auf kleinere Verfeinerungen würde das Endergebnis kaum ändern, jedoch den Rechnungsgang und die Rechenarbeit in keinem Verhältnis zu einer möglichen Verbesserung des Ergebnisses erschweren.

Nun noch einige Worte über die Entwicklungsmöglichkeiten der Städteheizung als Wärme-Kraftkupplung. Die als Wärme in unserer Wirtschaft benötigte Energie macht etwa $^2/_3$ unseres gesamten Energiebedarfes aus. Es erscheint deshalb um so nötiger, sich mit der Frage zu befassen, inwieweit bei einer planmäßigen Wärmebewirtschaftung in unserem Sinne, d. h. also einem noch weiteren Ausbau der in der Strom-Wärmelieferung oder Wärme-Kraftkupplung gegebenen Möglichkeiten eine für unsere Energiewirtschaft tragbare Lösung gefunden werden kann. Es wäre denkbar, daß bei einer entsprechenden Ausgestaltung dieser Möglichkeiten wir in der Elektrizitätswirtschaft bei weitgehender Anwendung der Wärme-Kraftkupplung recht bald zur größten Kohle verbrauchenden Wirtschaftsgruppe werden könnten.

Geschlossene Wohngebiete bis rd. 300 000 Einwohnern können nach den heutigen Erfahrungen zentral versorgt werden, wobei eine Wärmezuführung über 6 km Rohrlänge ohne weiteres möglich ist. Die Schwierigkeiten, die in älteren Stadtvierteln für die Verwirklichung großer Rohrleitungsnetze vorhanden sind, weisen zur Verringerung der Netzkosten einen anderen Weg, nämlich die Erfassung der heutigen Neubaugebiete. Bei vorausschauender Planung werden diese es erlauben, mit geringst möglichen Netzkosten zu rechnen. Als Standort des öffentlichen Heizkraftwerkes wird die Stadtgegend hoher Strombelastungs- und großer Wärmeverbrauchsdichte anzusprechen sein. Diese Standorte werden gewöhnlich in den Geschäftsvierteln der Stadt liegen, bei denen dann die oben geschilderten Schwierigkeiten hinsichtlich der Netzgestaltung zu überwinden sein würden. Es erscheint möglich, daß durch eine Steigerung der Stromverwendung in den Neubaugebieten, also durch Einführung der Elektrowärmeverwendung, die Strombelastungsdichte auch in diesen Gebieten so hoch ansteigen kann, daß es wirtschaftlich gangbar wäre, diese Neubaugebiete geschlossen von einem Heizkraftwerk zu versorgen. Es wäre hierbei vor allen Dingen zu betonen, daß unsere Neubauten zum größten Teil von vornherein bereits mit Sammelheizungen ausgerüstet sind, so daß ein Anschluß an das Netz der Stadtheizung ohne weiteres gegeben ist.

Wie im Falle Oregon wäre hier die beste Lösung, das Heizkraftwerk als Spitzenwerk zu betreiben, das nur in der Heizzeit arbeitet, aber während dieser Zeit den gesamten Strom- und Wärmebedarf seines Gebietes deckt, während in der übrigen Zeit die Stromversorgung durch das Grundlastwerk übernommen wird. Nach den Untersuchungen von Dr. Schulz[16]) würde diese Art von Heizkraftwerk etwa 65% der im Heizgebiet benötigten Jahresstrommenge erzeugen, während die restlichen 35% als Strom außerhalb der Spitzenzeit, also als willkommener Sommerstrom, vom Grundlastwerk geliefert werden können.

Wie weit sich diese Pläne in der nächsten Zeit verwirklichen lassen werden, hängt natürlich von der Entwicklung unserer Elektrizitätswirtschaft und dem Vorhandensein der für diese Zwecke benötigten Mittel ab. Bei den weitgehend ausgebauten Stromnetzen unserer Städte wäre eine genaue Untersuchung unbedingt notwendig, ob die Dezentralisation in der Stromerzeugung auch tatsächlich die erwartete Erhöhung der Wirtschaftlichkeit des gesamten Betriebes mit sich bringt.

Es wäre zu fordern, daß Pläne dieser Art nur in Angriff genommen werden, wenn die Wirtschaftlichkeit der Planung eindeutig gegeben ist, da dem Fernheizgedanken nichts mehr schaden kann, als ein nicht richtig geplantes und unwirtschaftlich arbeitendes Heizwerk.

Vorsitzender: Herr Oberingenieur Reisner! Sie sehen aus dem lebhaften Beifall, wie groß das Interesse an Ihren Ausführungen gewesen ist. Sie können versichert sein, daß das, was Sie uns heute zusammenfassend erläutert haben, in Zukunft gute Früchte tragen wird; denn wir empfinden es alle, daß wir an der Wende einer neuen Entwickelung stehen, wo die Stadtheizung viel mehr als bisher in den Vordergrund treten wird. — Haben Sie herzlichen Dank für Ihre Ausführungen!

Nun darf ich Herrn Dr. Allmenröder bitten, uns eine wesentliche Ergänzung über die Frage der Heißwasserheizung und Wärmespeicherung zu geben.

---

[16]) Dr. E. Schulz, a. a. O.

Heißwasserheizung und Wärmespeicherung.

Von Dipl.-Ing. Dr. phil. **E. Allmenröder**, Hamburg.

Die Heißwasserheizung feiert in diesen Tagen ein Jubiläum. Es sind ungefähr 100 Jahre vergangen, seit die erste Heißwasserheizung von dem Ingenieur Perkins in England gebaut worden ist[1]).

Die Grundfrage der Heißwasserheizung wurde von Perkins bereits richtig gesehen, und die Aufgabe wurde von ihm in einer gewaltsamen Weise gelöst. Er schloß das Wasser derart in ein Rohrnetz von großer Wandstärke ein, daß sich bei der Erwärmung ein Druck bildete, der jegliche Dampfbildung unmöglich machte.

Die Perkinsheizung fand in den meisten europäischen Ländern jahrzehntelang die weiteste Verbreitung. Von der Landhausheizung bis zur Kirchenheizung, von der Museumsheizung bis zur Fabrikheizung, wurden alle Gebiete von ihr erfaßt. Noch heute sind infolgedessen bei den älteren Heizungsfirmen eine ganze Anzahl von Monteuren ständig damit beschäftigt, Instandsetzungen, Erneuerungen von Kesseln u. dgl. für diese zahlreichen Anlagen auszuführen.

Jedoch kann man nicht sagen, daß sich aus der Perkinsheizung die heutige Heißwasserheizung entwickelt habe. Die Perkinsheizung ist vielmehr im Aussterben begriffen und kinderlos geblieben.

Die Wurzeln der neuzeitlichen Heißwasserheizung liegen, wie wir heute klar erkennen, einerseits in der Warmwasserpumpenheizung und andererseits in der Hochdruckdampfheizung.

Verweilen wir zunächst bei der Warmwasserpumpenheizung.

Im Jahre 1908 wurde die erste deutsche ausgedehnte Krankenhausfernheizung in dem städtischen Krankenhaus Essen als Warmwasserpumpenheizung mit neuzeitlichen Kreiselpumpen von der Firma Rud. Otto Meyer errichtet.

Zu jener Zeit begann man sich in Fachkreisen klar zu werden über die in den Rohrnetzen von solchen Warmwasserpumpenheizungen herrschenden Strömungs- und Druckverhältnisse. Man zeichnete Druckschaubilder auf, die angaben, wie hoch der statische Druck während des Betriebes der Pumpen in jedem Punkt des Rohrnetzes lag, und in welchem Verhältnis er zur jeweiligen Höhenlage der Rohrleitungen der angeschlossenen Gebäude stand.

Es wurde damals erkannt, daß die Saugwirkung der Pumpen auf das Rohrnetz an keiner Stelle eine Absenkung des Druckes unter den atmosphärischen Druck bewirken durfte. Jeder Verstoß gegen diese Grundregel verursachte Dampfbildung und als Folge davon Wasserschläge und Betriebsstörungen im Rohrnetz. Dies leuchtet ein, wenn man sich vergegenwärtigt, daß Wasser von etwa 90° bereits bei einem Druck von 0,7 at abs. zu verdampfen beginnt.

Auf der Grundlage solcher Erkenntnisse bot der Bau von Heizungsanlagen mit überhitztem Wasser an sich keine technischen Schwierigkeiten mehr. Der einzige Unterschied gegenüber Niederdruckanlagen bestand darin, daß der für Dampfbildung und damit zusammenhängende Betriebsstörungen in Frage kommende Gefahrenpunkt nicht bei 0,7 at abs., sondern bei einem der Spannung des überhitzten Wassers entsprechenden Überdruck lag.

---

[1]) VIII. Kongreßbericht 1911 S. 102.

Der Verwendung von überhitztem Wasser stand trotzdem noch ein Hindernis entgegen, nämlich die Sorge vor der mit diesem Wärmeträger verbundenen Gefahr. Die Fachleute wußten, wie gefährlich Rohrbrüche oder auch nur das Herausfliegen von Packungen bei Hochdruckdampfleitungen werden konnten, besonders, wenn ein derartiges Ereignis einmal auf engem Raum, z. B. in einem Fernkanal, eintrat. Die aus berstenden Heißwasserleitungen zu erwartende Dampfentwicklung würde, wie man wußte, diejenige von Dampfleitungen erheblich übertreffen. — Auf der anderen Seite hatte der Bau von sog. Mitteldruckheizungen die Bahn wenigstens bis zu Temperaturen von etwa 140° frei gemacht. So kam es, daß man bereits im Jahre 1908 eine Versuchszwecken dienende Heißwasserpumpenheizung in Dresden baute[1]). Trotz ihres einwandfreien Arbeitens blieb sie fast ohne Nachahmung, bis das Städtische Maschinenamt der Hochbauabteilung von Charlottenburg im Jahre 1913 beschloß, die Fernheizung vom städtischen E-Werk zum Rathaus als Heißwasserheizung auszuführen[2]).

Der Grund für diese Maßnahme lag in dem Wunsch, bei der großen zu überbrückenden Entfernung eine Ermäßigung der Anlage- und Betriebskosten dadurch zu erreichen, daß man die umzuwälzende Wassermenge unter Erhöhung des Temperaturunterschiedes entsprechend verkleinerte.

Man wählte eine Temperatur von 135° im Vorlauf und 70° im Rücklauf.

Wenn auf dem Kongreß von 1909[3]) Herr Direktor Haller von Körting noch voller Bedenken äußern konnte, daß es abzuwarten bleibe, ob die technischen Schwierigkeiten mit überhitztem Wasser bei Fernleitungen mit Sicherheit zu überwinden seien, so wurde jetzt das Gegenteil bewiesen.

Man beherrschte die Druck- und Temperaturverhältnisse in derartigen Anlagen bereits in einem solchen Maße, daß man während des Baues keineswegs das Gefühl hatte, technisches Neuland zu betreten, auf dem etwa mit unvorhergesehenen Schwierigkeiten gerechnet werden müßte. Die Anlage fand auch den uneingeschränkten Beifall von Geheimrat Rietschel. Nichtsdestoweniger warnte Rietschel damals davor, derartige Heißwasserheizungsanlagen zur Mode werden zu lassen[4]). Er fand damit um so mehr Gehör, als der Kriegsausbruch alle verfügbaren Kräfte für andere Dinge in Anspruch nahm.

Die gewonnenen Erkenntnisse waren aber nicht verloren, und so setzte nach dem Krieg die Entwicklung da wieder ein, wo sie 1914 innegehalten hatte. So entstand u. a. die Heißwasserfernheizung des Reichsbahn-E-Werkes München[5]).

Während in Charlottenburg noch die Heißwassererzeugung mittelbar erfolgte, und der erforderliche statische Druck durch Anordnung des Ausdehnungsgefäßes im Rathausturm erzielt wurde, hat man beim Bau der vom Reichsbahn-E-Werk München ausgehenden Fernheizungsanlage das Ausdehnungsgefäß geschlossen und mit Hilfe eines Druckminderventils unter den gleichmäßig gehaltenen Druck einer Preßluftanlage gesetzt. Die Wassererwärmung erfolgte teils mittelbar mit Dampf, teils unmittelbar durch die Rauchgase von Großkesselanlagen.

Die durch Überdruck im Ausdehnungsgefäß gewonnene Möglichkeit der Temperaturerhöhung nutzte man bis zu etwa 130° aus. Werkstätten wurden unmittelbar mit dieser Temperatur beheizt, während man für Bürobeheizung eine Umformung auf die für diese Zwecke bewährten 90/70° vornahm.

Den Schlußstein der Entwicklung bildet das Heißwasserfernheizwerk der Stadt Dresden[6]). Dort wird der zur Verhinderung der Dampfentwicklung im Rohrnetz erforderliche Druck entweder durch 4 im Turm des Rathauses in 60 m Höhe aufgestellte offene Ausdehnungsgefäße oder durch ein im Werk befindliches, unter 5 at Preßluftdruck gehaltenes, geschlossenes Ausdehnungsgefäß aufrechterhalten.

---

[1]) Gesundh.-Ing. 31 (1908) S. 752.
[2]) Gesundh.-Ing. 42 (1919) S. 1.
[3]) VII. Kongreßbericht 1909 S. 41.
[4]) IX. Kongreßbericht 1913 S. 40.
[5]) XI. Kongreßbericht 1924(25) S. 375.
[6]) Gesundh.-Ing. 58 1935 S. 261.

Die Anlage ist im übrigen durch die Größe des Anschlußwertes der an das Heißwassernetz angeschlossenen Gebäude bemerkenswert, der Ende 1934 bereits $25{,}9 \cdot 10^6$ kcal/h betrug. Es bleibt noch nachzutragen, daß in Verbindung mit den geschilderten Anlagen sehr bemerkenswerte Lösungen für den Anschluß der Einzelheizungen an das Fernleitungsnetz gefunden wurden, und zwar von der unmittelbaren Heißwasserverwendung mit und ohne Zumischung von Rücklaufwasser über die Zwischenschaltung von Umformern bis zu dem Einspritzverfahren mit offenem Überlauf (Dresden).

Es muß hier auf Schilderung im einzelnen verzichtet werden, was um so eher möglich ist, als bereits die oben angeführten eingehenden Veröffentlichungen vorliegen.

Ein irgendwie lebhaftes Fortschreiten ist im übrigen auf der geschilderten Entwicklungslinie nicht zu spüren. Die Heizungsindustrie beherrscht zwar die Grundlagen der Heißwasserheizung, macht aber von diesen Kenntnissen nur in vereinzelten Fällen Gebrauch. Es bedurfte eines Anstoßes von anderer Seite, um das Anwendungsgebiet der Heißwasserheizung so zu erweitern, wie es tatsächlich in den letzten Jahren geschehen ist. Dieser Anstoß kam von der Hochdruckdampfheizung her, die wir oben als die zweite Wurzel bezeichnet haben, aus der sich die neuzeitliche Heißwasserheizung entwickelt hat.

Niemand kennt die Mängel der Hochdruckdampfheizungen besser, als die mit der Wartung derartiger Anlagen betrauten Ingenieure von Fabriken und Werkstätten. Mag der Erbauer einer Hochdruckdampfheizung noch so sorgfältig für Niederschlagung des gesamten Dampfes und für Rückführung allen Kondensates sorgen, der Betriebsmann weiß, daß trotzdem teils infolge Vernachlässigung der Anlagen, teils infolge falscher Bedienung, teils infolge mangelhafter Regelbarkeit Dampf- und Wärmeverluste von sehr erheblichem Ausmaß entstehen.

Der Betriebsmann weiß weiterhin, daß das Bedienungspersonal der verschiedenen Kocher, Pressen, Vorrichtungen usw. zur Beschleunigung der Arbeitsvorgänge immer wieder die Kondenstöpfe aufreißt, auch wenn dies noch so oft untersagt wird. Der damit in die Kondensleitungen eintretende Dampf kann nur in den seltensten Fällen restlos nutzbar gemacht werden. In der Regel strömt er irgendwo ins Freie aus, und zwar in einer Menge, die sich jeder Überwachung entzieht. Unter diesen Umständen ist es nicht verwunderlich, daß es kein Heizungsingenieur, sondern ein Betriebsingenieur war, der auf der Suche nach einem Mittel zur endgültigen Beseitigung der geschilderten Mißstände zuerst auf den Gedanken kam, den Wärmeträger Hochdruckdampf durch überhitztes Wasser zu ersetzen. Es ist der inzwischen verstorbene Ingenieur Max Klingelhöfer gewesen, der in Ausführung dieses Planes 1923 Tauchstutzen an Hochdruckdampfkesseln eines Fabrikbetriebes anbrachte, um diesen Kesseln mit Hilfe einer Kreiselpumpe nicht mehr Dampf, sondern überhitztes Wasser zu entnehmen. Mit dem Wasser wurden diejenigen Apparate mit Wärme versorgt, die bisher Hochdruckdampf erhalten hatten. Damals erfolgte auch die erste Patentanmeldung auf diesem Gebiet.

Bei dieser durch Umbau einer Hochdruckdampfheizung entstandenen Anlage ergaben sich im Betrieb außerordentliche Schwierigkeiten. Es gelang anfangs nicht, Dampfbildung und, in Verbindung damit, Wasserschläge zu vermeiden. Inzwischen nahmen sich Fachleute der Sache an, die über besondere Erfahrungen im Bau von Hochdruckdampfheizungen verfügten, denen jedoch die oben geschilderten Warmwasserpumpenheizungen größerer Ausdehnung weniger vertraut waren. Die Folge davon war, daß die an sich in Fachkreisen bereits vorhandenen, zum Bau von Heißwasserheizungen unentbehrlichen Kenntnisse und Erfahrungen hier erst in mühevoller, mehrjähriger Arbeit neu erkämpft werden mußten.

Der grundlegende Gedanke, Mängel der Hochdruckdampfheizungsanlagen endgültig durch Übergang zu einem anderen Wärmeträger zu beseitigen, hatte für alle Beteiligten soviel Bestechendes, daß auch gelegentlich auftretende Schwierigkeiten eine nunmehr einsetzende sehr lebhafte Tätigkeit auf diesem Gebiet nicht mehr hindern konnten. In verhältnismäßig kurzer Zeit wurde eine größere Anzahl von Umstellungen von Hochdruckdampf-Fabrikationsheizungen auf Heißwasserheizungen vorgenommen.

Die Deutsche Reichsbahn-Gesellschaft nahm besonderen Anteil an der Entwicklung. Sie wirkte bei der Überwindung der anfänglichen Schwierigkeiten mit und hat auf Grund der guten Erfahrungen begonnen, ihre sämtlichen Ausbesserungswerke allmählich von Hochdruckdampf auf Heißwasser umzustellen[1]).

Immer umfangreicher wurden die Anlagen, bis schließlich auch diese von der Hochdruckdampfheizung herstammende Entwicklung in städtische Fernheizwerke, wie z. B. Chemnitz, Karlsbad und Heidelberg, ausmündete.

Den ersten Schutzrechten folgten übrigens verschiedene weitere, die im Besitz der hauptsächlich auf dem Gebiet der Heißwasserheizung tätigen Firmen Krantz, Caliqua und Rud. Otto Meyer sind.

Selbstverständlich geht auch heute noch die Entwicklung weiter, aber dennoch kann man von einem gewissen Abschluß sprechen, der es möglich macht, die Grenzen dieses ganzen Geschehens aufzuzeigen.

Wir zweifeln nicht daran, daß es sich bei den erwähnten städtischen Fernheizwerken bereits um Grenzfälle handelt, d. h. solche Fälle, bei denen es zweifelhaft ist, ob die Verwendung von überhitztem Wasser als Wärmeträger die richtige Lösung bildet, oder ob nicht doch Dampf als Wärmeträger vorzuziehen gewesen wäre.

Nicht umsonst hat man z. B. im Falle des städtischen Heizwerkes Karlsbad monatelang geschwankt, welchem Verfahren man sich zuwenden solle.

Der Vergleich der Anlagekosten zwischen Heißwasser- und Dampfheizung fiel derart zugunsten der letzteren aus, daß man unsicher wurde, ob die unbestrittenen Vorzüge der Heißwasserheizung einen solchen Mehraufwand an Kosten lohnend machten.

Zweifellos sind auch in Dresden in dieser Hinsicht Bedenken aufgetreten, wie aus dem kürzlich veröffentlichten oben erwähnten Aufsatz im Gesundheits-Ingenieur hervorgeht.

Nicht nur die Kosten des Fernleitungsnetzes werden dort als zu teuer empfunden, sondern auch diejenigen der Hausanschlüsse. Hier hat man zwar durch Ersatz der Gegenstromapparate durch Einspritzdüsen eine gewisse Erleichterung geschaffen, aber als vorbildlich empfindet man wohl auch diese Lösung mit ihrem verhältnismäßig hohen Kraftbedarf der Rückspeisepumpen und ihren Störungsmöglichkeiten nicht. Die Gesamtanlagekosten wären bei unmittelbarer Verteilung von Dampf von 1,75 at niedriger geworden, zumal rd. $\frac{1}{3}$ der angeschlossenen Gebäude Dampfheizung besitzt. Auch der Platzbedarf einer Dampfleitung von 500 mm Dmr. und einer Kondensleitung von 125 mm, die den drei verlegten Heißwasserleitungen etwa gleichwertig wären, ist geringer, ein Vorteil von nicht zu unterschätzendem Wert angesichts der Überfülle von Leitungen, die in Großstadtstraßen heute schon liegen.

Überdies besteht kein Zweifel, daß die Stromausbeute, die so entscheidenden Einfluß auf die Wirtschaftlichkeit hat, bei Verwendung von Dampf als Wärmeträger größer gewesen wäre, als bei Heißwasser.

In diesem Zusammenhang muß auch auf das mit Heißwasserheizung verbundene Gefahrenmoment hingewiesen werden. Wenn sich in der Praxis gezeigt hat, daß Heißwasserleitungen in der Industrie keine Vermehrung der Unfallgefahr gegenüber Dampfleitungen gebracht haben, so ändern sich die Verhältnisse doch grundlegend, sobald man städtische Fernheizwerke größeren Ausmaßes als die oben erwähnten mit überhitztem Wasser betreiben will.

Beim Bersten einer Hochdruckdampfleitung von 9 at und 180⁰ werden je m³ Rohrinhalt rd. 125 kcal frei, beim Bersten einer Heißwasserleitung von 180⁰ werden dagegen rd. 80 000 kcal frei. Es leuchtet ein, daß diese gewaltige Energiemenge, sofern hinreichend große Rohrdurchmesser vorhanden sind, Zerstörungen hervorrufen kann, wie man sie von Dampfkesselzerknallungen her kennt.

Berücksichtigt man ferner, daß es zwar möglich ist, innerhalb weniger Stunden eine Dampfleitung zum Zweck von Instandsetzungsarbeiten zu entleeren und wieder

---

[1]) Glasers Annalen 1932. S. 47 u. 1933 S. 41.

zu füllen, daß dagegen Tage vergehen können, bevor man eine große Heißwasserleitung außer Betrieb und wieder in Gang gesetzt hat, so kann es nicht zweifelhaft sein, daß in Zukunft städtische Fernheizwerke nur in Ausnahmefällen überhitztes Wasser als Wärmeträger verwenden werden.

Ähnlich wie bei den städtischen Fernheizwerken liegt es auch bei gewissen Industrien.

Wird in einer Fabrik an verschiedenen Stellen nicht nur Wärme, sondern unmittelbar Dampf gebraucht, und erfordert die Bauart der verschiedenen Kocher und Apparate nicht nur sehr stark voneinander abweichende Temperaturen, sondern auch gleichzeitig hohe und niedrige Drücke, so bringt die Lösung der heiztechnischen Aufgaben mittels Heißwasser als Wärmeträger infolge der dann erforderlichen Umformer, Entspannungsapparate, Zwischenpumpen usw. mitunter eine solche Verumständlichung mit sich, daß demgegenüber schließlich doch die Mängel einer reinen Dampfheizungsanlage als weniger schwerwiegend angesehen werden müssen.

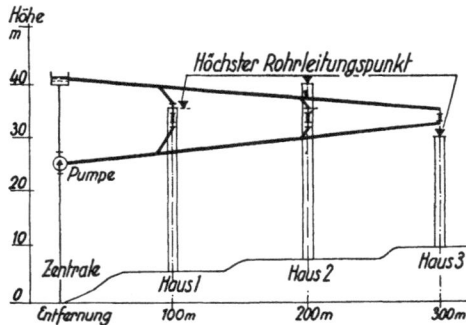

Abb. 1. **Warmwasserpumpenheizung; Druckschaubild.**
Ausdehnungsgefäß am Druckstutzen der Pumpe.

Wir können Ihnen verraten, daß nicht nur Dampfheizungen in Heißwasserheizungen umgebaut worden sind, sondern daß man in gewissen Fällen auch schon Heißwasserheizungen mit wirtschaftlichem Erfolg in Dampfheizungen verwandelte[1]).

Das bisher Gesagte möchten wir an Hand einiger schematischer Zeichnungen verdeutlichen.

Abb. 1 bringt das Druckschaubild der offenen Warmwasserpumpenheizung in der von der Fa. Rud. Otto Meyer im Jahre 1908 erstmalig angewandten Form. Auf der Ordinate sind die Höhenwerte des statischen Druckes, auf der Abszisse die Entfernungen der zugehörigen Rohrleitungspunkte von der Zentrale eingetragen. In der Zentrale befindet sich die Umwälzpumpe und an ihrem Druckstutzen das offene Ausdehnungsgefäß. Schematisch sind weiterhin drei Häuser dargestellt, die verschieden hoch sind und auf verschiedener Geländehöhe stehen. Das Druckschaubild läßt erkennen, daß der Druck von der Zentrale bis zum letzten Heizkörper und zurück zum Saugstutzen der Pumpe ständig sinkt und überall niedriger ist, als der statische Druck am Ausdehnungsgefäß selbst. Infolgedessen herrscht im Haus 1 in den am höchsten liegenden Rücklaufleitungen bereits Unterdruck und desgleichen im Haus 2 sowohl in den Vorlauf- wie auch Rücklaufleitungen. Überschreitet der Unterdruck bei einer Wassertemperatur von 90° das Maß von 3 m WS, so entwickelt sich Dampf und es ergeben sich Betriebsstörungen und Wasserschläge.

Abb. 2 zeigt die Verlagerung des Druckschaubildes, sofern das Ausdehnungsgefäß an den Saugstutzen der Pumpe angeschlossen wird. Man sieht, daß nunmehr Über-

[1]) Gesundh.-Ing. 55 (1932) S. 205.

schneidungen mit den höchsten Rohrleitungspunkten vermieden werden, andererseits liegt der Druck im gesamten Netz höher als bei Abb. 1. Zwischen diesen beiden äußersten Möglichkeiten hat der ausführende Ingenieur zu wählen.

Es bleibt bei der Beurteilung eines solchen Schaubildes noch zu beachten, daß die Drucklinien nichts Feststehendes sind, sondern sich je nach der Belastung und z. B. auch je nach Betätigung der Hauptschieber in der Zentrale verschieben können, und zwar äußerstenfalls ganz nach dem Höchstpunkt oder auch ganz nach dem Tiefstpunkt. Wir vergessen nie den Schrecken, den wir persönlich erlebten, als wir vor anderthalb Jahren am Manometer der Heißwasserheizung des päpstlichen Palastes in Rom während des Probebetriebes eine durch fehlerhafte Bedienung der Hauptschieber verursachte Drucksteigerung um 2 at erlebten, welche die Gefahr eines Rohrbruches in den geheiligten Räumen in greifbare Nähe rückte!

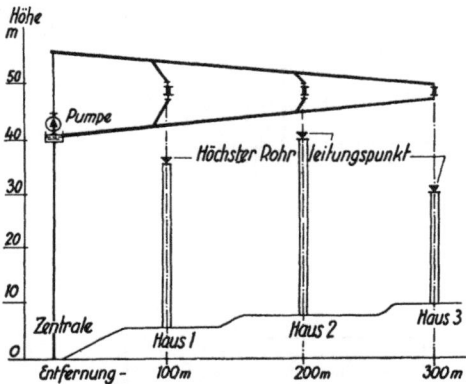

Abb. 2. **Warmwasserpumpenheizung; Druckschaubild.**
Ausdehnungsgefäß am Saugstutzen der Pumpe.

Die Druckschaubilder der Heißwasserpumpenheizung entsprechen den in Abb. 1 und 2 dargestellten Druckschaubildern der Warmwasserpumpenheizung, nur tritt an Stelle des vom Ausdehnungsgefäß ausgehenden statischen Druckes bei der geschlossenen Heißwasserheizung der Kesseldruck oder der Druck eines mit Dampf- oder Gaspolster versehenen Ausdehnungsbehälters, und die Verdampfungsgefahr beginnt nicht erst beim Überschneiden der Drucklinien und der Höhenlinien der Rohrleitungen, sondern schon in dem Augenblick, wo sich die Gebäudehöhen den Drucklinien soweit nähern, daß kein ausreichender Überdruck gegenüber der Dampfspannung des Wassers mehr vorhanden ist.

Abb. 3 zeigt schematisch die Schaltweise der in Fortentwicklung der Warmwasserpumpenheizung entstandenen Heißwasseranlagen, und zwar sowohl mit offenem, wie mit geschlossenem Ausdehnungsbehälter, entsprechend den oben erwähnten Anlagen Rathaus Charlottenburg und Reichsbahn-E-Werk München. Die Förderhöhe der saugseitig mit den Ausdehnungsgefäßen verbundenen Pumpe wirkt ausschließlich druckerhöhend. Die Rücklauftemperatur wird beim offenen Gefäß stets unter 100° gehalten, damit kein Auskochen der Anlage eintritt.

Abb. 4 und 5 bringen die entsprechende Darstellung der unmittelbar mit Hochdruckdampfkesseln verbundenen oder aus umgebauten Hochdruckdampfheizungen hervorgegangenen Heißwasserheizungen. Besonders zu beachten ist dabei die Zumischung von Rücklaufwasser zum Vorlauf, die nicht nur der Temperaturregelung dient, sondern vor allem Dampfentwicklung auf dem Weg vom Kessel zum Saugstutzen der Pumpe verhindert. Mit unbedingter Zuverlässigkeit wird dieses Ziel nur

dann erreicht, wenn die Wasserzumischung innerhalb des Kessels erfolgt. (Abb. 5.)
Auch hierüber bestehen verschiedene in- und ausländische Schutzrechte.
    Wir kommen zum zweiten Hauptteil unserer Ausführungen, der Wärmespeicherung.
    Wärmespeicher erfüllen zwei Aufgaben. Sie ermöglichen einen gleichmäßigen
Feuerungsbetrieb trotz beliebiger Schwankungen des Wärmebedarfs im Betrieb, und

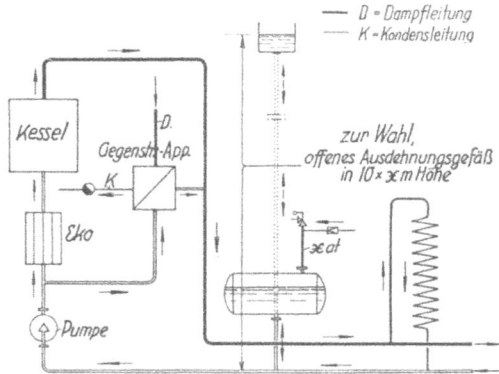

Abb. 3. Heißwasserheizung mit geschlossenem und offenem Ausdehnungsgefäß.

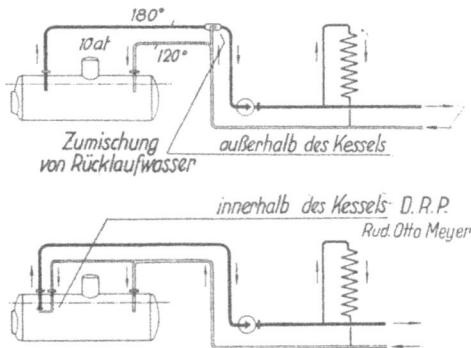

Abb. 4 u. 5. Heißwasserheizung mit Ausdehnungsraum
im Hochdruckkessel und Mischleitungen.

sie ersetzen überdies die zur Spitzendeckung erforderliche Kesselheizfläche. Der Wirkungsgrad der Gesamtanlage steigt infolgedessen und die Anlagekosten gehen zurück.
    Die Speicherung von Wärme ist sowohl in Dampf-Gefällespeichern, wie in Heißwasser-Verdrängungsspeichern möglich. Es ist einfacher, Wärme in Verdrängungsspeichern, als in Gefällespeichern aufzusammeln. Infolgedessen kommt in Verbindung
mit Heißwasserheizung vorwiegend der Verdrängungsspeicher in Betracht.
    Bei Heizungsanlagen hat man im Gegensatz zu Kraftanlagen meist die Wahl zwischen den Wärmeträgern Wasser und Dampf. Die einfachen Wärmespeicherverhältnisse
bei Wasser geben in Zweifelsfällen häufig den Ausschlag zugunsten dieses Wärmeträgers, und die Grenzen der Anwendung des Heißwassers verschieben sich merklich zu
seinen Gunsten gegenüber Dampf, wenn Wärmespeicherung angewendet werden soll.

Dieses trifft besonders häufig bei Kraftheizwerken zu, bei denen die Anwendung von Speichern einen Ausgleich der niemals übereinstimmenden Heiz- und Kraftspitzen herbeiführt.

Das Gebiet der Wärmespeicherung hat in ungewöhnlich großem Umfang die Erfindertätigkeit der Ingenieure angeregt.

Ebenso wie es auf dem Gebiet der Ruths-Gefällespeicher bekanntlich zahlreiche Patentschriften gibt, so finden wir auf dem Gebiet der Verdrängungsspeicher eine ähnliche Fülle von Schutzrechten. Selbstverständlich war es nicht möglich, den Speichergedanken als solchen unter Patentschutz zu stellen, wohl aber eine Anzahl von Schaltungen.

Wir beobachten dabei zwei Richtungen, deren eine völlig selbsttätigen Betrieb unter möglichster Ausschaltung des Bedienungspersonals erstrebt, während die andere dagegen zwar die Bedienung zu vereinfachen sucht, aber im übrigen die Mitwirkung des denkenden Betriebsmannes für die Lenkung der Speichervorgänge heranziehen will.

Wir erörtern zunächst die auf völlige Selbsttätigkeit abzielende Richtung.

Hier wird davon ausgegangen, daß der Kesselbetrieb bei einer einwandfreien Anlage völlig gleichmäßig erfolgen muß. Wenn nun der Wärmebedarf der Verbraucher unter die Normallast der Kesselanlage sinkt, so beginnt der Druck oder die Temperatur am Kessel zu steigen. Diese Tatsache wird als Anstoßgeber für die Einleitung der Speicherladung benutzt, d. h. es wird entweder eine Speicherladepumpe eingeschaltet oder ein Speicherladeventil selbsttätig geöffnet, und zwar in einem Maß, das ungefähr dem Wärmeüberschuß am Kessel entspricht.

Steigt der Wärmebedarf der Verbraucher über die Normallast der Kesselanlage hinaus, so wird umgekehrt der Druck oder die Temperatur am Kessel sinken, und es wird hierdurch ein neuer Anstoß gegeben, der den Speicherladevorgang in einen Entladevorgang verwandelt, wiederum unter Beeinflussung einer Pumpe oder von Ventilen und ebenfalls wiederum in einem dem Wärmemangel an der Kesselanlage ungefähr entsprechendem Ausmaß.

Theoretisch wird so ein völlig selbsttätiger Betrieb herbeigeführt, vorausgesetzt, daß die Kesselanlage mit einer solchen Durchschnittslast betrieben wird, daß der Wärmebedarf der Verbraucher und die Wärmeerzeugung der Kesselanlage im ganzen im Gleichgewicht sind.

Praktisch verlaufen die Dinge jedoch nicht ganz so einwandfrei. Die selbsttätigen Steuereinrichtungen für die Speichervorgänge arbeiten ja nur abhängig von ganz bestimmten Anstoßgebern und werden im übrigen in keiner Weise von den Gesamterfordernissen des Betriebes beeinflußt.

Es kann daher vorkommen, daß in einem Zeitabschnitt, in dem die betrieblichen Verhältnisse eine Speicherladung erfordert hätten, diese dennoch nicht oder wenigstens nicht in ausreichendem Maß erfolgt, weil die gleichmäßig in Gang gehaltene Feuerung den nötigen Wärmeüberschuß nicht zur Verfügung stellte, obwohl dies unter Anwendung einer gewissen Laststeigerung sehr wohl möglich gewesen wäre. Es war aber niemand da, der die entsprechenden Anordnungen gab.

Hier setzt nun die andere Richtung ein.

Sie geht von dem Gedanken aus, daß die vorausberechnende Tätigkeit des denkenden Betriebsmannes in einer mit Speicher versehenen Zentrale nicht nur nicht ausgeschaltet werden darf, sondern im Gegenteil voll eingespannt werden muß. Der Betriebsmann kennt im allgemeinen den Lastverlauf der heiztechnischen Anlagen ziemlich genau im voraus und kann infolgedessen die Zeiten bestimmen, die zur Speicherladung oder Entladung in Frage kommen. Dementsprechend gibt er seine Anweisungen und legt außer dem Zeitpunkt auch die Lade- und Entladetemperatur, sowie die Lade- und Entladegeschwindigkeit fest.

Es empfiehlt sich, elektrisch gesteuerte Speicherventile und Wassermengenanzeiger zu verwenden, damit diese Anordnungen schnell und zuverlässig befolgt werden können.

Der Kesselbetrieb erfolgt bei diesem Verfahren nicht mit derselben Gleichmäßigkeit, wie bei den oben geschilderten, voll selbsttätig arbeitenden Speicheranlagen. Das ist aber bei dem heutigen Stand des Feuerungs- und Kesselbaues nicht nur kein Nachteil, sondern ein Vorteil. Es ist ja bekannt, daß der Wirkungsgrad neuzeitlicher Kesselanlagen auch bei erheblichen Lastschwankungen unverändert hoch bleibt. In einem vorbildlich geführten Betrieb ist es geradezu erforderlich, daß die so gegebene Anpassungsfähigkeit der Kesselanlage mit zum Ausgleich der Wärmebedarfsschwankungen herangezogen wird.

Es ist wichtig, in diesem Zusammenhang darauf hinzuweisen, daß solche Verdrängungsspeicher nun nicht etwa nur während der Heizspitze von Bedeutung sind. Sie können vielmehr auch während der Stromspitze in ähnlicher Weise eingreifen wie die Ruths-Gefällespeicher.

Das geschieht natürlich nicht unmittelbar durch die Hergabe von Energie zum Betrieb von Kraftmaschinen, sondern mittelbar in der Weise, daß bei eintretender Stromspitze die sonst für Heizungszwecke benötigte Dampfmenge unter gleichzeitiger Speicherentladung für Krafterzeugung im Kondensationsbetrieb freigegeben wird. — Voraussetzung ist hierbei natürlich das Vorhandensein eines ausreichend großen Wärmebedarfs der Fernheizung im Verhältnis zum Dampfverbrauch des betreffenden Kraftwerkes und ebenso eines ausreichend großen Speichers, wobei allerdings noch mitberücksichtigt werden muß, daß eine Heißwasserheizung an sich schon einen Speicher darstellt. Auch ein verhältnismäßig kleiner Speicher kann infolgedessen im Zusammenhang mit dem Heißwassernetz zu einer merklichen Entlastung während der Stromspitze führen.

In Heizkraftwerken tritt der Heißwasserverdrängungsspeicher somit dem Gefälledampfspeicher gleichwertig an die Seite. Die Anlagekosten der beiden Speicherbauarten sind nicht allzusehr verschieden voneinander. Auch der Heißwasserverdrängungsspeicher besteht, wie der Gefällespeicher, aus einem mit gewölbten Böden versehenen Kesselkörper, dessen Herstellung mit zunehmendem Durchmesser schnell wachsende Kosten verursacht. Die wirtschaftlich tragbaren Grenzen werden bald erreicht. Man hat deshalb nach einem billigeren Herstellungsverfahren von Verdrängungsspeichern Ausschau gehalten und ist schließlich zu dem Ergebnis gekommen, daß offene Heizwasserspeicher bezogen auf die aufgesammelten Wärmeeinheiten die geringsten Anlagekosten verursachen[1]).

Bei einem offenen Speicher kommen die gewölbten Böden in Fortfall. Statt dessen wird eine ebene Bodenplatte verlegt, an die sich rechtwinklig ein zylindrisches, oben offenes Gefäß anschließt.

Nach diesem Verfahren konnte mit einem Schlage der Speicherinhalt auf annähernd 3000 m³ gesteigert werden. Das ist aber noch nicht die Grenze des Möglichen.

Ein Nachteil der offenen Speicher ist die Tatsache, daß die höchste Wassertemperatur nur etwa 95° beträgt. Die für die Ausnutzung des »Großraumspeichers« in Frage kommende Temperaturspanne beträgt bei Warmwasserheizungen bei größter Kälte etwa 40°, bei mildem Wetter mehr.

Es entsteht nun die Frage, ob der offene Großraumspeicher trotz der Temperaturbegrenzung von 95° auch für Heißwasserheizung nutzbar gemacht werden kann. Diese Frage läßt sich mit gewissen Einschränkungen bejahen: Die Verwendung ist mindestens für solche Heißwasserheizungen möglich, deren Rücklauftemperatur auch bei höchster Beanspruchung noch merklich unter 100° liegt. Nimmt man als Beispiel ein Netz ähnlich der Dresdner Fernheizung mit etwa 120° Vorlauftemperatur und 70° Rücklauftemperatur, so kann ein offener Heizwasserspeicher immerhin auch bei größter Kälte noch für die Temperaturspanne von 70 bis 95°, d. h. für 50% der gesamten Wärmeleistung des Netzes wirksam werden.

---

[1]) XIII. Kongreßbericht 1930 S. 137.

Sinkt bei mildem Wetter die Rücklauftemperatur, so wird der vom Speicher zu erfassende Anteil an der Gesamtleistung entsprechend größer.

Der niedrige Preis, die einfache Bedienungsweise, die betrieblichen Vorteile, sollten dazu führen, daß heute der Großraumspeicher stets mit an erster Stelle steht, sofern Spitzendeckungsfragen bei Kraftheizwerken erörtert werden.

Wir zeigen jetzt einige der wichtigsten Schaltungen von Heißwasserspeichern.

Abb. 6 bringt eine besonders einfache und darum in bestimmten Fällen empfehlenswerte Form. Hier wird ohne Speicherpumpe durch Einbau eines Behälters und

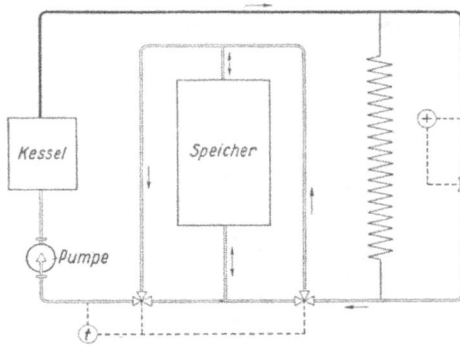

Abb. 6. Heißwasserspeicher im Rücklauf. DRP. Krantz, Aachen.

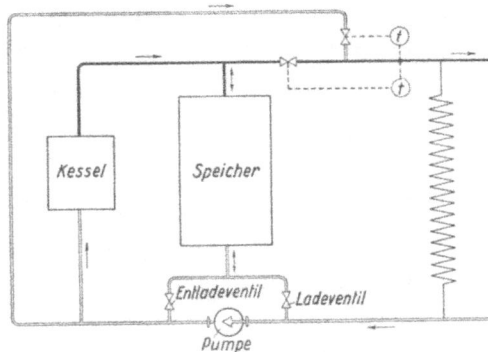

Abb. 7. Heißwasserspeicher zwischen Vor- und Rücklauf.

einiger Regelventile in die Rücklaufleitung die Temperatur des dem Heißwassererzeuger zufließenden Rücklaufwassers gleichbleibend gehalten. Nachteilig ist, daß man die jeweilige Speicherladetemperatur nicht beliebig unabhängig von der Vorlauftemperatur bestimmen kann. Von der Ladetemperatur ist aber der Nutzinhalt in hohem Grade abhängig.

Abb. 7 bringt ebenfalls eine Schaltung ohne Speicherpumpe, und zwar mit Parallelschaltung des Speichers zum Verbrauchernetz. Die Ladung erfolgt hier unabhängig von der Temperatur der Fernleitungen. Der Nutzinhalt kann daher erheblich vergrößert werden durch Erhöhung der Ladetemperatur über die Vorlauftemperatur des Netzes.

Beim Laden wird die für den Speicher bestimmte Wassermenge durch die Pumpe auf dieselbe Förderhöhe gebracht, die zur Überwindung der Reibung im Fernleitungsnetz erforderlich ist. Die hierzu erforderliche Arbeit wird durch Drosselung am Speicher vernichtet.

Dieser Nachteil läßt sich bei Anwendung einer besonderen Speicherpumpe entsprechend Abb. 8 vermeiden. Hier ist auch angedeutet, wie man praktisch einen solchen Speicherbetrieb führt und überwacht. In die Lade- und Entladeleitung sind Durch-

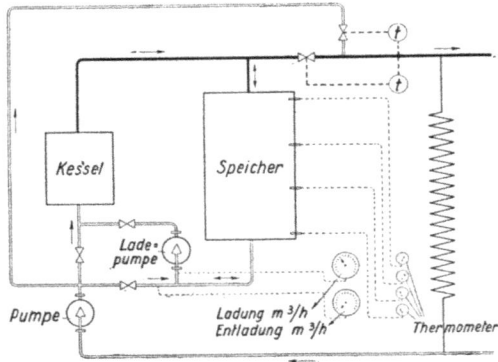

Abb. 8. Heißwasserspeicher mit besonderer Ladepumpe.

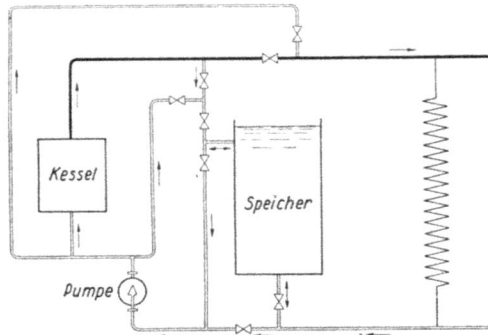

Abb. 9. Warmwassergroßraumspeicher in Verbindung mit Heißwasserheizung ohne Ladepumpe. DRP. Rud. Otto Meyer.

flußmengenanzeiger eingebaut, die jederzeit die Lade- oder Entladegeschwindigkeit erkennen lassen. Überdies zeigt eine Thermometerreihe den Lade- und Entladezustand des Speichers an.

Auf Grund des meist im voraus bekannten Heiz- und Strombelastungsverlaufes kann nun für jeden Tag eine Speicherbetriebsvorschrift herausgegeben werden, deren Einhaltung mit Hilfe der erwähnten Meßvorrichtungen für die Bedienungsmannschaft ein leichtes ist.

Bei selbsttätiger Regelung würde die Ingangsetzung der Speicherpumpe und die Betätigung der Ventile im Gegensatz zur Handregelung durch Kräfte erfolgen, die von Druck- und Temperaturschwankungen an der Kesselanlage ausgehen, wobei steigender Druck und steigende Temperatur Wärmeüberfluß und sinkender Druck und sinkende Temperatur Wärmemangel bedeuten.

Zum Schluß legen wir zwei Schaltbilder des mit Heißwasserheizung verbundenen offenen Großraumspeichers vor, und zwar in Abb. 9 ohne besondere Speicherpumpe und in Abb. 10 mit einer solchen. In beiden Fällen ist die Vorlauftemperatur begrenzt durch die Höhe des Wasserspiegels im Speicher. Die Dampfspannung des Wassers darf an keiner Stelle höher sein, als der durch den Speicherspiegel bewirkte ruhende Druck.

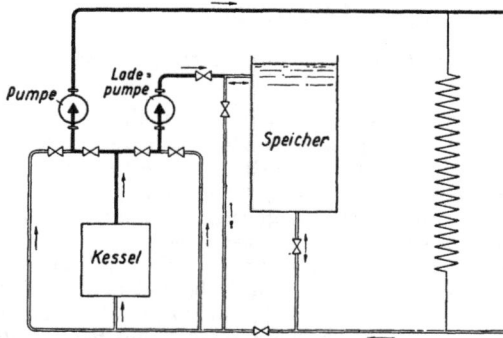

Abb. 10. **Warmwassergroßraumspeicher in Verbindung mit Heißwasserheizung mit Ladepumpe. DRP. Rud. Otto Meyer.**

Die Ladung des Speichers erfolgt höchstens mit 95°. Da nun im Wärmeerzeuger stets eine höhere Temperatur herrscht, so muß vor der Speicherladung durch Mischung eine Temperaturminderung erfolgen.

Beim Entladen wird dem Wärmeerzeuger mit Hilfe des Speichers Wasser von 95° zugeführt an Stelle der sonstigen Rücklauftemperatur von z. B. 70°. Der Speicher entlastet den Betrieb infolgedessen in einem Ausmaß, das dem Verhältnis dieser 25° zu der Gesamttemperaturdifferenz zwischen Rücklauf und Vorlauf entspricht.

Wir haben gesehen, daß das Gebiet der Heißwasserheizung und Heißwasserspeicherung die dem Fachmann zu Gebote stehenden Möglichkeiten in erheblichem Umfang erweitert hat. Mit den Möglichkeiten wächst auch die Bedeutung des Heizungsingenieurs für die Energiewirtschaft. Es wächst aber zugleich auch seine Verantwortung. Seien wir uns bei unserer Arbeit dieser Verantwortung stets bewußt!

Vorsitzender: Herr Dr. Allmenröder! Darf ich Ihnen den Dank der Versammlung aussprechen für die interessanten Ausführungen, die Sie uns gegeben haben! Sie haben uns einen Gesichtskreis eröffnet, der zweifellos für die nächsten Jahre an Entwickelungsmöglichkeiten gewinnen wird. Ich sage Ihnen nochmals unseren verbindlichsten Dank.

Nun dürfen wir Herrn Oberingenieur Körting bitten, uns über die Frage der Gasverwertung zu berichten.

Gasheizung.

Von Dipl.-Ing. **Joh. Körting**, Dessau.

Die technischen und die wirtschaftlichen Grundlagen der Gasheizung sind auf früheren Kongressen für Heizung und Lüftung, und zwar 1925 und 1930 durch die Herren Oberingenieur Albrecht und Dipl.-Ing. Vocke so ausführlich zur Sprache gekommen, daß eine umfassende Behandlung des mir aufgegebenen Themas notwendigerweise eine Wiederholung der damals gegebenen Grundlagen darstellen würde. Um dies zu vermeiden, möchte ich diejenigen unter Ihnen, die s. Zt. die Vorträge nicht miterlebt haben und die vielleicht ins Fach neu zugestoßen sind, auf die Veröffentlichungen hierüber aufmerksam machen und auch noch besonders darauf hinweisen, daß zum großen Teil das, was Herr Professor Wilke im Jahre 1930 über die Ölfeuerung ausführte, sinngemäß auch für die Gasheizung zutrifft und bei der Beurteilung der Gasfeuerung beachtet werden sollte. Wenn ich mir in dieser Weise meine Aufgabe erleichtere, so kann ich sofort zu der hier sicherlich außerordentlich anregenden Frage übergehen: Was ist nun in den letzten 5 Jahren eingetreten, welche Mahnungen sind beachtet worden und was ist unterblieben?

In den letzten 15 Jahren sind (so schätzt Kaiser Z. VDI 79 [1935] S. 161) 500 000 Einzelgasöfen aufgestellt worden. Von diesen Öfen ist aber, wahrscheinlich, nur ein Teil im Betriebe. Denn der Einzelöfen soll oft nur als Aushilfsheizung benutzt werden. So ist die Gesamtzahl der aufgestellten Einzelöfen nicht groß, wenn man weiß, daß 10 bis 11 Millionen Haushalte in Deutschland mit Gas versorgt sind.

Mit der Zentralheizung liegen die Verhältnisse ähnlich und wenn auch schätzungsweise 6000 Kessel mit etwa 200 Millionen kcal Leistung im Betriebe sind, so wird man für einen wirklich regelmäßigen Betrieb der Kessel nur mit einem Bruchteil rechnen können. Immerhin dürfte selbst bei vorsichtiger Schätzung, die allerdings nur ganz roh sein kann, in Deutschland mehr Gas für Heizung verfeuert werden, als es eine Großstadt wie Leipzig erzeugt.

Wo hat sich nun die Gasheizung am besten bewährt und inwiefern war es richtig, darauf aufmerksam zu machen, daß Sonderfälle der geeignete Boden für ihre Ausbreitung sein würden? Auch hierüber gibt die Erfahrung Auskunft, daß Schulen und Geschäftshäuser verschiedenster Form, Kirchen und Säle bevorzugt von der Gasheizung bedient werden. Kaiser schätzt ungefähr 300 Schulen und 500 Kirchen mit Einzelöfen ohne die vielen Schulen, die mit auf Gas umgestellter Zentralheizung betrieben werden; dagegen bleibt die allgemeine Wohnungsbeheizung selbst als Stockwerksheizung, bei der die Schlepparbeit ausschlaggebend sein sollte, eine Frage besonderer Art.

Den Forderungen der Heizungsfachleute, die ja auch in Dortmund in der Erörterung laut wurden, nach wesentlicher Preissenkung auf 2 und 3 Rpf./m³ herunter konnte allgemein nicht nachgegeben werden. Preise von 4 bis 5 Rpf./m³ sind im Westen Deutschlands gelegentlich zu finden. Dort herrschen aber Sonderverhältnisse, weil man einerseits auf der Kohle sitzt und billige Koks- und Kohlenpreise am Orte hat, andererseits aber das Überschußgas der Verkokungsbetriebe untergebracht werden muß. Ich habe persönlich in verschiedenen früheren Erörterungen den Standpunkt eingenommen, daß allgemein solche Preise nicht eintreten können und daß für Gaserzeugungsstätten des Binnenlandes selbst Gaspreise für Heizungszwecke von 6, 7 und 8 Rpf. nur unter besonderen Voraussetzungen gegeben werden können. Es ist dabei der Zustand des Gaswerks, d. h. der Umstand, ob das Gaswerk in den Jahren der volkswirtschaftlichen Scheinblüte stark auf Zuwachs berechnet wurde, mit entscheidend. Vor allen Dingen aber spielen auch die allgemeinen Gasabsatzverhältnisse eine Rolle. Die Abgabe verbilligten Gases, das nicht die Verwaltungskosten mit tragen hilft, kann, wie bei jeder Dumping-Kalkulation, nur in einem bestimmten Verhältnis zum Gesamtabsatz stehen, wenn nicht die Wirtschaftlichkeit des Werkes untergraben werden soll. Selbstverständlich kann sich durch verbesserte technische Verfahren und vor allem durch Vergrößerung des Umsatzes die Preisgrenze ändern und es werden mit fortschreitender Vervollkommnung der Technik uns immer billigere Preise beschert werden. Wir können aber auf eine überstürzte Entwicklung im Augenblick nicht rechnen. Schließlich ist noch auf die Gaskoksschere zu verweisen, wobei ich die Auseinandersetzung, ob sie bei der Kokerei stumpf sei, beim Gaswerk scharf, nicht aufgreifen möchte. Die Rücksichtnahme auf den Koksmarkt wird immer eine gewisse Zurückhaltung der Gaswerke bei der Eroberung der Heizung mit sich bringen, und ich persönlich glaube, in den umfangreichen Anzeigen für Ruhrkoks und der offensichtlichen Zurückhaltung der Ruhrgasgesellschaft, für Heizgas einzutreten, einen Beweis zu sehen, daß auch hier eine Rücksichtnahme stattfindet.

Unsere Erfahrungen gehen sogar dahin, daß heute dank des Vordringens der Zentralheizung in ländlichen Bezirken bis in die Bauerngüter das Gaswerk in den mittleren und kleinen Städten einen sehr viel freieren Koksmarkt vorfindet als in der Großstadt. Der Bauer holt sich, wenn er seine Ernte zur Stadt fährt, für den Rückweg den Koks vom Gaswerk und zahlt als Einzelabnehmer verhältnismäßig den besten Preis. Beobachtet das kleine Gaswerk so, daß es als Kokerei noch zusätzlichen Umsatz erzielen kann, so wird die Neigung, Gas billiger abzugeben, steigen. So ist es zu erklären, daß tatsächlich in den letzten schweren Jahren auffallend viel Kessel für Zentralheizungen nach dem Osten Deutschlands in die kleinen und kleinsten Orte geliefert worden sind. Im allgemeinen aber wird sich immer die Waage zwischen Kokspreis und Gaspreis so einspielen, daß der Gaspreis erst dort tragbar ist, wo dem hochwertigen Brennstoff durch die besonderen Verhältnisse auch wirklich ein wirtschaftlicher Vorteil abgerungen werden kann.

Die Aufgabe, die hiermit dem Ingenieur gestellt wird, deckt sich im übrigen mit seiner allgemeinen Stellung in der Volkswirtschaft, nämlich aus hochwertigen Stoffen bei möglichst hohem Lohne trotz aller Auflagen durch Verwaltung und Steuern billige Enderzeugnisse zu schaffen. Sie werden mir etwas ungläubig zuhören, wenn ich dies als die Lebensaufgabe des Ingenieurs kennzeichne, da in Ihrem Fach die technischen Möglichkeiten verhältnismäßig beschränkt erscheinen, wenn man nicht tief genug in die Aufgabenstellung eindringt. Sprechendes Beispiel aber dafür ist Henry Ford, der auch in seinen letzten Werken immer klarer herausbringt, daß die Erfassung und unermüdliche Arbeit an dieser Aufgabe den einzigen Weg zur Behebung der Weltkrise und zur Hebung des Lebensstandards darstellt.

In der Gas-Gerätetechnik sind wir denselben Weg gegangen und gerade in den Jahren der Not ist die Armatur fortschreitend vervollkommnet und das äußere Aussehen der Geräte, ganz gleich ob sie zum Kochen, zum Backen, zum Heizen bestimmt sind, wesentlich umgestaltet worden. Die Verbesserung hat den Markt immer neu belebt und die Gasgeräteindustrie ist verhältnismäßig gut infolge ihrer unermüdlichen technischen Arbeit durch die schwere Zeit der Krise hindurchgekommen.

Stellt man die Aufgabe dem Ingenieur so, dann ist die Forderung nach immer billigeren Gaspreisen untechnisch und nicht berufstreu. Ja man könnte sogar in Gedanken an das hohe Wort vom Ingenium in unserem Berufsnamen »armselig« sagen. Der Standpunkt, den man als Gaswerber häufig antrifft, daß man die Sorge um den neuen Brennstoff, weil er eben eine besondere Auswahl und Ausgestaltung der Anlagen erforderlich macht, lieber nicht auf sich nimmt und erklärt, daß einem der gebrauchte Brennstoff letzten Endes ganz gleich sei, ist wirklich nicht zu verantworten. Wenn man dann als Entgegnung uns darauf hinweist, daß doch im Ruhrgebiet das billige Gas zu finden sei, so muß ich immer an die Vernichtung des Kaffees in Brasilien denken. Wenn dort ein Überfluß herrscht, so ist es sicher wirtschaftlich, statt den Kaffee, wie es anfangs geschah, ins Meer zu schütten, ihn zur Kesselfeuerung, zur Lokomotivfeuerung oder ähnlichen Zwecken zu verwenden. Ja, der wahre Ingenieur wird sofort an die wirtschaftliche Ausnutzung dieses sonderbaren Brennstoffes denken, und bei der Vorbereitung dieses Vortrages sagte ein hier anwesender Kollege sofort: Warum mahlt die Gesellschaft den Kaffee nicht und nutzt in der Staubfeuerung die wertvollen Öle zur restlosen Verbrennung aus? Aber darum wird kein Mensch etwa fordern, daß der Kaffee auch in Deutschland so billig sein müsse, daß er zur Lokomotivfeuerung herangezogen werden könnte.

So ist es auch mit dem hochwertigen Gas. Wo Überschuß vorhanden ist, bleibt nichts anderes übrig, als es auch dort in Massen zu verfeuern, wo seine besonderen Vorzüge nicht wirtschaftlich voll oder sehr wenig zur Geltung kommen können. Außerhalb der Überschußgebiete aber soll der Ingenieur bestrebt sein, natürlich gegebene Vorzüge auch wirtschaftlich voll zu verwerten.

Es bleibt die Aufgabe der Heizungsindustrie, wenn sie die sittliche Pflicht des Ingenieurs in der menschlichen Gemeinschaft in ihrer schönsten Form verstehen und vertreten will, an diesen Fragen mitzuarbeiten, und das nicht wie bislang mehr dem Außenseiter, dem Ingenieur des Gasfaches oder der Gerätetechnik, zu überlassen.

Mit den Einzelheiten über diese technischen besonderen Verhältnisse brauche ich hier, wie bereits erwähnt, infolge der eingehenden Vorträge früherer Jahre und des überaus reichhaltigen Schrifttums nichtmehr viel zu sagen. Mir scheint der springende Punkt die starke Unterteilung zu sein, die sich nicht nur auf die Kesseleinheiten, sondern auch auf die ganze Heizungsanlage im Bedarfsfalle erstrecken muß, die auch so weit gehen muß, daß man die Einzelöfen als wertvolle Ergänzung der sonst ausgebildeten Sammelheizung für weit abgelegene, selten benutzte Einzelräume, unter Umständen mit großem Vorteil, heranzieht.

Nur auf diese Weise können Bedarfsschwankungen im Heizbetriebe durch Sonneneinstrahlung, verschieden lange Heizzeiten und ähnliche Umstände bis zum Kessel und damit dem Gasventil durchgeleitet werden.

Die besondere Form des Gaszusatzkessels für die Übergangzeit und zur Spitzendeckung in Einfamilienhäusern hat sich nur hie und da eingeführt. Dabei gibt gerade diese Erweiterung der Anlage eine erhebliche Verbesserung. Sie beseitigt den Vorwurf, den der Werber für restlose Einzelofenheizung immer wieder ins Feld zu führen weiß, daß man bei Sammelheizungen in den Übergangszeiten oft zu warm oder auch zu kalt sitzen müsse, solange man der vorübergehend geänderten Wetterlage nicht recht trauen könne.

Wird solch ein Kessel mit etwa einem Drittel der Heizleistung des Hauptkessels gewählt, so gewinnt man vollkommen den Vorzug des Gasbetriebes, sich schnell, und sei es nur auf einige Stunden täglich, der Zentralheizung bedienen zu können. Man behält aber für die Dauerheizung den meistens billigeren Koksbetrieb.

Hieran anschließend möchte ich auch daran erinnern, daß Herr Oberingenieur Albrecht vor 5 Jahren Ihnen auch die Beschäftigung mit den Gaseinzelöfen anempfahl. Tatsächlich handelt es sich ja hierbei auch um eine Zentralheizungsanlage, wenn ganze Gebäude mit Einzelöfen ausgerüstet werden, bei denen man nur statt der Wärme den Brennstoff verlustlos von einem Zentralpunkt aus verteilt. Auch diese Technik sollte von den berufenen Heizfachleuten gehegt und gepflegt werden, und wir würden bestimmt zu Verbesserungen kommen, die heute uns verwehrt sind. Die jetzige Handhabung, daß das Gasfach diese Heizungsart mit einigen wenigen Firmen des Installationsfaches und der Geräteindustrie bearbeitet, muß zu Einseitigkeiten führen. Gerade der Ofenhersteller ist durch Entwicklungsarbeiten seiner Bauart einseitig eingestellt; während z. B. der eine die freie Wärmeausstrahlung als nebensächlich betrachtet, hebt sie der andere in den Himmel. Der unparteiische Fachmann, der alle Gesichtspunkte sorgfältig erwogen hat, wird aber schnell erkennen, wie die richtige Auswahl zu treffen ist. Ich darf Ihnen verraten, daß tatsächlich gerade hier in Berlin ganze Anlagen, die bereits als hoffnungslos teuer im Betriebe vom Eigentümer aufgegeben werden sollten, für das Gas gerettet werden konnten, nur weil die für den Sonderfall geeigneten Ofenarten in letzter Stunde eingebaut worden sind. Sie, meine Herren, sind auch die geeigneten Fachleute, um die Ergänzung der kleinen Zentralheizung durch Einzelöfen, die ich schon erwähnt habe, richtig durchführen zu können.

Ein ganz großes Gebiet, das auch der Zentralheizungsfachmann unbedingt bearbeiten muß, sind die einzelnen Dampfverbrauchsstellen in der Industrie. Hier muß der gewiegte Wärmetechniker sich einschalten und er wird durch die kluge Art seiner Arbeit Lohn und Anerkennung finden. Es steht uns eine Fülle von Erfahrungen zur Verfügung, daß die örtliche Einzeldampferzeugung ganze Verarbeitungsverfahren beeinflußt hat. Gerade in Industrie und Gewerbe sind die Fälle recht häufig zu finden, wo Niederdruckdampf stoßweise in großen Mengen aber für kurze Zeit benötigt wird. Wenn nicht in einer allgemeinen Dampfversorgung große Möglichkeiten vorhanden sind, löst ein gasgefeuerter Kessel die Aufgabe meistens überraschend einfach. Als Vorzug, der die vollendete Ausführung erleichtert, wirkt sich dabei die Sauberkeit des Betriebes aus, die es möglich macht, den Dampfkessel in unmittelbare Nähe des Verbrauchers zu stellen, ohne daß durch Staub von Koks und Schlacke die Bearbeitung leidet. Unter den so ausgestatteten Betrieben befinden sich Hutpressereien, Druckereien, Textilfabriken, Molkereien, Schlächtereien, Wirtschaftsbetriebe, chemische, pharmazeutische Betriebe, Trockenanlagen und Desinfektionsanlagen[1]).

Immer wieder beobachten wir Gasfachleute, besonders in der Warmwasserversorgung, überraschende Fehler. Wenn schon die Heizung auf Gasfeuerung umgestellt wird, so ist der Augenblick gekommen, wo bestimmt die Warmwasserversorgung von der allgemeinen Kesselanlage abgetrennt werden muß, und dies auch besonders in Einzelhäusern, in denen die bekannte Abhängigkeit der Warmwasserversorgung von den Vorlauftemperaturen der Heizung eine sehr unvollkommene Arbeit ergibt. Hier sind die ausländischen Ausführungsarten beachtlich, hinter den Hauptboiler einer Koksheizung einen zweiten kleinen gasgefeuerten mit Thermostat gesteuerten Boiler zu schalten, um gleiche Auslauftemperaturen durch Nachheizung mit Gas zu bekommen. Dieser Bauart hängen aber alle Nachteile der Wärmeverluste bei Speicherung an, die man bei Gas mit großen Augenblicksleistungen im Durchlauferhitzer vermeiden kann. Hinzu kommt noch die Gefahr der Rückzirkulation, die Verluste wesentlich vergrößern kann.

In Deutschland ist deshalb auch zur Nachwärmung mit Gas der Durchlauferhitzer (Druckautomat) schon ab und zu angewendet. — Daß er gerade jetzt in vervollkommneter Form, mit selbsttätig eingehaltener Auslauftemperatur und in stets voller Wärmeleistung zur restlosen Ausnutzung des Gerätes, aber je nach der Zulauftemperatur veränderter Durchlaufwassermenge auf den Markt gekommen ist, ist Ihnen vielleicht schon bekannt geworden[2]). Dem Gas am meisten entsprechend ist nun einmal die Erhitzung im Durchlauf. Anfressungen im Heißwasserbereiter sind hierbei fast ganz ausgeschlossen. Druckfeste Ausführung wird billig und es findet ja neuerdings die Durchlauferhitzung auch in Speicheranlagen für feste Brennstoffe Anerkennung. Sie muß hier aber durch den Einbau verwickelter Wärmeübertragungskörper erst künstlich eingefügt werden. Am sparsamsten ist es natürlich, die Warmwasserversorgung in Einzelbestandteile aufzulösen und neben dem großen Badeofen für den kleinen Küchenbedarf den Schnellwasser-Erhitzer, wie er in den letzten drei Jahren entwickelt ist, unmittelbar statt des Zapfhahnes einzubauen.

---

[1]) Vgl. Gesundh.-Ing. 58 (1935) S. 361.
[2]) Gesundh.-Ing. 58 (1935) S. 426.

Auf die grundsätzliche Entscheidung, ob Warmwasser, Dampf oder Luft der geeignete Wärmeträger ist, hat die Wahl des Brennstoffes starken Einfluß. Das Wasser ist nun einmal an sich träge wegen seiner großen Masse, die selbst bei dem verhältnismäßig geringen Wärmeinhalt je kg ungeheuere Gesamtwärmemengen im Heizungsnetz sich aufspeichern läßt. Diese beeinträchtigt die schnelle Regelbarkeit des Heizungsnetzes und mindert den Hauptvorzug des Gases. So ist tatsächlich der Niederdruckdampf für Gasfeuerung ein willkommeneres Wärmebeförderungsmittel. Für Großraumheizungen wird der Vorteil der Lufterwärmung durch Lufterhitzer mit Kraftantrieb noch wirkungsvoller, als sie es sonst an sich zu sein pflegt. Gerade im Gaslufterhitzer brennt sofort die volle Flamme, und selbst wenn man in Sonderfällen, wo die Einzelerhitzer wegen Abzugsschwierigkeiten keine Anwendung finden können, den Dampf als Wärmeträger zwischenschaltet, so muß jeder die schnelle Anlaufsbereitschaft einer solchen Anlage, bei der das Kaltblasen zu Anfang infolge ungenügender Dampfzufuhr sich mit unfehlbarer Sicherheit vermeiden läßt, anerkennen.

Sie, meine Herren, sind es ferner, an die wir uns im Interesse unseres Volkswohls wenden müssen, mit uns Gasfachleuten im Bunde den Kampf gegen den Irrsinn der Übertreibung, die mit der Gefährlichkeit des Gases geschieht, aufzunehmen. Leider sind selbst Heizungsfachleute und Architekten durch die seit Jahr und Tag gehende Werbung so beeinflußt, daß sie die statistischen Zahlen, die den geringen Vomhundertsatz wirklicher Unfälle beweisen, und die Feststellungen führender Feuerwehrleitungen, daß die Feuersgefahr mit der Ausbreitung des Gases wesentlich zurückgegangen ist, einfach nicht sehen.

Sollen wir denn bei der Vervollkommnung hinter anderen Völkern zurückbleiben wegen eingebildeter, nicht bewiesener Gefahren? Ist es nicht erstaunlich, daß man es in England wagen kann, in einem Badeort mit Winterbetrieb 70000 Heizöfen in den Hotelschlafzimmern aufzustellen, deren Bedienung man den Gästen überläßt, ohne daß die Menschen, was ja nach deutscher Ansicht geschehen müßte, durch Vergiftung und die Hotels durch Zerknall zerstört werden?

Viel Schuld an dem Angstwahn hat die übertriebene Empfehlung der verschiedenen Schutzvorrichtungen, die in den letzten Jahren entwickelt sind, gehabt. Gewiß, wenn sie einfach und sicher wirkend ist, kann jede zusätzliche Schutzvorrichtung willkommen sein. Indessen ist die Unfallzahl wirklich alles andere als beunruhigend und die ganz einfachen Bauweisen, die leicht zu übersehen und zu pflegen sind, verdienen oft in der Praxis den Vorzug vor verwickelten Schutzvorrichtungen.

Die Zurückhaltung der Heizungsindustrie muß dieser letzten Endes schaden und führt dazu, daß sich ein neuer Wettbewerber entwickelt, den Sie anfangs vielleicht nicht spüren und dessen Aufkommen Sie nicht ahnen. Sollte es nicht zu denken geben, daß die Durchführung der zentralen Gasabsaugung bei Gaseinzelöfen, die der Großraumheizung dienen, einfach dem Geräthersteller überlassen wurde und nicht von der zuständigen Lüftungsindustrie aufgegriffen wurde. Gewiß hat es dabei anfangs Fehlschläge gegeben, die auch Schadenfreude derer gezeigt hat, die vielleicht berufen waren, die ersten Arbeiten durchzuführen, aber den technisch wirtschaftlichen Wert, der in der Entwicklung steckte, nicht sehen konnten. Heute aber befriedigen diese Anlagen, und der weiteren Verfeinerung sind, wie bei allen technischen Dingen, bestimmt noch keine Grenzen gesetzt.

Es scheint so, als ob wirklich vielfach gerade der allgemein gebildete Fachmann sich nicht Rechenschaft geben konnte und die praktischen Ergebnisse nicht erfahren hat, welche überraschende Wirtschaftlichkeit sich in Sonderfällen durch eine weitgehende Unterteilung ergeben kann, und so ist es von mir, als Gasfachmann, aus zu bedauern, daß bei uns gerade die großen Heizungs-Fachfirmen zuerst auf die Entwicklung der großen Kesseleinheiten losgehen zu müssen glaubten, in denen nun auch in den den Überschußgebieten entfernten Gegenden das Gas massenweise verbrannt wird, das richtig angewandt mit Hilfe der weitgehenden Unterteilung wirtschaftlich wert-

vollere Dienste leisten könnte. Wenn diesen Verkaufsverfahren auch Gaswerke nach-
geben, um schnell zu hohen Umsatzzahlen zu kommen, kann ich persönlich das unangenehme Gefühl der Verwüstung, wie es die Vernichtung des brasilianischen Kaffees
darstellt, nicht los werden.

So möchte ich zum Schluß von ganzem Herzen und mit der Inbrunst eines nach
technischem Fortschritt und steter Verfeinerung strebenden Ingenieurs die anwesenden
Fachgenossen des Heizungsfaches bitten, sich erneut mit ihrem ganzen Ingenium einzu-
schalten und die Schätze heben zu helfen, die man im Rahmen eines solchen Vortrages
leider nur andeuten kann, zur Hebung des wirtschaftlichen Lebensstandards unseres
Volkes, zu unser aller Bestem.

Vorsitzender: Herr Körting! Sie haben uns die Fälle herausgeschält, in denen
heute auch die Gasheizung ein wertvolles Glied in der Heizung unserer Behausungen
darstellt. Es ist in diesen Fällen die Gasheizung zweifellos ein sehr wertvoller Bundes-
genosse der Zentralheizung, den wir auch in Zukunft schätzen werden. — Haben Sie
verbindlichsten Dank für Ihre Ausführungen. (Beifall.)

Wir kommen nunmehr zum letzten Vortrag, der Heizungsfragen behandelt. Ich
darf bemerken, daß am Schluß dieses Vortrages, der die wirtschaftliche Seite des Heizungswesens betrifft, Herr Dr. Raiß noch einige kurze Ergänzungen mitteilen wird.

Ich darf Herrn Reg.-Rat Neugebauer bitten, das Wort zu nehmen.

Kosten der Wärmelieferung.

Von Regierungsrat Dipl.-Ing. **F. Neugebauer**, Berlin.

Durch die über den größeren Teil des Jahres erforderliche Erwärmung unserer Wohnbauten entstehen Kosten, die mittelbar oder unmittelbar vom Bewohner aufzubringen sind und die in jedem Falle einen recht hohen Prozentsatz eines normalen bürgerlichen Einkommens ausmachen. Im Eigenheim oder in der mit Einzelöfen ausgestatteten Mietwohnung bezieht der Verbraucher unmittelbar den Brennstoff, und der gesamte Heizdienst wird von der Familie besorgt; in der neuzeitlichen Stadtwohnung gehört zu den wesentlichen und begehrten Annehmlichkeiten die Zentralheizung und die Zentralwarmwasserversorgung.

Ziehen wir im Augenblick nur die Heizung in den Bereich unserer Betrachtung, so ist zu sagen, daß von einer Zentralheizung im allgemeinen nicht eine wohlfeilere Versorgung der Gebäude mit Heizwärme zu erwarten ist als durch die Einzelversorgung der Bewohner. Vielmehr sind es im wesentlichen die technischen Annehmlichkeiten, die der Gemeinschaftsversorgung gegenüber der mühevollen Einzelversorgung den Vorsprung sichern.

Im einzelnen schwanken die Gestehungskosten der Heizwärme in recht weiten Grenzen, selbst da, wo die klimatischen Verhältnisse gleich und die übrigen sie beeinflussenden Verhältnisse sichtlich nicht wesentlich verschieden sind. —

Es liegt ebensosehr im allgemeinen volkswirtschaftlichen Interesse wie im Interesse des Zentralheizungsgewerbes, daß die Kosten der Wärmelieferung gering sind. Hierzu ist erforderlich:

1. Die Erzeugungskosten der Wärme niedrig zu halten,
2. den Verbrauch von Wärme das notwendige Maß nicht überschreiten zu lassen und
3. den Kostenanteil jedes Teilnehmers nach Möglichkeit genau seinem tatsächlichen Verbrauch anzupassen.

Zu 1: Einfluß auf die Gestehungskosten hat bei der fertigen Anlage ausschließlich der Herr der Anlage, also der Hausbesitzer. Er oder seine verantwortlichen Beauftragten haben also die Aufgabe, die Anlage in tadellosem Zustande zu halten und den Betrieb mit größter Sorgfalt und Wirtschaftlichkeit zu führen. Nicht ausschließlich, aber ganz wesentlich und sozusagen der Leitbegriff für dieses Fragengebiet, ist die Niedrighaltung des Brennstoffverbrauchs oder, im Kehrbruch ausgedrückt, ein hoher Wirkungsgrad der Kessel.

Zu 2: Der Wärmeverbrauch durch die Bewohner ist unmittelbar nicht zu beeinflussen, wobei wir den Regelfall im Auge haben, daß die Heizkosten in die Miete eingeschlossen sind, also versteckt, scheinbar »kostenlos« sind. Dann ist die Wohnung an sich teuer, der Mieter hält sich also für berechtigt, von dem, »was ihm zusteht«, das menschenmögliche in Anspruch zu nehmen, er denkt nicht daran, sich in der vollen, selbst übermäßigen Erwärmung seiner Wohnräume irgendeine Beschränkung aufzuerlegen, im Gegenteil: recht erhebliche Übertemperaturen läßt man sich meist recht gern gefallen, allen Gesundheitsregeln zum Trotz!

Belehrung der Bewohner über vernünftiges, wirtschaftliches Heizen ist eine undankbare Angelegenheit und hat, wenn es stattfindet, nur bedingten Erfolg. Im »Gesundheits-Ingenieur« 57 (1934) S. 473 schildert Dr.-Ing. Raiß, wie in einer Mieterversammlung auf die unnötig hohen Heizkosten und ihre Vermeidung hingewiesen wurde, und daß der Hausmeister die Parteien zum mäßigen Lüften »anhalten« sollte. Erfolg: Im ersten Winter beachtlicher Rückgang des Brennstoffverbrauchs; im zweiten nur noch die Hälfte! Im dritten . . .?!

Zu 3: Die Anpassung des Kostenanteils an den Verbrauch des einzelnen Teilnehmers ist ebenso leicht gefordert wie schwer durchgeführt! Wohl läßt sich ein Soll-Verbrauch berechnen, er wird sogar stets berechnet — aber diese Berechnung (Wärmeverlustrechnung der betreffenden Räume) verbleibt meist in den Akten der Heizungsfirma oder des Architekten. — Auch die Heizfläche, die in den einzelnen Räumen oder der betreffenden Wohnung untergebracht ist, berührt, da er ihre Bedeutung im allgemeinen nicht kennt, weder den Hausherrn noch den Mieter — für diese beiden Nächstbeteiligten ist also schon die Festlegung eines Sollverbrauches eine fast unlösbare Aufgabe. Aus diesem Grunde hat wohl das Reichsmietengesetz von 1922 und seine Ausführungsbestimmungen als Schlüsselgröße den Quadratmeter beheizter Grundfläche vorgeschrieben — diese Zahl ist an Ort und Stelle jederzeit nachmeßbar, steht auch zumeist in den Hausakten und ist insoweit durchaus »praktisch«. Wird die ganze Wohnung entsprechend ihrer Größe vermietet, so ist es das einfachste, auch die Kosten für die Heizung dieser Wohnung entsprechend dem Anteil ihrer Größe an der Summe der Größen sämtlicher Wohnungen zu berechnen. —

Die unter Punkt 2 betrachteten Mängel der Übererwärmung unter wohlwollender Duldung des Wohnungsinhabers werden so aber nicht beseitigt, und von wirklicher Gerechtigkeit ist bei diesem Verteilungsschlüssel, wie Ihnen allen bekannt, schon gar nicht die Rede, weil unter sonst gleichen Umständen auf 1 m² Wohnfläche ganz verschiedene Heizwärmemengen entfallen, je nachdem die Wohnung im Erdgeschoß, einem Mittelgeschoß oder im Dachgeschoß, ob sie in der Häuserzeile oder an einer Hausecke, ob nach Norden und Osten oder nach Süden und Westen liegt. (Für die später zu besprechenden Untersuchungen kommen diese Bedenken nicht in Betracht, weil dort Durchschnitte von ganzen Gebäuden oder Gebäudeblocks erörtert werden.)

Der Ist-Verbrauch läßt sich bei den in Rede stehenden Anlagen überhaupt nur für die ganze Anlage und erst nachträglich, wenn der eingekaufte Brennstoff verbrannt ist, ermitteln, also auch erst nachträglich verteilen, wobei mangels eines brauchbaren Verteilungsschlüssels Unzufriedenheit und schließlich Unfriede gar nicht zu vermeiden sind.

Es liegt also die Frage nahe, ob es denn nicht Meßgeräte gibt, die die abgenommene Wärme anzeigen, aufschreiben und so eine zuverlässige und einfache Überwachung des Wärmeverbrauchs jeder Wohnung und damit auch Verrechnung und Bezahlung der tatsächlich abgenommenen Heizwärme ermöglichen. Diese Frage kann — mit Einschränkungen — heute bejaht werden.

Keine Schwierigkeit bereitet in dieser Hinsicht die Dampfheizung, wo die Messung des anfallenden Kondensats verhältnismäßig einfach durchführbar ist und einen hinreichend sicheren Maßstab für die gelieferte Wärme abzugeben vermag. Aber Dampfheizungen pflegen in Wohnblocks nicht eingebaut·zu werden.

Was nun die Messung und Zählung der durch umlaufendes warmes Wasser geförderten Wärme betrifft, so ist die Aufgabe 1. die Menge des in der Zeiteinheit umlaufenden Wassers, 2. den Temperaturunterschied zwischen Vorlauf und Rücklauf zu messen, 3. das Produkt aus diesen beiden Meßgrößen zu bilden, 4. die Änderungen dieses Produkts über die Zeit zu integrieren und 5. diesen Summenwert anzuzeigen — zur Zeit befriedigend nur gelöst für sehr große Einheiten. Solche Geräte sind also wohl anwendbar und werden angewandt als Werkszähler, um die gesamte ins Netz geschickte Wärme durch unmittelbare Messung festzustellen, ebenso bei Stadtheizungen zur Messung der an einen Zwischenabnehmer (Gebäude) zur Weiterverteilung gelieferten Wärme. In diesen Fällen wird das Wasser durch Pumpendruck mit großer Geschwindigkeit bewegt, so daß die Messung der Wassermenge keine grundsätzlichen Schwierigkeiten macht, und es sind die Wärmemengen so groß, daß die Mengeneinheit durch die verhältnismäßig hohen Kosten des Meßgeräts nicht übermäßig belastet wird.

Als Zähler für Einzelwohnungen haben sich, soweit mir bekannt, derartige Geräte nicht eingeführt, einmal, weil sie teuer sind, wohl auch, weil die geringen Drücke und Geschwindigkeiten des Wassers bei Schwerkraftheizung Schwierigkeiten in die Wassermengenmessung bringen.

Es ist aber ein anderes verhältnismäßig einfaches Meßverfahren vorhanden, das vor etwa 10 Jahren in Deutschland Eingang gefunden hat. Dies Verfahren geht von der Überlegung aus, daß die Wärmeabgabe eines gegebenen Heizkörpers der Übertemperatur dieses Heizkörpers über die Umgebung nahezu proportional ist, also ohne Mengenmessung allein durch eine Temperaturmessung bestimmt werden kann. Die Ausführung erfolgt entweder thermoelektrisch — die Thermoströme zersetzen einen Elektrolyten, das Ausscheidungsprodukt, Quecksilber, sammelt sich an und seine Menge ist das Maß der aufgewandten Wärmemenge — oder man setzt den Schwund einer Flüssigkeit, die bei Zimmertemperatur nicht, wohl aber bei und entsprechend den an Heizkörpern vorkommenden Temperaturen verdampft, der Wärmeleistung des Heizkörpers proportional.

Es handelt sich also um die Messung der Wärmeabgabe einzelner Heizkörper — nicht um Wohnungs- oder Stromkreis-Verbrauchszählung, wenn auch bei dem thermoelektrischen Verfahren die Elemente der einzelnen Radiatoren auf einen gemeinsamen Elektrolytzähler wirken. Die Wärmeleistung der Steig- und Fallstränge und der Anbindungen wird nicht mit erfaßt.

Durch die Einführung dieser Zählverfahren und Einrichtungen sind im Fachschrifttum und in mündlicher Aussprache lebhafte Auseinandersetzungen hervorgerufen worden.

Es wird von manchen Fachgenossen die Bedürfnisfrage von vornherein verneint. In einer sachkundig ausgeführten und ordnungsgemäß betriebenen Heizanlage könnten die Betriebskosten, insbesondere der Brennstoffverbrauch gar nicht noch unter das durch sorgfältige Betriebsführung erreichbare Mindestmaß herabgedrückt werden. Was etwa noch durch zeitweiliges Abschalten von Heizkörpern erspart werden könne, werde durch die Kosten der Zählanlage, der Ablesung und umständlichen Rechnungsausstellung aufgewogen, der Erfolg sei also Null. Dem ist insoweit zuzustimmen, als damit der Grenzfall festgelegt ist, der unter Umständen auch praktisch verwirklicht werden kann. Zum Beispiel bei Wohnvierteln mit kleinsten Wohnungseinheiten (sog. 1 ½-Zimmer-Wohnung) und weitgehend gleichartiger Bewohnerschaft (Belegschaft eines Werkes), also gleicher sozialer und wirtschaftlicher Stellung, gleichen Arbeits- und Ruhestunden, ziemlich gleicher Kopfzahl von gleichen Altersstufen je Wohnung. Hier ist volle Ausnutzung der Wohnung, also auch der Heizung, anzunehmen und Unterscheidungen zwischen »Wärmesparern« und »Wärmeverschwendern« sind zwecklos.

Der allgemeine Fall ist doch aber der, daß in geräumigeren Wohnungen Mieter sehr verschiedenartiger Lebensgewohnheiten, Einkommen und persönlicher Bedürfnisse sitzen, daß auch die Kopfzahl stark schwankt, z. B. vom Junggesellen oder kinderlosen Ehepaar über die kinderreiche Familie, die berufliche (Büro, Praxis) Mitbenutzung der Wohnung bis zur gewerblichen Zimmervermietung. Daß hier starke Unterschiede auftreten können und auch auftreten werden, leuchtet ohne nähere Ausführung ein. Freilich ist es hier nicht so wie etwa bei Strom-, Gas-, Wasserentnahme, wo das An- und Abschalten augenblicklich und sinnlich (dem Auge!) wahrnehmbar seine Wirkung zeigt. Gerade deswegen muß betont und auch dem nichtfachmännischen Nutznießer der Heizanlage zum Bewußtsein gebracht werden, daß auch Wärme ein Gut ist, das uns im Winter nicht frei und unbeschränkt zur Verfügung steht, dessen Erstellung Geld kostet, daß damit wie mit jedem andern Gute sparsam und wirtschaftlich umzugehen ist, daß es also unrecht ist, über den Bedarf hinaus sämtliche Räume einer Wohnung Tag und Nacht voll zu heizen. Und daß, wer solche Verschwendung treibt, den Aufwand auch bezahlen soll! Dem wird entgegengehalten, daß die allgemeine Reglung der Warmwasserheizung an sich keine wesentliche Verschwendung der Wärme zulasse, daß aber vieles Herumregeln an den Heizkörpern gerade die Einhaltung einer sauberen Vorlaufkurve erschwere oder unmöglich mache. Außerdem sei die Wärmespeicherung der Bauwerke so bedeutend, daß während des Abstellens der Radiatoren kein Nachlassen des Wärmeverlusts eintrete, daß aber nach dem Anstellen die erforderliche Wiederaufheizwärme die Ersparnis aufwiege. Dem ist nicht zuzustimmen! Während des Beharrungszustandes in der Heizpause ist jedenfalls der Temperaturunterschied und damit der Verlust kleiner als bei Betrieb, und beim Wiederaufheizen kann der Aufwand an Speicherwärme nicht größer sein als vorher die Abgabe an Speicherwärme. Der Betrieb aber wird sich ebenso wie die Bewohner bei einigem guten Willen und nach einiger Probezeit an die veränderten Verhältnisse gewöhnen und sich auf »Spitzenbelastung« und ihr Gegenteil ebenso vorbereiten wie andere Versorgungsbetriebe auch.

Richtig ist der Einwand, daß abgestellte Nachbarräume geheizter Räume von diesen miterwärmt werden. Das liegt in der Natur der Wärme und ist innerhalb einer Wohnung nicht von besonderem Nachteil. Aber einen großen Nachteil daraus herleiten zu wollen, daß nun auch ein findiger Mann einfach sämtliche Heizkörper seiner Wohnung abstellen und seinen Wärmebedarf von den Flurnachbarn könnte decken lassen, sich also seine Heizwärme zusammenstehlen könnte — das geht doch wohl zu weit! Die von Wohnung zu Wohnung durchtretenden Wärmemengen können ja nur Bruchteile des tatsächlichen Bedarfs decken. Überdies muß ein Mindestverbrauch an Wärme jedem Abnehmer vorgeschrieben oder doch berechnet werden, in Form der sogenannten Grundgebühr, deren Einführung sich bei jeglicher Art Gemeinschaftsversorgung bewährt hat und die auch hier zur Deckung der allgemeinen Last notwendig ist.

Darüber hinaus aber gilt die Forderung der persönlichen Freiheit des einzelnen in seinen vier Wänden! Dazu gehört die Möglichkeit, seine Räume warm oder kühl zu halten, wann und wie es ihm beliebt. Um sie warm halten zu können, stellt die Hausverwaltung ausreichende Wärmemengen bereit, die der Mieter nach der objektiven Anzeige eines Meßgeräts bezahlt; es vereinigen sich bei voller persönlicher Freiheit beider natürliche Interessen im Sinne eines denkbar wirtschaftlichen Betriebes: nicht mehr Wärme abzunehmen, als wirklich gebraucht wird — und diese Wärme so wohlfeil wie möglich zu erzeugen.

Dies ist auch, meiner Auffassung nach, im höchsten Sinne sozial, weil Leistung und Gegenleistung in das beste Verhältnis gebracht sind. Scheinsozial dünkt es mich, den hohen Wärmeverbrauch etwa des Kinderreichen oder des armen Bewohners der wärmeungünstigen Dachwohnung auf die »Heizgemeinschaft« umlegen zu wollen. Wärme ist ein lebenswichtiges Verbrauchsgut wie Essen und Trinken, Kleidung, Wasser, elektrische Energie usf. und muß entsprechend der Entnahme von jedermann bezahlt werden und es muß sich jeder nach seiner Decke strecken. Zeiten allgemeiner Not sind aber Sonderfälle und müssen aus einer allgemeinen Betrachtung ausscheiden.

Soweit die theoretischen Erörterungen! Wie steht es nun mit praktischen Erfahrungen?

Wir haben uns um vergleichbare Unterlagen aus der Praxis bemüht und Fragebögen an mehrere Leiter größerer Heizbetriebe versandt. Die Fragen betreffen einige wichtige Zahlenangaben und ferner allgemeine Fragen über Bewährung und Betriebserfahrungen. Soweit auf diese letzteren Antworten eingegangen sind, haben sie keine überraschenden Aufschlüsse erbracht. Es geht daraus hervor; daß auch bei Vorhandensein von Zähleinrichtungen überall ausgiebig geheizt wird, gar nicht nur Küchen oder einzelne Wohnräume, daß aber in der Regel die Schlafzimmer nur einige Abendstunden angeheizt werden, daß auch in den Wohnräumen keine Übertemperaturen geduldet werden. Wichtig ist, daß unter diesen Verhältnissen auch nachts keine geringeren Raumtemperaturen als etwa 14° aufzutreten pflegen.

Von den zahlenmäßigen Betriebsangaben liegen die Brennstoffverbräuche von 21 Anlagen über Zeiträume von 1 bis 7 Jahren vor, leider keine, wo über längere Zeiträume sowohl mit als auch ohne Zähler gearbeitet wäre, so daß im wesentlichen nur teils Anlagen mit, teils Anlagen ohne zum Vergleich stehen. Weiter sind bekannt die Wohnfläche und die eingebaute Heizfläche, so daß diese drei wichtigen Größen in Beziehung gesetzt werden konnten. Diese Zahlen streuen außerordentlich: Es sind zu viele, meist nicht nachprüfbare Zufälligkeiten vorhanden. Bei Vorhandensein einer sehr großen Anzahl von Einzelmeldungen ist jedoch zu erwarten, daß sich diese Zufälligkeiten weitgehend ausgleichen, so daß annehmbare Mittelwerte gewonnen werden können. Dies kann z. B. unbedenklich angenommen werden hinsichtlich des Heizwertes und des Kesselwirkungsgrades, sofern der Art nach dieselben Brennstoffe und Kesselanlagen vorliegen. Soweit zugleich Heizung und Warmwasserbereitung betrieben werden, wird der Anteil des Warmwasser-Brennstoffverbrauchs mit 30 bis 40% vom Gesamtverbrauch abgesetzt; von einer Umrechnung auf einen gemeinsamen Hundertsatz ist abgesehen worden, da dies nicht richtiger wäre, als die bei jeder einzelnen Anlage ermittelte Verhältniszahl gelten zu lassen.

Ich habe geglaubt, eine Verbesserung der Übersicht zu erreichen, wenn ich neben der Wohnfläche auch die eingebaute Heizfläche in Betracht zog. Denn in dem Verhältnis »Heizfläche zu Wohnfläche« spiegelt sich wider die Bauweise des betreffenden Hauses, Dicke und Baustoff der Wände, Größe und Bauart der Fenster usw., die Höhe der Geschosse, die klimatischen Verhältnisse des Standortes und die Wetterlage der einzelnen Wohnungen, schließlich die mehr oder minder starke Bemessung der Zuschläge durch den Erbauer der Anlage. So kommt es, daß der Quotient

$$\frac{m^2 \text{ Heizfläche}}{m^2 \text{ Wohnfläche}}$$

in sehr erheblichen Grenzen schwankt; er bewegt sich bei den 21 Anlagen, die als vergleichbar aus dem vorliegenden Stoff ausgewählt worden sind, zwischen 0,166 und 0,306 und beträgt im Mittel rd. 0,23. Ordne ich über diesem Quotienten als Abszisse die Verhältniswerte $\frac{\text{Zentner}}{m^2 \text{ Wohnfläche}}$ und $\frac{\text{Zentner}}{m^2 \text{ Heizfläche}}$, so streuen jedoch die Punkte immer noch so stark, daß sich ein Aufzeichnen nicht verlohnt. Aber unverkennbar ist die Neigung, daß mit wachsender spezifischer Heizfläche der Brennstoffbedarf, auf die Heizfläche bezogen, beträchtlich abnimmt, auf die Wohnfläche bezogen, dagegen nur kaum merklich steigt, so daß sich die Wohnfläche durchaus als Bezugseinheit für Vergleiche als geeignet erweist. Für die betrachteten Anlagen ergibt sich dann folgende Übersicht:

	Brennstoff je Wohnfläche			Brennstoff je Heizfläche		
	größt	kleinst	mittel	größt	kleinst	mittel
Sämtl. . .	—	—	0,53	—	—	2,37
ohne Zähler	0,740	0,526	0,641	3,42	1,73	2,84
mit «	0,555	0,333	0,47	2,76	1,85	2,14

Hiernach liegen Höchst-, Kleinst- und Durchschnittswerte bei Heizungen mit Wärmezählung merklich niedriger als bei solchen ohne. Im einzelnen überschneiden sich die Werte, es liegen also die Größtwerte »mit« höher als die Kleinstwerte »ohne«.

Zur Nachprüfung diene aus dem schon erwähnten Aufsatze von Raiß (Gesundheits-Ingenieur 57 [1934] S. 473) die Zahlentafel 5, wo für 19 Anlagen ohne Wärmezähler für die Winter 1931/32 und 1932/33 der Koksverbrauch mit 0,60 bis 0,65 $\frac{\text{Zentner}}{m^2 \text{ Wohnfläche}}$ angegeben ist, bei vereinzelten Abweichungen bis $\pm 20\%$.

(Zwei dieser Anlagen sind in meiner Aufstellung berücksichtigt.) An derselben Stelle ist dieselbe Größenordnung und höhere bis 1,0 $\frac{Ztr.}{m^2}$ durch Schrifttumangaben belegt.

Andererseits diene zur Nachprüfung eine Aufstellung, allerdings Werbeschrift der Lieferfirma, die den spezifischen Brennstoffverbrauch für den Heizwinter 1929/30 für 40 Anlagen mit Wärmezähler angibt. Das Mittel ist hier fast genau 0,5 $\frac{Ztr.}{m^2}$, 5 Werte liegen über 0,6, 7 Werte unter 0,4. —

Hieraus ist ersichtlich, daß die Verknüpfung der Heizkosten mit dem Heizwärmeverbrauch sehr wohl imstande ist, als Bremse gegen die unmäßige Ausnutzung der durch die Zentralwärmeversorgung gegebenen Möglichkeiten zu wirken und somit, aufs Ganze gesehen, recht erhebliche Mengen des Nationalguts Kohle zu ersparen und die Beträge dafür zu anderen Aufgaben freizumachen. Jeden Schritt aber auf diesem Wege haben wir zu begrüßen. Weiterhin aber heißen wir es willkommen, daß auch auf diesem Gebiete, das sich der Messung, wenigstens der laufenden Betriebsmessung, so lange unzugänglich erwiesen hat, der Hebel angesetzt ist und wir nunmehr in der Lage sind, die Ergebnisse unserer Berechnungen, sei es bestätigt zu finden, sei es zu berichtigen, und so zu noch schärferer Übereinstimmung unserer Entwürfe mit den Erfordernissen der Wirklichkeit zu gelangen.

Vorsitzender: Herr Regierungsrat Neugebauer! Sie haben den sehr spröden Stoff der Kosten der Wärmelieferung behandelt und dabei die sozialen und technischen Fragen herausgehoben. Wir sind Ihnen sehr dankbar, daß Sie durch Ihre Ausführungen dem Wunsche sehr vieler Fachgenossen entsprochen haben. Ich möchte das besonders zum Ausdruck bringen. —

Nun haben wir noch zwei Herren, die sich zum Wort gemeldet haben. Das ist Herr Dr. Raiß, der uns einige Ergänzungen geben wird, und dann unser alter Freund, Herr Magistratsbaurat Berlit.

Ich darf bitten mit Rücksicht auf die vorgeschrittene Zeit, die Rededauer auf längstens 5 Minuten auszudehnen.

Dr.-Ing. Raiß VDI, Berlin: Herr Neugebauer hat in seinen Ausführungen Ergebnisse von Untersuchungen erwähnt, die von der Hauptstelle für Wärmewirtschaft beim VDI in den letzten Jahren an einer größeren Anzahl Berliner Blockheizungen durchgeführt wurden. Wir haben bei diesen Untersuchungen in Zusammenarbeit mit den betreffenden Siedlungsgesellschaften auch die Frage der Heizkostenverteilung untersucht. Die Arbeiten sind noch nicht abgeschlossen; ich möchte Ihnen jedoch heute an drei Abbildungen einige Teilergebnisse vorführen, die die Auswirkung der Wohnungswärmemessung auf Brennstoffverbrauch und Wärmeentnahme in Blockheizungen zeigen. In Abb. 1 sind für zwei Gruppen von zentralen Wohnungsheizungen die Brennstoffverbrauchszahlen in Abhängigkeit von der Außentemperatur als Monatsmittelwerte aufgetragen, und zwar links für Anlagen ohne Wärmemessung und rechts für Anlagen mit Wärmemessung. Wie sich nach dem Gradtagverfahren erwarten läßt, wächst der Brennstoffverbrauch mit abnehmender Außentemperatur geradlinig an. Es ist nun bemerkenswert, daß bei Anlagen ohne Wärmemesser, d. h. also bei pauschaler Umlegung der Heizkosten und damit bei voller Gebäudeerwärmung, die Verbrauchslinien die Abszissenachse zwischen 17 und 19° schneiden. In Anlagen mit Wohnungswärmemessern, also bei Gebäuden mit eingeschränkter Heizung, liegt der Schnittpunkt von Verbrauchslinie und Abszissenachse deutlich bei niedrigeren Außentemperaturen, und zwar zumeist zwischen 15 und 16°. In den Anlagen mit Wohnungswärmemessern treten beträchtliche Ersparnisse im Brennstoffverbrauch auf, die, wie die Abb. 1 zeigt, nicht nur relativ sondern auch absolut in der Übergangszeit am größten sind. Es ist also damit zu rechnen, daß der Rückgang im jährlichen Brennstoffverbrauch nach dem Einbau von Wärmezählern verschieden stark bemerkbar wird, je nach den örtlichen klimatischen Bedingungen. In Gegenden mit lang anhaltender Übergangszeit, z. B. im Westen Deutschlands, können wesentlich günstigere Ergebnisse durch den Einbau von Wärmezählern erreicht werden als im Osten Deutschlands mit seinem harten, lang andauernden Winter.

Abb. 2 gibt einen Überblick über die Art der Wärmeentnahme bei einer größeren Heizanlage mit Wohnungswärmemessern. Für verschiedene Betriebsjahre ist in Form von Häufigkeitslinien die Anzahl Wohnungen aufgetragen, die in einen bestimmten

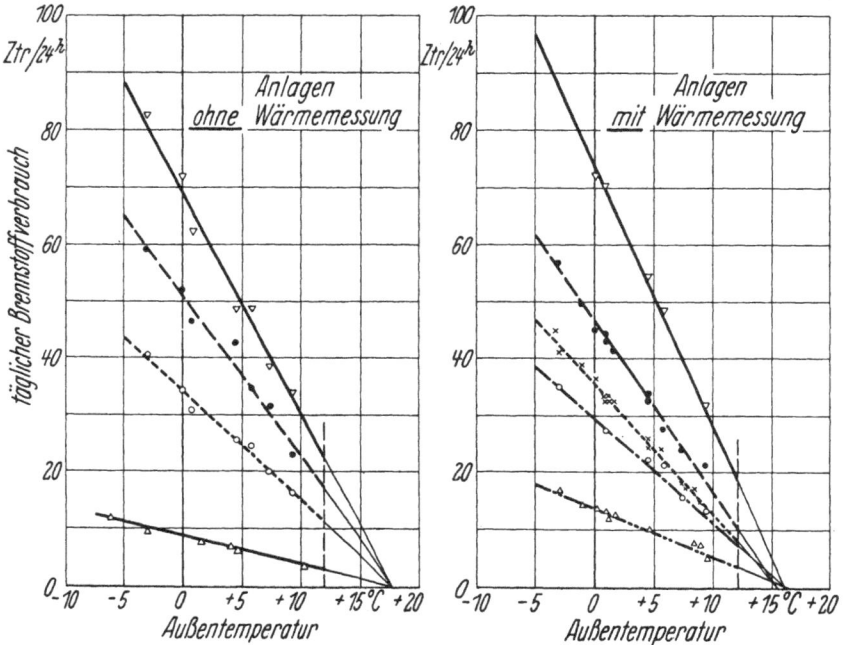

Abb. 1. Abhängigkeit des tägl. Brennstoffverbrauchs von Blockheizungen von der Außentemperatur (Monatsmittelwerte).

Verbrauchsbereich fallen. Dabei ist der Wärmeverbrauch, um Unterschiede in der Größe der Wohnungen auszuschalten, auf 1 m² Wohnfläche bezogen. Die höchste Wärmeentnahme wurde infolge des höheren Wärmebedarfs eines Neubaus im ersten Betriebsjahr 1929/30 festgestellt. In den folgenden Jahren verschiebt sich die Häufigkeitslinie mehr und mehr nach links, die Wärmeentnahme geht also dauernd zurück. Die entsprechenden Verminderungen im Brennstoffverbrauch sind in der Abbildung gleichfalls angegeben. Eine genaue Analyse des Verlaufs der Verbrauchslinien, auf deren Bedeutung Prof. Gröber bereits hingewiesen hat[1]), gibt die Möglichkeit, den Einfluß der Tarifgestaltung auf die Wärmeentnahme durch den Verbraucher zu verfolgen. Durch einen zweckmäßigen Wärmeentnahmetarif kann eine unerwünschte Einschränkung des Wärmeverbrauchs der einzelnen Wohnungen vermieden werden, ohne daß der erzieherische Wert der Wärmemessung verlorengeht. Es läßt sich damit zugleich erreichen, daß die Beanspruchung der Heizanlage in einen wirtschaftlich günstigen Bereich verlegt wird.

---

[1]) Gesundh.-Ing. 55 (1932) S. 583.

Zahl der Wohnungen

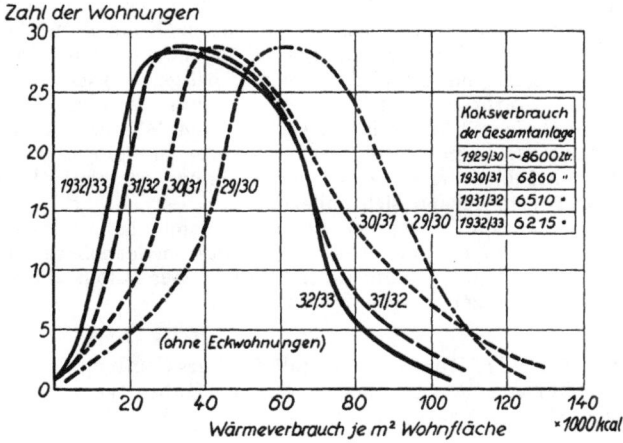

Abb. 2. Änderung der Wärmeentnahme in einem zentralbeheizten Wohnblock
im Verlauf mehrerer Jahre.

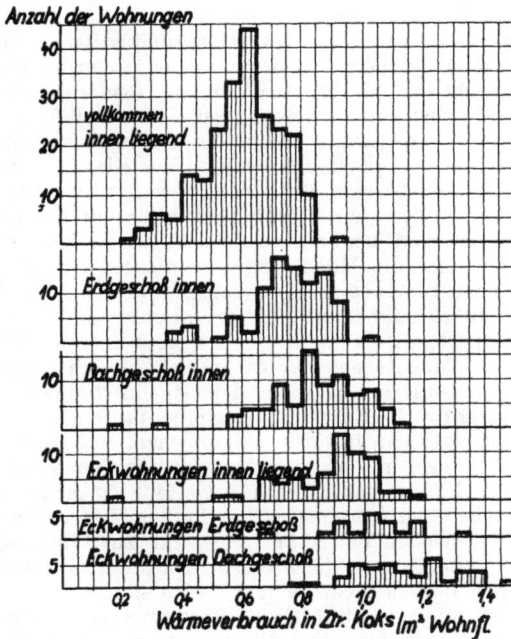

Abb. 3. Wärmeverbrauch von zentralbeheizten Wohnungen
bei verschiedener Lage.

Die Ergebnisse der Wärmemessungen vermitteln weiterhin einen wertvollen Einblick in den Wärmeverbrauch von Wohnungen verschiedenster Gebäudelage. In*
Abb. 3 sind an Hand der Beobachtungen an einer Heizanlage mit über 500 Wohnungen

die Verbrauchswerte der einzelnen Wohnungsgattungen als Häufigkeitslinien aufgetragen. Der jährliche Wärmeverbrauch ist in Zentner Koks je m² Wohnfläche umgerechnet. Man ersieht aus der Darstellung, daß die innenliegenden Wohnungen weitaus am günstigsten abschneiden und daß bei ungünstiger werdenden Abkühlungsverhältnissen der Wärmeverbrauch stark ansteigt. Nimmt man als Bezugsgröße nicht den Wärmeverbrauch je m² Wohnfläche, sondern den Wärmeverbrauch je kcal des Höchstwärmebedarfs oder je m² eingebauter Heizfläche, so ergibt sich ein völlig anderes Bild. Die Verbrauchszahlen der verschiedenen Wohnungsgattungen liegen im gleichen Bereich, ihre Mittelwerte decken sich nahezu.

Das bedeutet aber, daß unter der Annahme gleichmäßiger Raumbeheizung die Bemessung der Heizflächen, die ja nach den ungünstigsten Betriebsverhältnissen erfolgt, auch für die mittleren Winterverhältnisse richtig ist. Wir hoffen, die Untersuchungen in der bevorstehenden Heizzeit abschließen zu können.

Vorsitzender: Herr Dr. Raiß! Der Beifall der Versammlung zeigt Ihnen, wie aufmerksam Ihre Ausführungen aufgenommen wurden. Haben Sie verbindlichsten Dank! Nun darf ich Herrn Berlit bitten!

Herr Magistratsbaurat Berlit, Wiesbaden: Sie haben soeben einen sehr fesselnden Vortrag gehört, der — wie der Vortragende zum Schluß allerdings nur bescheiden andeutete — von größter Wichtigkeit für die Wirtschaftlichkeit sowie die Verbreitung und Weiterentwicklung des Zentralheizungswesens ist.

Wir wissen ja alle, wie schwer die Zentralheizungsindustrie, der aus der Vorkriegszeit noch der Schein einer Luxusindustrie anhängt, gerade in den letzten Jahren des allgemeinen Niederganges nicht nur um ihre Anerkennung, sondern geradezu um ihr Dasein zu kämpfen hat und daß daher jedes, auch das bescheidenste Hilfsmittel ergriffen werden muß, um die Zentralheizung gegenüber der altbewährten Lokalheizung wirtschaftlich wettbewerbsfähig zu machen, da ja alle anerkannten Vorteile nichts helfen, wenn man sie nicht bezahlen kann. Mit Recht wird allgemein anerkannt, daß zum Wohlbefinden die gleichmäßige Warmhaltung der ganzen Wohnung erwünscht ist und daß dies mit der Zentralheizung am besten und bequemsten erreicht wird. Leider sind aber die Bevölkerungskreise, welche sich die Mitheizung aller nicht dringend dauernd benutzter Räume geldlich noch leisten können, immer weniger geworden, und die sonst so vorteilhafte Zentralheizung muß sich daher auch in diesem Punkte der Ofenheizung anzupassen suchen. Das ist aber wirtschaftlich nur erreichbar, wenn man die Wärme, welche jeder Mieter nach seinen dem Geldbeutel angepaßten Ansprüchen sich leisten zu können glaubt, messen und danach bezahlen lassen kann und den sich einschränkenden Mieter nicht für Brennstoffausgaben verantwortlich und zahlungspflichtig macht, welche weder seinem noch seines Nachbarn dringendem Bedürfnis entsprechen. — Leider besitzen die meisten Menschen nicht so viel Gemeinsinn, um auch für andere mit sparen zu helfen, auch wenn sie selbst keinen Nachteil dabei haben. So führt erfahrungsgemäß das Vorhandensein der stets wärmeabgabebereiten Heizkörper, für die der Mieter ohne Berücksichtigung der Benutzung einen pauschalen Betrag zu zahlen hat, zur Wärmeverschwendung und damit zugleich, was man heute mehr denn je beachten muß, zur Vergeudung heimischer Rohstoffe, die bekanntlich auch nicht unerschöpflich sind.

Seit Jahren bemüht man sich, die örtliche Wärmemessung in einer dem praktischen Verbrauch zweckmäßig angepaßten Form durchzuführen. Erst seit etwa 10 Jahren ist dies geglückt, den Wärmeverbrauch jedes einzelnen Heizkörpers zahlenmäßig zuverlässig genug zu erfassen.

Ich will Ihnen einige Zahlen der mit diesem Verfahren praktisch für die Mieter erreichbaren Brennstoffersparnis mitteilen. 1926/27 hatte ich in einem Doppelhaus mit 13 Wohnungen Wärmezählung eingeführt, um zunächst einmal zu erproben, wie sich die Mieter zu der danach eingeführten Heizkostenberechnung einstellen würden. Nach in dieser Richtung wirklich guten Erfahrungen habe ich 1928 einige Wohnungsblöcke einer großen Gruppenversorgung mit zunächst 143 (von 341) Wohnungen (die in Wiesbaden beim XII. Kongreß besichtigt wurden) mit Meßvorrichtungen ausgestattet, die ich nun seit 1929 (nach dem ersten ungünstigen Winter) mit 177 vollkommen gleichartig ausgestatteten Wohnungen anderer Blöcke mit Mietern ähnlicher sozialer Schichten planmäßig vergleichen kann. Die Versuche wurden mir ermöglicht durch Zuschüsse der Reichsforschungsgesellschaft, welche zentrale Meßvorrichtungen für die Verteil-Heizstränge zur Verfügung stellte. — Die sorgfältig ermittelten (und auch von Mietern gelegentlich nachgeprüften) fünfjährigen Betriebszahlen zeigen ganz gleichmäßig, daß in den Wohnblöcken ohne Wärmezählung je 1 m² eingebaute Heizfläche oder 1 m² Wohnfläche mindestens 30% mehr Brennstoff verbraucht wird als in Wohnungen mit Wärmezählung, ohne daß irgendeine wesentliche Beanstandung der Mieter vorläge, die durch allzu sparwütige Nachbarn geschädigt sein könnten. Ich habe dem Ausschuß des V.D.H.I. in Wiesbaden das Beschwerdeaktenstück vorgelegt. Das war für fünf Jahre einschließlich Beschwerden über Warmwasserbereitung nur 1 cm dick, und aus dem letzten Jahr waren eigentlich nur zwei berechtigte Beschwerden da. — Ich konnte daher 1932 in drei neuen Baublöcken bei demselben Fernheizwerk auch wieder Meß-vorrichtungen einbauen, während zwei ähnliche Wohnungsblöcke einer Handwerker-genossenschaft, deren Wärmeverbrauch nur zentral gemessen wird, keine Meßvorrich-tungen erhielten. Es ist eine andere Bauart angewendet, so daß die Zahlen nicht mit den älteren Bauten verglichen werden können, aber untereinander. Auch hier ergab sich wieder eindeutig in den zwei Beobachtungsjahren 30% Mehrverbrauch. — Grund-sätzlich ähnliche Zahlen, die sogar noch einen höheren Brennstoffunterschied zeigen, haben sich bei einem Versuch ergeben, den die BVG in ihrem Wohnungsblock Straßen-bahndepot Müllerstraße gemacht hat und über die Veröffentlichungen erschienen sind. Die jahrelang den Mietern in Wiesbaden bekannt gewordenen Ergebnisse der Er-sparnismöglichkeit haben im vorigen Jahre die städtische Miethausgesellschaft veran-laßt, die Einrichtung der Wärmezähler auf sämtliche Wohnungsblocks auszudehnen, nicht nur in diesem Zentralheizungsblock, sondern auch in verschiedenen anderen, ohne daß ich selbst mit der Anregung hervorgetreten wäre. Ich bin selbst zurückhaltend gewesen, damit man nicht sagt: »der Ingenieur will etwas machen« und habe die Verhältnisse so entwickeln lassen, daß ich gesagt habe: wenn die Sache soweit reif ist, daß die Mieter das selber wollen, dann ist das genügend. — Dies ist m. E. ein eindeutiger Beweis dafür, daß die vielfach beobachteten ungünstigen Auswirkungen auf Wohnungen neben spar-wütigen Mietern keineswegs in wesentliche Erscheinung getreten ist.

Ich muß nach diesen Erfahrungen unbedingt auch unter allgemeinen wirtschaft-lichen Gesichtspunkten dafür eintreten, daß man in derartigen Wohnungen, die von Mietern gleichmäßig sozialer Schichten bewohnt werden, die Einrichtung treffen sollte, um auch nur 30% an Brennstoff zu sparen, denn es kommt heutzutage dem Mieter auf jeden Pfennig an.

Vorsitzender: Ich danke Herrn Magistratsbaurat Berlit für die Mitteilung seiner Erfahrungen, die zweifellos erkennen lassen, daß Wärmemessung not tut. —
Wir sind damit am Ende unserer heutigen Tagung. Ich danke allen Herren für die rege Anteilnahme, vor allen Dingen den Herren Vortragenden für ihre Arbeit, die sie im Dienste des Heizungswesens getan haben. — Morgen früh um 9 Uhr darf ich bitten, wieder zu erscheinen zum Teil »Lüftung«!

(Schluß 17.30 Uhr.)

Zweiter Verhandlungstag.

Vorsitzender Ministerialrat Dr. Schindowski: Meine Herren! Ich begrüße Sie am zweiten Tage unserer Verhandlungen und bitte zunächst Herrn Prof. Dr. Gröber, zur Einführung in den heutigen Verhandlungsgegenstand über das Lüftungswesen das Wort zu nehmen.

Stand und Entwicklungsrichtung des Lüftungswesens.

Von Professor Dr.-Ing. H. Gröber, Berlin.

Man begegnet vielfach der Anschauung, daß das Lüftungswesen in Deutschland nicht auf derselben Höhe stehe als in manchen anderen Ländern, vor allem in den Vereinigten Staaten. Diese Anschauung ist teils falsch, teils richtig. Sie ist falsch, wenn man unter Lüftungswesen nur die Lüftungstechnik versteht. Wir haben eine ausreichende Zahl von Firmen, die jeder Aufgabe gewachsen sind. Es sei hier nur an die Lüftungsanlagen für Textilbetriebe, Lagerräume für Tabak und ähnliches erinnert, die von deutschen Firmen innerhalb und außerhalb Deutschlands errichtet wurden. Die eingangs erwähnte Anschauung über das Lüftungswesen in Deutschland ist aber richtig, wenn man sie auf die Luftbeschaffenheit in unseren menschlichen Aufenthaltsräumen und vor allem den Versammlungsräumen bezieht. In einer überaus großen Zahl von Gaststätten, Lichtspieltheatern, Vereinssälen usw. sind Luftverhältnisse anzutreffen, die auch nicht den niedrigsten Anforderungen entsprechen.

Seitens der Besitzer solcher Säle fehlt vielfach noch jedes Verständnis dafür, daß sie auch Pflichten gegenüber den Besuchern haben, es fehlt aber auch das Verständnis für den Nutzen, den eine einwandfreie Lüftungsanlage in geschäftlicher Hinsicht wieder bringt. Während Bauweise, Innenausstattung, Beleuchtung usw. nicht auf Geldmangel schließen lassen, ist für eine ordentliche und zugfreie Lüftungsanlage angeblich kein Geld vorhanden. Vielfach hört man den Standpunkt vertreten: die Besucher kommen auch so zu uns, andere Lichtspielhäuser haben auch keine Lüftungsanlage, und ähnliches mehr. Aus einer solchen Einstellung heraus ergibt es sich, daß beim Neubau entweder keine Lüftungsanlagen vorgesehen werden, oder, wenn sie eingebaut sind, später nicht betrieben werden.

Ein weiteres Übel ist, daß die Bestimmungen der Bauordnung in bezug auf Lüftungsfragen äußerst unklar sind, und daß die Betriebspolizei in den seltensten Fällen eine Möglichkeit hat, gegen Mißstände einzuschreiten.

Das schlimmste aber ist, daß die allgemeine Verbreitung schlecht belüfteter Räume bei der Allgemeinheit allmählich das Bedürfnis nach guter Lüftung in Sälen dermaßen abgestumpft hat, daß sie die schlechten Verhältnisse als vermeintlich unabänderlich einfach in Kauf nimmt.

Es muß hier in der Öffentlichkeit der Sinn für die hygienischen Forderungen nach einwandfreier Luftbeschaffenheit in Sälen wachgerufen werden, und in diesem Zusammenhang sei an die guten Erfolge behördlicher Erziehungsarbeit auf einem anderen Gebiet erinnert. Die Bestimmungen der Gesundheitspolizei über den Verkehr mit Lebensmitteln haben nicht nur bei den Geschäftsinhabern und Verkäufern, sondern auch beim kaufenden Publikum in äußerst günstigem Sinne aufklärend und erfolgreich gewirkt. Ein Ähnliches müßte sich im Laufe der Zeit auch auf unserem Gebiete erreichen lassen. Wenn erst einmal die Öffentlichkeit so weit aufgerüttelt sein wird, daß sich die Besucher über ungenügend belüftete Räume beschweren, so wie sie es heute bei ungenügender Heizung sofort tun, dann wird die weitere Besserung ganz von selbst einsetzen. Davon sind wir allerdings heute noch weit entfernt, und es wird eine unermüdliche Aufklärungsarbeit gegen eingewurzelte Vorurteile und ein stetiger Kampf gegen falsche Sparsamkeit und gegen die menschliche Gleichgültigkeit und Trägheit geführt werden müssen.

Ehe aber damit begonnen werden kann, sind noch einige hygienische Fragen zu klären und technische Vorarbeit zu leisten, insbesondere sind in eindeutiger Weise die Forderungen aufzustellen, die man von einer Lüftungsanlage unter Berücksichtigung der wirtschaftlichen Auswirkung billigerweise verlangen kann. Um über diese Fragen Klarheit zu schaffen und um später im Verein mit anderen Stellen die Ergebnisse in die Praxis herauszutragen, hat der Verein Deutscher Ingenieure einen Fachausschuß für Lüftungstechnik gegründet, über dessen Arbeiten hier berichtet werden soll.

Der Ausschuß wurde im Mai vorigen Jahres gegründet und besteht heute aus nachstehenden Herren:

Dr. Bradtke, Oberassistent an der Technischen Hochschule Berlin,
Dipl.-Ing. Brandi, Berlin,
Dr. Gröber, o. Professor an der Technischen Hochschule Berlin,
Oberbaurat Jaeckel, Berliner Baupolizei,
Dr. Klein, Stuttgart,
Dr. Liese, Reichgesundheitsamt,
Dr. Neuhaus, Ministerialrat, Preuß. Bau- und Finanzdirektion,
Dr. Raiß, Geschäftsstelle des VDI,
Direktor Rothenberg, Mannheim,
Direktor Sackermann, Berlin,
Dr. Dr. h. c. Schindowski, Ministerialrat, Preuß. Finanzministerium, Berlin,
Direktor Taubert, Berlin,
Dr.-Ing. e. h. Wittemeier, Berlin, und
Dipl.-Ing. Zimmermann, Architekt B.D.A., Technische Hochschule Berlin.

In dem Ausschuß ist also außer der Lüftungstechnik noch die Hygiene, das Bauwesen und die Baupolizei vertreten.

Ehe wir mit unseren Berichten beginnen, muß ich vorausschicken, daß unsere bisherigen Arbeiten sich nur auf Theater, Lichtspielhäuser, auf Räume in Gaststätten, wie z. B. Restaurationsräume, Festsäle und ähnliches beziehen. Wenn wir also die Wohnungen, die gewerblichen sowie die Fabrikräume und auch die Schulen und Krankenhäuser vorerst außer Betracht gelassen haben, so geschah das nicht, weil wir die Bedeutung dieser Räume unterschätzen, sondern weil wir zuerst einmal bei einer eng begrenzten Auswahl von Raumarten unseren Weg bis zum Ende verfolgen wollen. Später wird sich dann eine sinngemäße Übertragung auf die bisher zurückgestellten Raumarten ohne wesentliche Schwierigkeiten durchführen lassen. Wir hoffen, auf diese Weise schneller zum Ziele zu kommen, als wenn wir die Gesamtheit aller Raumarten gleichzeitig in Angriff genommen hätten.

Nachdem im Frühjahr dieses Jahres der erste Teil der Arbeiten zu einem vorläufigen Abschluß gelangt war, empfand der Ausschuß das Bedürfnis, die bisherigen Ergebnisse einem größeren Kreise zur Stellungnahme vorzulegen. Der VDI berief deshalb zum 16. April d. Js. etwa 40 Herren aus den verschiedensten einschlägigen Gebieten zu einer Beratung zusammen. Die Aussprache dieses Tages wurde in einer weiteren Ausschußsitzung verarbeitet.

Aus dem Bericht, den der Ausschuß nunmehr dem Kongreß erstattet, sollen zwei Abschnitte gesondert behandelt werden. Der erste bezieht sich auf die hygienische Seite, welche die Grundlage unserer Arbeit bildet. Hierüber wird Ihnen Herr Regierungsrat Dr. Liese vom Reichsgesundheitsamt berichten. Das zweite Sondergebiet betrifft die Baupolizeifragen und wird voraussichtlich einmal den Abschluß unserer Arbeiten bilden, denn wir hoffen, daß die Behörden wesentliche Teile unserer Richtlinien in die kommende deutsche Bauordnung aufnehmen werden. Über die Baupolizeifragen wird Ihnen Herr Ministerialrat Neuhaus von der Preußischen Bau- und Finanzdirektion berichten.

Vorsitzender Ministerialrat Dr. Schindowski: Wir danken Herrn Prof. Gröber für die Ausführungen, die uns in das Gebiet der Lüftung und in den Stand, in dem sich augenblicklich das Lüftungswesen befindet, eingeführt haben. Ich darf bitten, daß Herr Prof. Gröber die Leitung der Vorträge des heutigen Tages übernimmt. (Geschieht.)

Vorsitzender Prof. Dr. Gröber: Darf ich Herrn Dr. Liese bitten, zur Erörterung der hygienischen Fragen das Wort zu ergreifen!

Hygiene und Lüftung.

Von Regierungsrat Dr. **W. Liese**, Berlin.

I.

Der Auftrag, heute über die Lüftung geschlossener Räume vom Standpunkt hygienischer Anforderungen zu sprechen, ist ebenso willkommen wie nicht ganz einfach zu erfüllen gewesen. Letzteres deshalb, weil, nach den gedruckten Verhandlungen[1]) der früheren Kongresse zu urteilen, hierzu von berufener Seite schon so erschöpfende Ausführungen im Laufe der Zeit gemacht worden sind, daß eigentlich kaum noch etwas Neues gesagt werden kann. Es bleibt somit nur die Aufgabe übrig, die seit langem als richtig erkannten hygienischen Auffassungen und deren technische Gestaltung[2]) unter solchen Gesichtspunkten zu behandeln, wie sie 1. durch die Ergebnisse neuerer Forschungen im In- und Auslande herausgestellt wurden und 2. durch die Nutzanwendung auf bestimmte Fälle der Praxis bedingt werden. Von diesem Standpunkt aus wäre dann heute doch noch etwas zu sagen, einmal, weil in den vergangenen 5 Jahren der Kongreßpause die wissenschaftliche Behandlung dieser Fragen manche neuen Erkenntnisse gewinnen ließ und zum andern, weil die Vorarbeiten des »Fachausschusses für Lüftungstechnik beim VDI« zur Aufstellung von Richtlinien für die Lüftung sogenannter »Versammlungsräume« zu einem gewissen Abschluß gediehen sind. Ich will mich bemühen, unter den genannten Gesichtspunkten wenigstens einige wichtige, aus der Praxis an sich geläufige Fragestellungen zu besprechen und werde dabei — ohne allerdings erschöpfend sein zu können — die hygienischen Erfordernisse besonders betonen. Um eine Art Generalnenner zu haben, möchte ich als obersten Leitsatz d e n wählen, daß es letzten Endes nicht das G e b ä u d e oder ein R a u m ist, die irgendwie beheizt oder belüftet werden sollen, sondern, daß streng genommen der Mensch, der darin lebt und wohnt, als Grundlage für die zu ergreifenden Maßnahmen gelten muß. Die Aufgabe des Ingenieurs wächst damit über die Verpflichtung, lediglich die Zufuhr einer bestimmten Wärmemenge oder das Einhalten eines x-maligen Luftwechsels zu gewährleisten, weit hinaus und erhält ihre entscheidende Bewährungsprobe an der Art und Weise, wie dies geschehen ist. Der Mensch wird durch seinen Aufenthalt, seine Tätigkeit und die Lebensvorgänge seines Körpers nicht nur zur H a u p t u r s a c h e für eine unter bestimmten Bedingungen unerläßlich werdende Lufterneuerung im geschlossenen Raum; er ist darüber hinaus zugleich ein sehr empfindliches R e a g e n s auf die Zweckmäßigkeit und Fehlerlosigkeit der gewählten technischen Lösung einer Lüftung. Von diesem Grundsatz aus lohnt es sich, einmal der unbestreitbaren Tatsache nachzugehen, daß eine außerordentlich große Zahl von Menschen der Luftbeschaffenheit im geschlossenen Raum recht gleichgültig gegenübersteht und daß nur verhältnismäßig wenige über die sich erfahrungsgemäß in voll besetzten Räumen ohne jegliche Lufterneuerung ausbildenden Luftverhältnisse in der Öffentlichkeit Klage führen. Die Gründe dürften darin zu erblicken sein, daß die Wirkungen des Anfangszustandes einer solchen Luftveränderung nicht sonderlich sinn-

---

[1]) »Berichte«, herausgegeben vom Ständigen Kongreßausschuß. Verlag R. Oldenbourg, München u. Berlin.
[2]) Vgl. auch A. K h a u m, Mitt. Volksgesundh.-Amt. (Österreich 1 (1934) S. 3, sowie der »Geschichte halber«, ferner R o t h, Dtsch. Vschr. öff. Gesundheitspfl. 13 (1881) S. 103.

fällig sind. Sie sind sicherlich weitaus weniger sinnfällig, als z. B. Schönheitsfehler beim Trinkwasser (etwa in Farbe oder Geschmack), um nur ein in diesem Zusammenhang gern angeführtes Beispiel zu nennen. Sodann pflegen diese Luftveränderungen nur sehr allmählich zuzunehmen. Die allmähliche Gewöhnung unserer Nase an diese sogenannten »Geruch- oder Ekelstoffe« vermittelt dann erst recht keinen besonders auffälligen Eindruck mehr. Weiter kommt hinzu, daß diese Luftveränderungen meist nur sehr beschränkte Zeit auf den einzelnen Menschen zur Einwirkung zu kommen pflegen und sofortige Gesundheitsstörungen nur in außergewöhnlichen Fällen möglich werden. Bei diesen spielen übrigens, wenn sie im Einzelfall schon auftreten, meist noch andere Ursachen persönlicher Art eine ausschlaggebende Rolle. Schließlich verbindet sich für viele Menschen mit dem Begriff »Lüftung« unlösbar die Vorstellung von unerwünschten Belästigungen durch zu stark »fühlbar bewegte Luft« oder gar durch »Zugluft«. Da derartige Belästigungen durch unzweckmäßige Lüftungsmaßnahmen oder fehlerhafte Lüftungsanlagen die doppelt unangenehme Eigenschaft haben, unaufhörlich empfunden zu werden (und somit dem Betroffenen besonders nachdrücklich zum Bewußtsein kommen), mag die verbreitete Auffassung, daß von beiden Übeln »schlechte Luft« noch das kleinere sei, immerhin erklärlich werden. Es ist eben für das physiologische Wirkung ein grundsätzlicher Unterschied, ob im geschlossenen Raum ein künstlich geschaffener Luftzustand ununterbrochen und in stets gleicher Weise auf die Menschen einwirkt, oder ob, wie in der freien Atmosphäre, ein hinsichtlich Stärke und Zusammenwirken der einzelnen Klimaumstände stets wechselnder Luftzustand vorliegt. Das An- und Abschwellen z. B. der Luftbewegung im Freien bedeutet einen günstigen Reiz für die Hautnerven, die die Blutfülle der Haut regeln. Dies Alles hat Dorno einmal recht treffend mit dem Ausdruck »lebendige Luft« gekennzeichnet.

Es ist somit zu begrüßen, wenn sich der diesjährige Kongreß mit besonderem Nachdruck gerade auch an die Allgemeinheit wendet, um über alle diejenigen Fortschritte und Möglichkeiten zu berichten, die in Abwandlung des Königsberger Philosophenwortes heute mehr denn je die Berechtigung zu geben scheinen, »das ganze Publikum zu Kennern und Liebhabern« von guter Luft im Raum zu erziehen!

II.

Die Veränderungen der Luft im geschlossenen Raum durch den Menschen sind bekanntlich chemischer und physikalischer Art.[3] Beide sind in ihrer hygienischen Bedeutung verschieden hoch einzuschätzen. Auf die Beschreibung der in Betracht kommenden Stoffwechselvorgänge sowie die Zergliederung soll hier nicht weiter eingegangen werden, zumal darüber genügend Angaben im Schrifttum leicht zu finden sind[4]. Die gasförmigen Stoffwechselprodukte, welche z. T. als die sogenannten Riech- und Ekelstoffe uns eine »schlechte« oder »verdorbene« Luft erst zu einer Art feststehendem Begriff werden ließen, sind selbst in einer Häufung, wie sie unter wenig günstigen Raumverhältnissen (einschließlich des Tabakrauches) tatsächlich denkbar wären, nicht sofort gesundheitsschädlich oder gar giftig. Bis heute sind bekanntlich alle Versuche zur Reindarstellung eines sogenannten Atmungs- oder Ermüdungsgiftes in der Raumluft fehlgeschlagen. Auch der von amerikanischen Forschern veröffentlichten Auffassung, daß sie die gesundheitsschädliche Bedeutung der üblichen Wohngerüche im selben Umfang wie z. B. die der physikalischen Einflüsse Wärme und Feuchtigkeit durch den Versuch als allgemein gültig nachgewiesen hätten (vgl. Kongreßbericht 1924, S. 261ff.), kann bei einer kritischen Prüfung des angewendeten Untersuchungsverfahrens nicht beigetreten werden. Dagegen ist die durch den Lebensvorgang des Menschen bedingte Überwärmung und Befeuchtung der Raumluft eine durch

---

[3] Vgl. auch Süpfle-Hoffmann, »Wohnungshygiene« im Handb. d. biolog. Arbeitsmethoden (Abderhalden) Abt. IV, Teil 11 (1934).
[4] O. Spitta im Handb. d. soz. Hyg. u. Gesundheitsfürs., herausgegeb. von v. Gottstein-Schloßmann-Teleky, Berlin 1927, Bd. 5, S. 256.

zahlreiche physiologische und hygienische Untersuchungen wesentlich besser gestützte, ungünstige Veränderung.

Der Mensch ist als Warmblütler darauf angewiesen, den Überschuß der erzeugten Wärme an seine Umgebung los zu werden, am liebsten stets so viel, wie es in Abhängigkeit von den jeweiligen äußeren Einflüssen seiner »Behaglichkeitsempfindung« entspricht. Es kann somit gerade im geschlossenen Raum — und besonders bei stärkerer Besetzung — leicht der Fall eintreten, daß der Wärmeanspruch der Umgebung dem menschlichen Organismus gegenüber zu gering wird, so daß seine Entwärmung ungenügend oder auch bloß in solcher Weise möglich ist, die von uns — je nach den Umständen — nicht mehr als »behaglich« empfunden wird (z. B. durch unwillkommene, fühlbare Schweißbildung). Gerade diese an sich nicht einfachen, sondern sehr verwickelten Vorgänge der Entwärmung des menschlichen Körpers bei verschiedenem Wärmeanspruch einer Umgebung sind z. T. mit neuer und verbesserter Methodik[5]) in den letzten Jahren wiederum eingehend untersucht worden. Ihr wichtigstes Ergebnis, das erneut zeigte, wie genau die mittlere Hauttemperatur eine Funktion der Summe der thermischen Umweltbedingungen ist, besitzt für die Heizungs- und Lüftungstechnik zweifellos größte praktische Bedeutung. Die begrenzte Zeit erlaubt es heute leider nicht, auf Einzelheiten einzugehen. Es würde eine Aufgabe für sich sein, etwa die sehr genauen Beziehungen zwischen der Stärke und Temperatur bewegter Luft und ihrem Einfluß auf die für die Wärmeabgabe ausschlaggebende Hauttemperatur oder etwa die Rolle klarzulegen, welche die der Haut anliegende Luftgrenzschicht[6]) z. B. für die unfühlbare Wasserabgabe der Haut in Abhängigkeit von der Umgebung spielt. Man kann einwenden, daß diese Beziehungen z. T. so feiner Natur sind, daß gröbere Einflüsse wie Kleidung, Nahrungsaufnahme, Stimmungslage, ja Einflüsse der Raumbeschaffenheit u. ä. praktisch häufig weitaus bedeutungsvoller sind. Dies für den einzelnen Fall als durchaus möglich zugeben, heißt die grundsätzliche Wichtigkeit dieser Forschungsarbeit keineswegs leugnen[7])!

Im geschlossenen Raum stellen sich diese Dinge für gewöhnlich erfreulicherweise etwas einfacher dar. Wir können außerdem von Glück sagen, daß geistige Arbeit den Körper zu wesentlich geringerer Wärmeerzeugung veranlaßt, als es bereits leichte körperliche Arbeit tut. Zur Vermeidung von Mißverständnissen sei ausdrücklich betont, daß solche Verhältnisse, wie sie ausgesprochene Arbeitsklimata sind, hier völlig außerhalb der Erörterung bleiben. Der nicht körperlich arbeitende Mensch befindet sich im allgemeinen bei vollster Behaglichkeit, solange er seine Entwärmung so regeln kann, daß der Hauptteil seiner Energieabgabe als »fühlbare Wärme« erfolgt, d. h. also ohne Wasserverdunstung über eine mehr oder weniger stark fühlbar durchfeuchtete Haut, jener wirksamsten und sichtbaren Möglichkeit der ausgesprochenen Hitzeabwehr des Körpers. Das wäre dann für den bekleideten, ruhenden Menschen bei nicht feuchter, ruhender bis leicht bewegter Luft ein Temperaturgebiet zwischen rd. 15° und 25°. Bei dieser sehr rohen Grenzziehung nach unten und oben sind naturgemäß die erheblichen, persönlichen Unterschiede in der Empfindung des einzelnen in keiner Weise berücksichtigt. Diese Temperaturzone hat vor allem auch nach oben keinen sicheren Festpunkt. Deshalb nicht, weil nicht wenige Menschen in hohem Maße dazu veranlagt sind, ihren Wärmeausgleich besonders durch nicht fühlbare Flüssigkeitsverdampfung von der Haut zu bewerkstelligen[8]). Diese Menschen mit größerer, naturbedingter unfühlbarer Hautwasserabgabe sind von Änderungen der Temperatur und der Feuchtigkeit der Luft sowie von Einflüssen bewegter Luft abhängiger als andere Menschen. Ebenso sind bekanntlich Menschen mit starker Fettpolsterung der Haut auf eine gesteigerte Schweißbildung bei ihrer Entwärmung angewiesen. Eine

---

[5]) Vgl. Pfleiderer-Büttner, »Grundlagen der Hautthermometrie«. Verlag Barth-Leipzig, 1935 (daselbst weiteres Schrifttum).
[6]) Loewy u. Uhlmann, Z. ges. physikalische Therapie 45 (1933) S. 183.
[7]) Vgl. auch Liese, Z. VDI 79 (1935) S. 125.
[8]) Vgl. W. Strauss u. C. Müller, Z. Hyg. u. Infekt.-Krankh. 110 (1929) S. 413 (daselbst auch weiteres Schrifttum).

von manchen Personen stark betonte Empfindlichkeit schon wenig bewegter (unter 0,3 m/s Geschwindigkeit) Luft gegenüber — also wohlverstanden nicht erst etwa gegen kühlere »Zugluft« — findet hierin eine gut begründete Erklärung und die von den Lüftungsingenieuren besonders geliebten »zugempfindlichen Mitmenschen« können keineswegs einfach als »überempfindliche« Leute abgetan werden. An das Gebiet der besten Behaglichkeitszone schließen solche Luftzustände an, in denen man sich bereits unbehaglich fühlen kann, da die hier meist einsetzende, sichtbare Schweißaussonderung schon einen erheblichen Eingriff in den Haushalt des Organismus darstellt. Nach den im Schrifttum niedergelegten Versuchen und Ansichten darf man sogar sagen, daß unbewegte und feuchte Luft — also mit relativer Feuchtigkeit über 70 bis 75% —, die auf eine Temperatur von 24° zustrebt, für eine große Zahl von Menschen nicht mehr lediglich unbehaglich wirkt, vor allem dann nicht, wenn sich dieser Luftzustand im voll besetzten Raum ausbilden kann. Dies sind schon solche Luftzustände, die im Einzelfall zu gesundheitlicher Störung führen können und die in dieser Form mit der Bezeichnung »Wärmestauung« eine besondere Kennzeichnung erfahren haben[9]). Alle stärkeren Störungen des Wärmeausgleiches können im übrigen wegen der dadurch möglich werdenden Schwächung des physiologischen Widerstandes des Körpers auf eine Entstehung von Infektionskrankheiten, in Sonderheit der sogenannten »kommensalen Infektionen« maßgeblichen Einfluß haben[10]). Das pflegt nicht selten dann einzutreten, wenn ein rascher Übergang aus Räumen mit solchen ungünstigen Luftzuständen in eine kühlere Umgebung erfolgen muß und dabei der Grund zu einer regelrechten »Erkältung«[11]) gelegt wird. Natürlich bestehen auch hier in der Anfälligkeit der einzelnen Menschen sehr große Unterschiede, die meist eine Frage der Körperbeschaffenheit und der Abhärtung (bzw. häufig individuelle Mängel in der regulatorischen Anpassung) sind, nicht ganz selten jedoch auch durch irgendwelche außergewöhnlichen Veränderungen im Hals-, Nasen- und Rachenraum bei den Betreffenden bedingt sind. Wir sind verpflichtet auch solche Fälle mit ungünstigen Vorbedingungen zu berücksichtigen.

An dieser Stelle wäre kurz eine Sonderfrage zu streifen, die im Schrifttum immer wieder Beachtung findet, nämlich die Frage nach der Höhe der relativen Luftfeuchtigkeit in beheizten Räumen aller Art, insbesondere auch in gewöhnlichen Wohn- und Aufenthaltsräumen. Es sind fast alle im Schrifttum vertretenen Ansichten für sich genommen richtig; nur ist jede einzelne nicht für alle Fälle brauchbar. Hygienisch kann die Luftfeuchtigkeit nur im Verein mit der Lufttemperatur gewertet werden. Eine höhere Luftfeuchtigkeit wird auf alle Fälle stets dann für den Wärmeausgleich des Körpers ungünstiger, wenn die Temperatur der Umgebungsluft nach »kalt« oder »warm« neigt, entsprechend den volkstümlichen Bezeichnungen »feucht-kalt« bzw. »schwül«. Bei mittleren Temperaturen, wie sie im Raum bei vernünftig geleiteter Heizung herrschen, besteht bei der weit überwiegenden Mehrzahl des gesunden Menschen tatsächlich weitgehende Unabhängigkeit des Organismus von der Höhe der relativen Luftfeuchtigkeit. Das ist im hygienischen Schrifttum wiederholt zum Ausdruck gebracht worden. Bei neuerdings durchgeführten Versuchen[12]) am ruhenden, stets gleich bekleideten Menschen, der Lufttemperaturen zwischen 0° und 41° ausgesetzt wurde, schwankte unter der Kleidung die Temperatur zwischen 23° und 37°. Das Sättigungsdefizit der Luft zwischen Haut und Kleidung hiergegen schwankte, wie Abb. 1 eindrucksvoll erkennen läßt, in dieser 41° umfassenden Temperaturspanne nur um knapp 5 mm, nämlich zwischen 13 und 18 mm. Im üblichen beheizten Wohn- oder Aufenthaltsraum besteht nur selten Veranlassung für eine »örtliche« Luftbefeuchtung, etwa wenn im Einzelfall Rücksicht auf kostbare Möbel, Bilder od. dgl. genommen werden muß; für

[9]) Vgl. auch S c h a d e , »Wärme« im Handb. u. normalen u. pathologischen Physiologie, Bd. 17, Verlag Julius Springer 1935 und C. F l ü g g e in »Großstadtwohnungen usw.« Verlag G. Fischer 1916.
[10]) Vgl. v a n L o g h e m , Ztschr. f. Hygiene u. Infektionskrankh. 115 (1933) S. 183.
[11]) Vgl. S c h m i d t u. K a i r i e s , Dtsch. medizin. Wochenschr. 1931, II, S. 1361. Ferner B a c h m a n n , ebenda 1935, S. 1164 ff. über die Versuche von Bürgers, Bachmann, Fleischer u. a.
[12]) K. M e l l a n b y , J. of Hygiene 32 (1932) S. 268.

den gesunden Menschen ist sie überflüssig, sofern die — natürlich in jedem Fall sauber zu haltenden — Heizkörper nicht besonders hohe Oberflächentemperatur haben. Es muß jedoch unterschieden werden, wenn es sich um einen Raum handelt, der einen künstlich-hohen, stündlichen Luftwechsel hat. »Zentrale« Luftbefeuchtungen sind deshalb dann am Platz, wo z. B. eine Luftheizung mit erheblichem, stündlichem Luftwechsel einen auf die Dauer anhaltend außergewöhnlich niedrigen Luftfeuchtigkeitsgrad etwa unter 20 bis 25% bedingen würde. Ob und inwieweit diese geringen Luftfeuchtigkeiten tatsächlich Einfluß auf die Abgabe des Wasserdampfes an die Atemluft haben — der Mensch wird im übrigen durch rechtzeitige Flüssigkeitszufuhr danach trachten ein unerwünschtes »Austrocknen« seiner Schleimhäute zu vermeiden — muß noch eingehend untersucht werden. Dabei wird von der Feststellung Rubners auszugehen sein, daß die Wasserdampfabgabe an die Atemluft z. B. nicht einfach nach der absoluten Luftfeuchtigkeit bemessen werden kann.*)

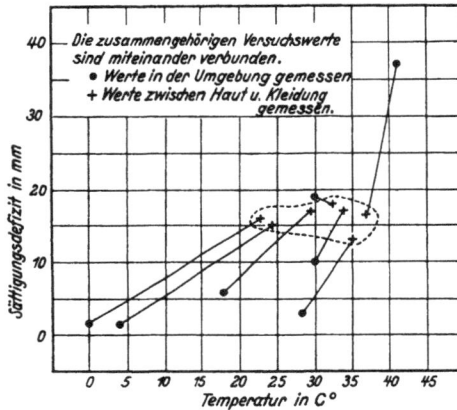

Abb. 1.

Die Feuchtigkeitszonen, die neuerdings bei den Leistungen der Klimaanlagen zwischen 30 und 70% vorgeschrieben werden, stehen mit den früheren Auffassungen also nicht im Widerspruch, sondern haben hier ihre Berechtigung. Besonders oft wird bei stärkerer Raumbesetzung im Sommer gerade die obere Grenze bei unseren klimatischen Verhältnissen einzuhalten sein.

Die wissenschaftliche Hygiene sucht nicht lediglich solche schädlichen Einflüsse der Umwelt zu bessern, die die Leistungsfähigkeit des menschlichen Organismus stören oder herabsetzen. Sie berücksichtigt auch psychische Forderungen, die mit dem Wort »ästhetische Ansprüche« zu umschreiben wären und z. B. im Fall der Lebensmittelgesetzgebung den hier sehr wichtigen Begriff »Appetitlichkeit« umfassen. Die Lüftung geschlossener Räume als hygienische Maßnahme soll also verhindern:

1. daß ganz allgemein eine Steigerung von Temperatur und Feuchtigkeit in der Luft (besonders auch unter Voraussetzungen, wie sie z. B. im voll besetzten Raum gegeben sind) solche Werte annimmt, die eine Erschwerung oder gar Störung der Wärmeabgabe des menschlichen Körpers mit sich bringen und

2. daß eine mit Riech- oder Duft-, eben den sogenannten gasförmigen »Ekelstoffen« beladene Luft entsteht, die eine unerwünschte ästhetische Mangelerscheinung

---

*) Nach Versuchen von Harder (Nachr. Ges. Wiss. Göttingen, Math.-phys. Kl. N. F. 1 (1935) S. 181) Yirkt u. U. bei bestimmten Pflanzen bewegte, trockene Luft weniger transpirationsfördernd als sehr feuchte Luft mit 95 % Feuchtigkeit (!)

unserer Umwelt ist. Beide Arten der Luftveränderung, die chemische und physikalische (die auch die Veränderungen durch Rauch, Staub usw. umschließt), geben, wie gesagt, eine hygienische Begründung für die Notwendigkeit einer Lufterneuerung in geschlossenen Räumen ab. Doch sind die physikalischen Veränderungen, wie sie die Überwärmung und Befeuchtung der Luft ausmachen, zweifellos die bedeutungsvolleren und gesundheitlich schwerer wiegenden.

III.

Das Ausmaß der Luftveränderungen, damit die an eine Lüftung zu stellenden Ansprüche und damit schließlich die Wahl eines Lüftungsverfahrens wird bekanntlich von sehr verschiedengestaltigen äußeren Umständen bestimmt, nämlich durch das Klima, die Bauart, Zweckbestimmung und Benutzungsart der Räume, die Personenzahl im Raum u. dgl. Das Bestreben, möglichst allen diesen Einflüssen selbsttätig zu entsprechen, hat zur Ausbildung der sogenannten »Klimaanlagen« geführt, die, wenn sie richtig gebaut werden, zweifellos alle Anforderungen erfüllen können. Mit dieser technisch vollkommenen und für den Ingenieur besonders reizvollen Form einer Lüftung[13] — dieses bescheidene Wort paßt eigentlich nicht recht dazu — will ich mich hier nur ganz kurz befassen, zumal sie der Kosten wegen nicht für alle Fälle in Betracht kommen. Außerdem werden — oder sollten wenigstens — dann stets die Mittel zur Verfügung stehen, die ohne jegliche Einschränkung die Durchbildung einer solchen Anlage nach erprobtem Stand der Technik erlauben. Ein kurzes Wort sei lediglich über die Leistung eingefügt, wie sie den hygienischen Ansprüchen gemäß in jedem Fall sein muß:

In der Aufenthaltszone im Raum für den Menschen soll sich die Bewegung der Luft je nach der Temperatur in Grenzen zwischen 0,1 bis 0,3 m/s halten und auch bei hohen Temperaturen nicht über 0,4 m/s hinausgehen. Als Temperaturzone ist je nach den Umständen ein Bereich zwischen 18° und 21° einzuhalten, mit der Maßgabe, daß während der heißen Jahreszeit die Möglichkeit besteht, größere Temperaturunterschiede zwischen außen und innen als 4 bis 8° C zu vermeiden (und zwar je nach den im Raum herrschenden Temperatur- und Feuchtigkeitsbedingungen). »Zug«erscheinungen durch schwach bewegte Luft, die auch nur 1 bis 2° kühler als die Umgebungsluft vornehmlich eng begrenzte Körperpartien treffen kann, müssen auf alle Fälle vermieden werden. Für die Luftfeuchtigkeit ist je nach Bedürfnis ein Bereich zwischen 30% und höchstens 70% zu gewährleisten. Auch das Einhalten eines bestimmten Lärmspiegels wird in Zukunft für alle Lüftungsanlagen verlangt werden können.

IV.

Gegenüber der Errichtung von Klimaanlagen sind jedoch die Fälle weit zahlreicher, bei denen eine erforderliche Lufterneuerung im geschlossenen Raum mit einfacheren Mitteln sichergestellt werden muß. Es werden jetzt sämtliche Maßnahmen und Anlagen für Lüftungszwecke gemeint, bei denen die Möglichkeit einer Kühlung und Trocknung der zugeführten Luft nicht besteht. Hier ist man bekanntlich besonders im Sommer vom Außenklima weitgehend abhängig. Aber auch noch deshalb verdienen diese einfachen Anlagen und Maßnahmen besondere Fürsorge, weil sie gerade unter bescheidenen Verhältnissen, wie sie die Vielzahl der kleinen und kleinsten Versammlungs-, Gaststätten-, Lichtspielräume und dgl. sind, zur Verwendung kommen. Diese Räume pflegen zudem erfahrungsgemäß die schlimmsten Zustände bezüglich der Luftbeschaffenheit aufzuweisen, wie es überhaupt bezeichnend ist, daß, wenn schon einmal vom Publikum Klagen vorgebracht werden, sie sich in der Tat auf diese eben genannten Fälle beziehen.

Eine allgemeine Kennzeichnung hierfür ist, daß es sich um Räumlichkeiten handelt, die nach Zweckbestimmung und vornehmlicher Benutzungsart häufig hohe Besetzungs-

---

[13]) Vgl. auch W. Koeniger, Z. VDI 77 (1933) S. 989.

ziffern aufweisen und die dem einzelnen Menschen nur einen verhältnismäßig sehr kleinen Luftraum — oder auch Luftkubus[14]), wie man weniger schön sagt — zur Verfügung stellen. Das Nächstliegende wäre die Festsetzung der polizeilich zu erlaubenden Höchstziffer einer Besetzung unter Zubilligung eines bestimmten Luftraumes für den einzelnen Menschen. Das würde eine hygienisch erfreuliche Änderung der jetzigen Gepflogenheit bedeuten, die Stärke der Raumbesetzung in der Regel unter verkehrspolizeilichen oder feuerpolizeilichen Gesichtspunkten festzusetzen. Die Bestimmung, daß für einen Menschen im Raum ein bestimmter Luftraum einzuhalten ist, wäre an sich keineswegs neu. Es ist bekannt, daß bei uns nicht nur für bestimmte Arbeitsräume[15]), sondern auch in den »Wohnungsordnungen« fast ausnahmslos Bestimmungen über den sogenannten Luftkubus vorgesehen sind, der je nach Benutzungsart des Raumes und Alter des Menschen zwischen 5 und 20 m³/Kopf schwankt. Ich erinnere daran, daß auch z. B. der neue englische Wohnungsgesetzentwurf vom 20. Dezember 1934 sehr genaue Bestimmungen über die Höchstzahl der für eine Wohnung zulässigen Personenzahl mit Bezug auf die Wohnfläche und in Abhängigkeit von der Raumzahl der Wohnung enthält. Dieses Verfahren käme jedoch praktisch für die hier in Frage kommenden Fälle nicht in Betracht, weil

1. Versammlungsräume im Gegensatz zu regelrechten Wohnräumen zeitlich wesentlich kürzer benutzt werden (beide Fälle also nicht unmittelbar miteinander vergleichbar sind) und

2. im »Versammlungsraum« eher und leichter die Möglichkeit, ja die Verpflichtung besteht, von den gesundheitstechnischen Errungenschaften der Lüftungstechnik Gebrauch zu machen. Außerdem ist für diese Art gewerblich benutzter Räume der Weg über eine künstliche Lüftung für den Besitzer zweifellos wirtschaftlicher als etwa eine herabgesetzte Höchstbesetzungsziffer.

Die Vorschläge, die für die Lösung bei diesen Räumen gemacht werden können, waren besonders gut zu überlegen, weil sie dem Gesetzgeber als brauchbare Grundlage für womöglich später zu erlassende bau- und betriebspolizeiliche Bestimmungen und Auflagen dienen sollen. Aus diesem Grunde war es auch angezeigt, »Mindestwerte« zu suchen. Das Wort Mindestwert ist jedoch nicht von der Seite eines willkürlich herabgeminderten hygienischen Anspruches her aufzufassen. Es soll hier so verstanden werden, daß bei größeren Werten nicht mehr ein solches entsprechendes Mehr an tatsächlicher Verbesserung erwartet werden kann, wie die geldliche Aufwendung ausmachen würde.

V.

Bei der Auswahl der Zahlen, die angegeben werden können, kommen praktisch nur 2 Größen in Betracht, nämlich

1. der Luftraum je Kopf und

2. die je Kopf und Stunde zuzuführende Luftmenge

oder wie Professor Gröber dies treffend genannt hat: die »Luftrate«.

Der mitunter vertretene Standpunkt, daß für diese beiden Größen allgemein gültige, zahlenmäßige Angaben überhaupt nicht gemacht werden können, ist insofern nicht richtig, als es schließlich Maßstäbe gibt, die die Zweckmäßigkeit der Zahlenangaben nachprüfen lassen. Immerhin sind bestimmte einschränkende Vorbehalte für ihre Gültigkeit und praktische Verwendung zu machen. Das ist auch geschehen, als neben den oben bezeichneten '»Versammlungsräumen« Sonderfälle, wie etwa Schulzimmer, Krankenzimmer u. dgl. herausbleiben sollen. Außerdem muß die Lüftungstechnik derartige Zahlenangaben unbedingt haben, um überhaupt in die Lage versetzt zu werden, Mindestleistungsforderungen für Lüftungsmaßnahmen aufstellen und durchsetzen zu können, die der Absicht des Gesetzgebers tatsächlich gerecht werden. Diese

---

[14]) Vgl. Liese, »Die Wohnung« 1934 S. 204.
[15]) Vgl. auch W. Hatlapa, Gesundh.-Ing. 58 (1935) Nr. 21 S. 309.

Mindestwerte sind natürlich nur Richtlinien unter die keinesfalls herunter gegangen werden sollte. Überdies müssen beide Zahlen — für den Luftraum und die Luftrate — als zusammengehörig und sich ergänzend angesehen werden müssen. Für den Luftraum beträgt die vorgeschlagene Zahl 2,5 m³ und für die Luftrate (= die je Kopf und Stunde zuzuführende Luftmenge) 20 m³. Vom hygienischen Standpunkt erscheint auf den ersten Blick die Zahl für den Luftraum von 2,5 m³ vielleicht besonders klein. Demgegenüber sei gesagt, daß die zur Zeit z. B. für kleinere Lichtspielräume gültigen Vorschriften[16]) bei voller Besetzung einen solchen Luftraum höchst selten gewährleisten, mitunter sogar wesentlich darunter bleiben. Es kommt hinzu, daß allzu häufig Vorrichtungen, die eine nennenswerte Lufterneuerung erlauben, nicht vorhanden sind. Diesem Zustand gegenüber würde die vorgeschlagene Zahl von 2,5 m³ an sich schon eine Verbesserung bedeuten; sie wird es in der Tat in erheblicher Weise, weil eben zugleich eine Luftrate von 20 m³ verlangt wird. Wenn ich trotzdem befürworten möchte, eine Heraufsetzung dieser Zahl auf 3,0 oder gar 3,5 m³ zu erwägen, so nicht nur allgemein hygienischer Vorteile wegen, die darin gesehen werden, daß dem einzelnen Menschen überhaupt etwas mehr »Platz« zugebilligt wird; vielmehr besonders deshalb, um gerade bei den kleinen Anlagen einen Anreiz nach zu häufigem, stündlichem Luftwechsel zu vermeiden, der leicht Belästigungen durch zu stark bewegte Luft oder gesundheitliche Gefährdungen durch Zugluft mit sich bringen kann. Wenn hier bei beschiedenen Raumverhältnissen ein größerer Luftraum eine Art Sicherheitsventil bedeuten würde, diese beiden Gefahren weitgehend auszuschließen, so wäre das recht erstrebenswert.

Es bleibt jetzt darzulegen, was diese Luftrate von 20 m³ erreichen läßt. Zunächst ist eine chemische Beurteilung dieser Zahl mit Hilfe des bekannten Kohlensäuremaßstabes nach Pettenkofer möglich. Trotz allen Vorbehalten, die bei diesem Maßstab gemacht werden müssen und leider besonders gerade bei dem von Pettenkofer zugrunde gelegten Gleichlauf von Menge der Atmungskohlensäure und Erzeugung der sogenannten Riech- und Ekelstoffe, welche in dieser von ihm angenommenen Verallgemeinerung ganz sicher nicht richtig ist, behält er doch eine Bedeutung als »Verschlechterungsmaßstab« einer Raumluft gegenüber frischer Außenluft. Eine Luftrate von 20 m³ würde dann ein Ansteigen der Kohlensäure auf über 1,4 bis 1,5⁰/₀₀ verhindern. Es wird mit Sicherheit eine Kohlensäureanreicherung in der Luft von 2⁰/₀₀, die Pettenkofer in seinem denkwürdigen Vortrag im Jahre 1858[17]) ganz ausdrücklich als Anzeichen für »schlechte Luft« bezeichnet hat, vermieden werden.

Da aber auf den physikalischen Luftzustand hygienisch der größere Nachdruck zu legen ist, muß die Zahl 20 m³ für die Luftrate ihre eigentliche Bewährungsprobe bei den physikalischen Maßstäben erbringen. Während in der kalten Jahreszeit die Berücksichtigung der vorhin genannten »Behaglichkeitsgrenze« verhältnismäßig leicht in unsere Hand gegeben ist, weil die Heizung in vernünftiger und zweckvoller Weise betrieben (und dabei ein im Einzelfall noch gut erträglicher kühlerer Behaglichkeitsgrad — besonders im stärker besetzten Raum — mehr als bisher bevorzugt) werden kann, sind wir in der warmen Jahreszeit bei diesen einfachen Anlagen und Maßnahmen vollständig dem Außenklima ausgeliefert. Für eine richtige Beurteilung der Luftrate von 20 m³ liegt eine weitere Schwierigkeit in der Abschätzung des Einflusses, den die Raumumschließungen für die Aufnahme der von den Menschen erzeugten Wärme und Feuchtigkeit unter gegebenen Verhältnissen bedeuten. Diese schwierige Frage ist von der hiesigen Versuchsanstalt für Heizungs- und Lüftungswesen aufgegriffen worden und besonders F. Bradtke[18]) hat dafür aufschlußreiche Unterlagen ausgearbeitet. In den vergangenen zwölf Jahren hatten wir im Jahr durchschnittlich mit 31 Sommertagen zu rechnen, also Tagen, bei denen die höchste Temperatur über 25⁰ hinausgeht. Annähernd ²/₃ dieser Tage pflegt

[16]) Vgl. z. B. die Bestimmungen im Erlaß d. Preuß. Min. f. Volkswohlf. v. 19. I. 1926.
[17]) Ärztl. Intelligenzblatt 1858, S. 169.
[18]) Bradtke, Gesundh.-Ing. 58 (1935) S. 411 (Kongreßsonderheft).

auf die beiden Monate Juli und August zu entfallen. Während dieser Zeit kann, wie eine einfache Überlegung ergibt, diese Luftrate zweifellos über einen Luftzustand hinausführen, der als äußerste Behaglichkeitsgrenze im besetzten Raum angenommen worden war. Dieser Umstand wird dadurch gemildert, daß die ungünstigen Spitzen in eine Zeit fallen, in der viele Menschen den Aufenthalt im Freien bevorzugen und überdies an höhere Temperaturen bereits gewöhnt sind (Kleidung)[19]. Ferner pflegen die hier in Betracht kommenden Räumlichkeiten besonders häufig erst in den späten Nachmittags- bzw. kühleren Abendstunden voll benutzt zu werden. Durchschlagender als diese Erwägungen, die man als wenig stichhaltig ansehen könnte, ist die Tatsache, daß im vollbesetzten Raum (nach den Bradtkeschen Darlegungen) eine Erhöhung der Luftrate über 20 m³ hinaus eine wesentlich gesteigerte Verbesserung dieser wichtigen physikalischen Luftveränderungen wegen der Abhängigkeit vom Außenklima nicht erreichen läßt. Mit andern Worten liegt praktisch bei dem Wert von 20 m³ Luftzufuhr je Kopf/Stunde annähernd die Wirkungsgrenze für solche Lüftungsanlagen, die ohne Kühlung arbeiten. Auch diese Lüftungsanlagen jedoch, die immer eine Luftrate von 20 m³ gewährleisten, arbeiten — besonders bei Berücksichtigung eines vernünftigen Luftraumes, etwa der vorgeschlagenen Größe — der durch die Menschen bedingten Überwärmung und Befeuchtung der Raumluft mit befriedigendem hygienischen Nutzen entgegen. Die zugegebene, nicht genügende Wirkung an heißen Sommertagen vermag diese Auffassung nicht umzustoßen. Es darf schließlich auch nicht vergessen werden, daß eine Lüftung immer nur eine der möglichen raumhygienischen Maßnahmen ist und daß besonders in stets voll besetzten Räumen dann noch allgemeine Vorschriften etwa über die zeitlich-häufige Benutzung der Räume, ihre Säuberung, Entstaubung von Teppichen, Vorhängen usw. oder auch einmal rechtzeitiges Rauchverbot u. dgl. hinzukommen müssen, wenn Wert auf in jeder Beziehung einwandfreie Luftbeschaffenheit gelegt wird.

VI.

Werden der physikalischen Beschaffenheit eines Luftzustandes im besetzten Raum ganz besonders starke Einflüsse auf den »Behaglichkeits-Begriff« eingeräumt, so müssen diese notgedrungen auch im Meßverfahren entsprechend betonte Berücksichtigung finden. Da die vielen Versuche, die auf diesem Gebiet (fast in aller Welt) angestellt worden sind, bekannt sind, so werden auch die verschiedenen neuen Temperatur- und Behaglichkeitsmaßstäbe und die dazu gehörigen Meßverfahren allgemein bekannt sein, die in den letzten Jahren entwickelt worden sind. Leider ist nicht leicht zu beurteilen, ob die beschriebenen Versuche in der Tat immer umfassend genug waren, um aus ihnen die Ableitung neuer Behaglichkeitsmaßstäbe vornehmen zu können. Versuche auf dem Gebiet der Klimaforschung locken dazu, psycho-physische Versuchsanstellungen zu wählen, die leider stets eine gewisse Gefahr für die absolute Richtigkeit des Ergebnisses einschließen. Man wird nämlich bei diesen Versuchen stets berücksichtigen müssen, daß die Versuchsperson bei ihrer erforderlichen Konzentration auf die Frage des Versuches, etwa der Aussage über die Empfindung in einem bestimmten Klima machen zu sollen, sehr leicht unzulässigen Beeinflussungen unterliegen kann. Ich erwähne ein Beispiel[20]), das einer zur Zeit vielfach bearbeiteten Fragestellung entnommen ist, nämlich der Art und Stärke des Einflusses, den in verschiedener Weise künstlich ionisierte Raumluft auf den gesunden Menschen ausübt. Nachdem eine ganze Reihe Untersuchungen dafür und dagegen vorliegen, wird an einer Stelle auch einmal eine Versuchsreihe mit »Scheinionisation« eingeschoben, bei der die Versuchspersonen nicht erkennen konnten, ob der ihnen sichtbare Apparat denn nun tatsächlich zur Ionisation der Luft eingeschaltet war oder nicht. Das Ergebnis zeigte mit aufschlußreicher Deutlichkeit, wie gewaltig »suggestive Einflüsse« einwirken können, so stark, daß z. T. sicherlich vollkommen falsche Ergebnisse aus den früheren Versuchen gezogen

[19]) Vgl. auch Mills u. Ogle, Am. J. Hygiene 17 (1933) S. 686 (siehe Gesundh.-Ing. 56 [1933] S. 527).
[20]) C. Fervers, Dtsch. Med. Wochenschr. 1934, S. 1876.

worden sind. Besonders gefährdet ist eben bei solchen klimatischen Versuchen die Richtigkeit der Schlußfolgerung, wenn es sich um sogenannte kurz dauernde »Ad-hoc-Versuche« (also zur Klärung einer Einzelfrage) oder um Beobachtungen an nur einer einzelnen Versuchsperson handelt. Keineswegs braucht aber auf solche Versuche grundsätzlich verzichtet zu werden; auch sie verhelfen zu richtigen Folgerungen, wenn die möglichen Fehlerquellen von vornherein gebührend eingeschätzt werden. Nach wie vor bleibt es lohnende Aufgabe der Forschung, die ursächlichen Beziehungen zwischen der thermischen Beanspruchung seines Körpers durch die Umgebung und dem »Behaglichkeitsempfinden« des Menschen möglichst weitgehend klarzustellen.

Grundsätzliche Schwierigkeiten bestehen insofern dabei, als sowohl die »Behaglichkeit« wie die »Abkühlungsgröße« einer Umgebung, aus der die Stärke des thermischen Anspruchs für den Körper hervorgeht, keine im physikalischen Sinn genau festlegbaren Größen sind. In die Behaglichkeitsempfindung spielen gelegentlich schwer oder gar nicht zu erfassende psychische »Augenblicks-Insulte« hinein. Bei der »Abkühlungsgröße« besteht die eine verallgemeinernde Anwendung eines Meßergebnisses hindernde Abhängigkeit von Gestalt und Größe der Oberfläche des betreffenden Meßgerätes. Dies ist auch bei allen den Versuchen zu bedenken, die durch eine mathematische Formel eine Verknüpfung dieser beiden Begriffe anstreben, mit der die Beurteilung eines bestimmten Luftzustandes auf die Behaglichkeitsempfindung im voraus möglich werden soll. Sicherlich wird praktisch in manchen Fällen eine solche Beziehung nützen können. Nur darf man in ihr keine Genauigkeit sehen wollen, die über die eigene Exaktheit der beiden Begriffe hinausgeht.

Daher möchte ich vorschlagen, für die Anwendung beim Raumklima den in der Bioklimatologie gebräuchlichen, umfassenderen Ausdruck »Abkühlungsgröße« nicht zu verwenden, sondern sich mit dem einfacheren Begriff der »Kühlstärke« einer Raumluft zu begnügen. Die Verhältnisse im Raum liegen in der Tat einfacher und übersichtlicher, als wenn man an die Summe aller Einwirkungen denkt, die im dauernden Wechsel im Freien auf den Menschen möglich sind. Man kommt dann, immer unter der unbedingten Voraussetzung, daß außergewöhnliche Luftfeuchtigkeiten — und zwar in erster Linie die höheren Werte über 70 bis 75 % — vermieden sind bzw. ausgeschlossen werden können, zu der Erkenntnis, daß für gewöhnlich in unserem Klima und bei unsern Lebensgepflogenheiten, als wichtigste Möglichkeit, eine Einflußnahme auf die Temperatur und die Bewegung der Luft im geschlossenen Raum in Betracht kommt. Es wird also mit »Kühlstärken« zu arbeiten sein, die meist durch die Höhe der Lufttemperatur und die Stärke der Luftbewegung bestimmt werden. Dieser verschiedene Zustand der »Kühlstärke« einer Raumluft muß im Einzelfall auch meßbar sein und zwar in ebenso handlicher und einfacher Weise, wie der Lüftungsingenieur mit dem gewöhnlichen Thermometer oder dem Anemometer u. ä. Instrumenten zu arbeiten pflegt. Ein Meßverfahren dafür steht im »trockenen Katathermometer« zur Verfügung. Ich bitte beim Wort Katathermometer den Ton auf die Silben »Thermometer« zu legen, um damit zu sagen, daß es eben ein Sonderthermometer ist und daß somit aus naheliegenden Gründen die Beziehung zu den verschiedenen Formen der sogenannten Abkühlungsgeräte nur eine sehr lose sein soll. Auch aus dem Grunde, weil wir die Katamessung wenigstens als »Behaglichkeitsmaßstab« nicht für sich allein benutzen wollen, sondern im Verein mit der gleichzeitig gemachten Messung der Temperatur der Luft mit den üblichen Thermometern. Auf die Zweckmäßigkeit der Verbindung dieser beiden Messungen hat Korff-Petersen[21]) bereits zur Zeit der Anfänge des Hillschen Katathermometers vermutungsweise hingewiesen. Ich selbst habe auf Grund eigener Beobachtungen[22]) den Wert und die Anwendungsmöglichkeit der Messungen mit dem Katathermometer für die Zwecke des gewöhnlichen Raumklimas während der Heizzeit genauer festlegen können. Und in neuester Zeit hat

[21]) A. Korff-Petersen u. B. Hegmann, Z. Hyg. u. Infektionskrankh. 105 (1925) S. 450.
[22]) Liese, Gesundh.-Ing. 57 (1934) S. 353.

Bradtke [23]) mit seinem Quotienten »B«, der aus dem Wert der Temperaturmessung und dem gemessenen Katawert gebildet wird, eine — nach meinen eigenen bisherigen Versuchen als recht brauchbar zu bezeichnende — Formulierung für die Behaglichkeit zur Erörterung gestellt, die den praktischen Bedürfnissen des Lüftungsingenieurs bei Prüfungen von Lüftungsanlagen und Abnahmeversuchen besonders zusagen dürfte (vgl. Zahlentafel 1). Auf die Einzelheiten brauche ich nicht einzugehen, da sie Ihnen im

Zahlentafel 1.

		Ruhige Luft	Luftgeschwindigkeit in m/s			
			0,1	0,2	0,4	0,6
Obere Behaglich-	Lufttemp. t_L	22,0	22,6	23,75	25,3	26,2
keitsgrenze (warm)	Katawert A	4,0	4,5	4,8	5,1	5,3
	»B« $= t_L/A$	5,5	5,0	5,0	5,0	5,0
Größte	Lufttemp. t_L	18,8	19,0	19,5	21,0	22,0
Behaglichkeit	Katawert A	5,0	5,7	6,4	7,0	7,3
	»B« $= t_L/A$	3,75	3,35	3,0	3,0	3,0
Untere Behaglich-	Lufttemp. t_L	15,9	16,0	16,3	17,4	18,4
keitsgrenze (kalt)	Katawert A	6,0	6,7	7,6	8,7	9,2
	»B« $= t_L/A$	2,65	2,4	2,15	2,0	2,0

Schrifttum zugänglich sind. Wenn man diese Messungen mit der erforderlichen Genauigkeit vornimmt (unter Berücksichtigung einiger, beim Katathermometer zu beobachtender Eigentümlichkeiten, die mit der Natur des Gerätes zusammenhängen), so sind sie nicht nur praktisch brauchbar, sondern im Hinblick auf ihre Einfachheit ausgesprochen empfehlenswert [24]). Die Katamessung für sich allein kann auch sehr gut zur Ermittlung günstiger oder ungünstiger Stellen im Raum benutzt werden, wo es darauf ankommt, vergleichsweise Anhaltspunkte für eine Beurteilung von Zug- oder Strahlungswirkungen zu finden. Natürlich hat, wie jede, so auch diese Messung ihre Grenzen und sie wird jedem erst dann alle Möglichkeiten der Deutung richtig erschließen, wenn eigene Erfahrungen damit gesammelt worden sind. Solche Erfahrungen in der Praxis zu sammeln, scheint mir zweckmäßiger zu sein, als sich in unfruchtbarer Beweisführung darüber zu ergehen, daß Größe und Art der Wärmeabgabe beim trocknen Katathermometer an sich eine ganz andere ist, als beim menschlichen Körper. Diesen grundsätzlichen Fehler teilt natürlich auch das Katathermometer mit solchen physikalischen Messungen überhaupt, die auf physiologische Nutzanwendungen hin gemacht werden. Auch abgeänderte Geräte, die sich in dem einen oder andern Punkt dem Vorbild des Körpers enger anzulehnen versuchen, liefern immer nur wieder Zahlen, die wieder erst durch Versuch und Erfahrung für eine praktische Nutzanwendung brauchbar werden. Da das trockene Katathermometer in dieser Beziehung einen ansehnlichen Vorsprung gewonnen hat und überdies in vielen kritischen Untersuchungen recht genau untersucht worden ist, dürfen wir es heute mit gutem Gewissen in dem hier geschilderten Sinne den Arbeitsverfahren der Heizungs- und Lüftungstechnik als nützliche Bereicherung einverleiben.

Ich schließe mit dem Wunsche, daß der heutige Kongreßtag die Erkenntnis von der gesundheitlichen Bedeutung einer guten Luft in geschlossenen Räumen vertiefen und damit einen recht großen Widerhall in der Öffentlichkeit finden möge. Mögen ferner die Erbauer künstlicher Lüftungsanlagen stets alles von Wissenschaft und Er-

---

[23]) B r a d t k e , in H. Rietschels Leitfaden der Heiz- u. Lüftungstechnik (H. G r ö b e r), 10. Aufl. 1934, S. 255. Verlag J. Springer, Berlin. (Vgl. die beigegebene Zahlentafel.)
[24]) Die Feststellungen von O. I. C o c k e r e l l (J. Hygiene 35 [1935] S. 255) verlieren bei Katathermometer mit Q u e c k s i l b e r f ü l l u n g wesentlich an praktischer Bedeutung.

fahrung dargebotene Rüstzeug benutzen, damit ihre eigenen Werke im Einzelfall immer wieder bei unseren Mitmenschen zur nachdrücklichen Bedürfnisweckung und Werbung für »gute Luft im Raum« werden!

Vorsitzender: Sehr geehrter Herr Dr. Liese! Als wir bei der ersten Sitzung unseres Ausschusses noch unter uns waren — ich meine damit unter uns Ingenieuren und Architekten —, waren wir uns sofort im klaren, daß dem Hygieniker bei unseren Arbeiten eine entscheidende Rolle zufallen wird. Wir waren aber etwas in Sorge, ob es uns wohl rasch genug gelingen möge, mit der Hygiene auf eine gemeinsame Plattform des Zusammenarbeitens zu kommen. Ich kann Ihnen heute unseren Dank dafür aussprechen, für Ihr verständnisvolles Einfühlen in die Bedürfnisse der Technik und in die Grenzen, die unseren Arbeiten durch die Rücksichtnahme auf die wirtschaftlichen Auswirkungen gesteckt sind. Ich sage Ihnen also meinen Dank für den heutigen Vortrag und vor allem meinen Dank für Ihre Mitarbeit im Ausschuß.

Wir kommen dann zum zweiten Vortrage. — Ich bitte Herrn Ministerialrat Neuhaus das Wort zu ergreifen.

Lüftung und Baupolizei.

Von Ministerialrat **K. Neuhaus,** Berlin.

Bei den hier zur Verhandlung stehenden Fragen, die Lüftung von Versammlungsräumen, Theatern und Lichtspielhäusern zu verbessern, dürfte es für Sie von Wichtigkeit sein, die Stellung des Staates und seiner Organe hierzu zu erörtern und einen kurzen Blick zu werfen auf die bis jetzt vorhandenen Bestimmungen und deren Handhabung.

Ganz allgemein obliegt es dem Staate diejenigen Maßnahmen zu treffen, die notwendig sind, um für unser Volk eine seiner Art entsprechende Lebensweise auf möglichst hoher Stufe zu erreichen. — Zu diesem Zweck erläßt der Staat Gesetze und Anordnungen und seine Organe haben für deren Durchführung zu sorgen.

Ein wichtiges Teilgebiet in diesen Aufgaben ist der Schutz der Gesamtheit und des einzelnen vor Gefahren und vor solchen Einwirkungen, die Leben und Gesundheit beeinträchtigen können.

So hat er auch für das uns hier berührende Gebiet, nämlich die Errichtung von Gebäuden und deren Benutzung, Vorschriften erlassen. In Baugesetzen und Bauordnungen sind Normen aufgestellt, die die Anforderungen enthalten, welche bei Errichtung von Gebäuden als Mindestanforderungen zu erfüllen sind. Die Durchführung dieser Bestimmungen obliegt in der Hauptsache der Baupolizei.

Neben diesen allgemein für Gebäude erlassenen Bestimmungen sind für die Einrichtung von Versammlungsräumen, Theatern und Lichtspielhäusern besondere Vorschriften erlassen worden. Sie erstrecken sich auf die Bauart der Räume und ihrer Nebenanlagen, auf die Art und Größe der Zugänge und Treppen, auf die Anordnung der Sitzplätze, die Abortanlagen und auf die Vorkehrungen zur Verhütung von Bränden.

Verhältnismäßig wenig ist dagegen in den Vorschriften enthalten über die Forderungen für die Be- und Entlüftung. So ist z. B. in der Preußischen Bauordnung nur vorgeschrieben, daß derartige Räume eine ausreichende Entlüftung durch zwei unmittelbar ins Freie führende Türen oder Fenster haben müssen, oder wenn auf diese Weise eine genügende Lüftung nicht zu erreichen ist, die Einrichtung einer künstlichen Lüftung verlangt werden kann.

Zwar kann also theoretisch mit Hilfe dieser Vorschrift heute schon der Einbau von künstlichen Lüftungsanlagen verlangt werden, falls nämlich nach Ansicht der Baugenehmigungsbehörde die natürliche Lüftung nicht ausreicht. Über den Umfang dieser Lüftung und ihre Wirkungsweise fehlen aber nähere Angaben. Ohne diese wird es in den meisten Fällen kaum möglich sein, schon bei der Vorlage des Bauantrages zu entscheiden, ob die vorgesehene Lüftung ausreicht und wie etwa eine genügende Lüftung zu erreichen ist, ganz abgesehen davon, daß eine genaue Begriffsbestimmung fehlt, was denn unter einer ausreichenden oder genügenden Lüftung zu verstehen ist.

Wenn diese Bestimmungen etwas dürftig, ja man kann wohl sagen unzureichend sind, so dürfte das wahrscheinlich darin seinen Grund haben, daß die ganze Frage der Lüftung sowohl hinsichtlich ihrer Notwendigkeit wie auch hinsichtlich der Möglichkeit ihrer Durchführung in technischer und in wirtschaftlicher Beziehung bisher nicht genügend geklärt war.

Man mußte sich also damit begnügen, anzunehmen, daß die Besucher derartiger Räume von sich aus die Entscheidung über die ausreichende Belüftung treffen würden, d. h. daß die Besucher schlecht gelüftete und schlecht beheizte bzw. überheizte Räume meiden würden, und daß dadurch der Eigentümer im eigenen wirtschaftlichen Belang sich gezwungen sähe, Abhilfe zu schaffen.

Wir wissen aber aus der Erfahrung, daß dies nicht der Fall ist. Nach wie vor werden solche zweifellos minderwertigen Räume besucht, ja es ist gerade in der heutigen Zeit, wo der Gedanke der häufigeren Zusammenfassung von großen Gemeinschaften im Vordergrund der nationalen und politischen Absichten steht, nicht möglich, auf die Benutzung dieser Räume zu verzichten. Wir brauchen hierbei nur an ländliche Verhältnisse zu denken, wo häufig nur ein einziger Versammlungsraum in einem Ort vorhanden ist, auf den alle Veranstalter, ob sie wollen oder nicht, angewiesen sind.

Es wird daher seitens des Staates erwogen werden müssen, durch Erlaß von Bestimmungen polizeilicher und baupolizeilicher Art Wandel zu schaffen. Zum mindesten dürfte es angezeigt sein, die zweifellos unzureichenden heutigen Bestimmungen zu ergänzen.

Als Grundlage hierfür ist es zunächst notwendig, die ganze Frage auch seitens der Behörden eingehend durchzuprüfen und die Ergebnisse unter Berücksichtigung aller Umstände auszuwerten.

Im Vordegrunde steht die Frage, ob die Luftverschlechterung, wie sie heute bei längerer Benutzung fast überall in Versammlungsräumen festgestellt wird, gesundheitsschädlich ist oder ob dadurch das Wohlbehagen der Besucher so stark beeinträchtigt wird, daß der Aufenthalt in derartigen Räumen ihnen nicht zugemutet werden kann. Nach den heute für die Polizei geltenden Bestimmungen kann sie nämlich nur dann eingreifen, wenn eine Gefährdung von Leben und Gesundheit vorliegt. Bei der Beurteilung dieser Frage werden in erster Linie die Hygieniker zu hören sein. M. E. wird man dabei zweifellos den strengen Maßstab nicht anlegen dürfen, daß nämlich eine unmittelbare Schädigung der Gesundheit vorliegen muß, um einzugreifen. Man wird heute, wo der Besuch von Theatern usw. als Volksbildungsmittel mehr als bisher von jedem verlangt wird, auch andererseits zum Schutze der Allgemeinheit fordern müssen, daß der Aufenthalt in diesen Räumen, sei es infolge Überhitzung, sei es infolge der durch üble Gerüche verunreinigten Luft, für den einzelnen nicht zur Qual wird oder daß die vielfach beobachteten Ermüdungserscheinungen den Genuß des Gebotenen beeinträchtigen.

Zu den besonderen Bauvorschriften für die Raumgestaltung müßte alsdann untersucht werden, ob nicht für derartige Räume eine Mindesthöhe und vor allem eine Mindestgröße zu verlangen wäre, die zweckmäßig nach m^3, bezogen auf die zulässige Zahl der Besucher bestimmt werden müßte. In Verbindung damit müßte nachgeprüft werden, ob die heutigen Vorschriften über die lichte Höhe bei Galerieeinbauten ausreichend sind, um bei Ausführung künstlicher Belüftungsanlagen Zugerscheinungen zu vermeiden. Vor allem aber wäre zu klären, wie groß der künstliche Luftwechsel unter Berücksichtigung der verschiedenen Verwendungsarten der Räume sein muß, ob und unter welchen Voraussetzungen etwa mit einfachen Abluftvorrichtungen auszukommen ist und in welchen Fällen künstliche Be- und Entlüftungsanlagen oder gar Klimaanlagen gefordert werden müssen.

Bei der Beurteilung besonders der zuletzt genannten Anlage wird es notwendig sein, sich genaue Rechenschaft darüber zu geben, welche Kosten entstehen, einmal durch die baulichen und maschinellen Anlagen und zweitens durch den Betrieb dieser Anlagen. Es würde keinen Sinn haben theoretische Forderungen aufzustellen, wenn ihre Durchführung aus wirtschaftlichen Gesichtspunkten unmöglich wäre. Gerade in dieser Hinsicht müßten bei Erlaß amtlicher Vorschriften die verschiedenen Umstände genau abgewogen werden, und es kann wohl schon jetzt gesagt werden, daß es vom Standpunkt des Staates aus nicht vertretbar wäre, wenn durch die an sich sicherlich höchst erwünschten Verbesserungen so hohe Anlagen- und Betriebskosten entständen, daß dadurch die Wirtschaftlichkeit der Unternehmungen verschlechtert werden würde oder eine Mehrbelastung für die Besucher einträte.

Als Ergänzung der Vorschriften für die bauliche Einrichtung wäre es sodann erforderlich, genaue Vorschriften für den Betrieb aufzustellen und Verfahren auszuarbeiten, die es ermöglichen, jederzeit die Beschaffenheit der Raumluft zu messen. Dies ist besonders notwendig, um eine Handhabe für die behördliche Überwachung von Lüftungsanlagen zu bekommen. Diese Verfahren müßten so ausgebildet werden, daß es möglichst auch einem nicht fachtechnisch vorgebildeten Beamten — hier den Organen der Polizei — möglich ist, jederzeit eine Nachprüfung der Beschaffenheit der Raumluft und des ordnungsmäßigen Betriebes der Lüftungsanlagen vorzunehmen.

Bei all diesen Untersuchungen wird man ferner sich vor Augen halten müssen, daß von den Vorschriften ja nicht nur Versammlungsräume, Theater und Lichtspielhäuser in großen Städten erfaßt werden sollen, sondern daß sie sinngemäß auch auf die kleinen Städte und auf das Land Anwendung finden müßten, also auf Räume, die oft kurz hintereinander dem einen oder dem anderen Zweck zu dienen haben.

Besonders sorgfältig wird ferner erwogen werden müssen, ob und inwieweit die Vorschriften auf bereits bestehende Anlagen angewendet werden können. Vielleicht wird man hier besondere Übergangsbestimmungen zu schaffen haben und in gewissem Umfang Erleichterungen zugestehen müssen.

Sie sehen, daß vor Erlaß amtlicher Bestimmungen oder Ergänzung der vorhandenen Vorschriften eine große Zahl von Fragen von den zuständigen Behörden zu klären ist. Es ist daher besonders zu begrüßen, daß sich der beim Verein Deutscher Ingenieure gegründete Fachausschuß für Lüftungstechnik unter der Leitung von Herrn Prof. Dr. Gröber bereits eingehend mit diesen Fragen beschäftigt hat, so daß zu hoffen ist, daß die Arbeiten des Fachausschusses nach ihrem Abschluß bei den später aufzustellenden behördlichen Vorschriften als wertvolle Vorarbeiten verwendet werden können.

Vorsitzender: Der Ausschuß war von Anfang an bestrebt, im engsten Zusammenhalt mit maßgebenden Vertretern der Baupolizei zu arbeiten, da vorauszusehen war, daß die größten Schwierigkeiten erst dann auftreten, wenn die hygienischen und technischen Ergebnisse unserer Beratungen in eine solche Form gebracht werden müssen, daß sie sich zur Aufnahme in die Bauordnung eignen. Wir danken deshalb Ihnen, Herr Ministerialrat Neuhaus, daß Sie es übernommen haben uns zu zeigen, wie unser Arbeitsziel von der gesetzgeberischen Seite aus zu beurteilen ist.

Bericht über die Arbeiten
des Fachausschusses für Lüftungstechnik beim VDI.

Von Professor Dr.-Ing. **H. Gröber**, Berlin.

Zwei Teilgebiete konnte der Ausschuß so weit fördern, daß wir Ihnen im Kongreßbericht druckreife Entwürfe werden vorlegen können. Es sind dies:
1. Richtlinien für Architekten und Bauherren,
2. Mindestanforderungen an Lüftungsanlagen.

I. Richtlinien für Architekten und Bauherren
(Entwurf).

A. Mindestwerte für Luftzufuhr und Rauminhalt.

Der Zweck der Lufterneuerung ist ein zweifacher.

Zum ersten sollen alle ekelerregenden Verunreinigungen der Raumluft, d. h. die
gasförmigen Riechstoffe beseitigt werden. Nach den derzeitigen Auffassungen der
Hygiene sind diese Stoffe in der Regel zwar nicht als akut gesundheitlich schädlich
oder gar giftig anzusehen. Sie sind aber, zumal bei längerer Einwirkung, für das menschliche Wohlbefinden durchaus unzuträglich und müssen auch schon aus Gründen der
Reinlichkeit durch zweckmäßigen Ersatz der verunreinigten Luft durch reine Luft
aus dem Saal entfernt werden. Bei Räumen, in denen nicht geraucht wird, ist erfahrungsgemäß eine Luftzufuhr von 20 m³ je Kopf und Stunde vorzusehen, um eine Reinheit der Luft zu erreichen, wie sie als Mindestmaß z. B. auch in kleineren Lichtspielhäusern gefordert werden muß.

Die zweite — vom hygienischen Standpunkt als besonders wesentlich zu bezeichnende — Aufgabe besteht darin, unzulässig hoher Erwärmung und Befeuchtung der
Raumluft entgegen zu arbeiten. Es läßt sich zeigen, daß der oben angegebene Luftwechsel von 20 m³ je Kopf und Stunde bei niedriger bis mäßiger Außentemperatur
(herauf bis etwa 20⁰) auch diese zweite Aufgabe in vielfach genügender Weise erfüllt.
Bei noch höherer Außentemperatur freilich läßt sich mit dieser Luftzufuhr eine Überwärmung des Saales und eine für diese Verhältnisse zu hohe Luftfeuchtigkeit nicht
vermeiden. Der Ausschuß glaubt jedoch — im Hinblick auf die entstehende Erhöhung
der Anlage- und Betriebskosten — nicht verantworten zu können, eine Erhöhung des
Luftwechsels im Sommer als unerläßlich zu bezeichnen, sondern mit einer Empfehlung
dieser Maßnahme sich begnügen zu können. Diese Stellungnahme ist um so mehr
gerechtfertigt, als selbst eine Erhöhung auf 40 m³ Luft je Kopf und Stunde keine allzu
große Besserung hinsichtlich Temperatur und Feuchtigkeit mehr bringt. Wesentlich
bessere Bedingungen sind grundsätzlich nur durch Kühlung der Luft zu erreichen.

Einer besonderen Erörterung bedarf noch die Notwendigkeit eines Mindestluft-
raumes je Person. Die heutigen Vorschriften der Baupolizei enthalten hierfür keine
Angaben. Sie beziehen sich nur auf die Bestuhlung und auf die Breite und Zahl der
Gänge zwischen den Stühlen, aber all dies nur vom Sicherheitsstandpunkte, um eine
genügend rasche Räumung der Säle sicherzustellen. Es läßt sich aus diesen Angaben
ein Anhalt für eine Mindestgrundfläche je Besucher ableiten (etwa 0,6 m²). Für die

9*

Höhe des Saales sind keine Vorschriften aufgestellt. Da eine Raumhöhe von nur 3 m und selbst von 3,5 m bei einem stärker besetzten Saal schon unangenehme Wirkungen bei den Insassen auslöst, wird man als Mindesthöhe etwa 4 m annehmen müssen. Rechnet man als Mindestgrundfläche 0,6 m² je Person, so ergibt sich ein Mindestluftraum von $4 \times 0,6 = $ rd. 2,5 m³ je Person. Diese Zahl als Mindestforderung aufzustellen, erscheint auch deshalb berechtigt, weil man bei der Mindestluftzufuhr von 20 m³/Kopf und Stunde schon einen Luftwechsel von $\dfrac{20}{2,5} = 8$ fach erhält, und es sich kaum empfehlen dürfte, wesentlich darüber hinauszugehen.

Für den Architekten sind deshalb bei der Planung von Versammlungsräumen und bei der Bestellung von Lüftungsanlagen folgende Zahlenwerte maßgebend, bei deren Aufstellung die Ausführungen von Dr. Liese auf dem Kongreß und der Aufsatz von Dr. Bradtke in der Kongreßnummer des »Gesundheits-Ingenieur« 58 (1935) Nr. 26 S. 411 als Grundlage dienten:

1. Als Mindestraumhöhe gilt 4 m, nur in Ausnahmefällen kann bis auf 3,5 m herabgegangen werden. Bei Räumen mit ansteigendem Boden ist die mittlere Raumhöhe maßgebend. Für eingebaute Ränge und Galerien bis zu 4 m Tiefe ist eine Mindesthöhe von 2,5 m erforderlich. Für je 1 m mehr an Tiefe ist die Höhe um 0,15 m zu erhöhen. Allgemein gilt bei Rängen mit ansteigendem Boden, daß in der hintersten Stuhlreihe noch eine Deckenhöhe von 2,3 m vorhanden sein muß.

2. Als Mindestluftraum je Person gilt 2,5 m³. Aus der gewählten Raumhöhe und der vorgesehenen Personenzahl errechnet sich dann die notwendige Bodenfläche.

3. Die stündliche Luftzufuhr je Person muß mindestens 20 m³ betragen. Diese Zahl gilt als unterst zulässige Grenze, die sich nur rechtfertigen läßt, wenn das Bauvorhaben äußerste Sparsamkeit an Anlage- und Betriebskosten verlangt. Sofern das Bauvorhaben etwas größere geldliche Belastung verträgt, ist die oben genannte Mindestzahl um 10 m³ zu erhöhen. Insbesondere gilt dies, wenn im Saal geraucht werden darf.

B. Einteilung der Lüftungsverfahren.

Die Lüftungsverfahren haben wir in folgende vier Gruppen eingeteilt, wobei wir bemüht waren, nur wenige große Gruppen zu bilden:

1. Fenster,
2. Lüftungsschächte (einfache und solche mit Erwärmung der Abluft),
3. Ablüfter in der Saalwand,
4. Zentrale Lüftungsanlagen:
    a) gewöhnliche,
    b) Klimaanlagen.

Hinsichtlich der Betriebsweise der Lüftungseinrichtungen ist zu unterscheiden zwischen zeitweiser Lüftung und Dauerlüftung. In ersterem Falle wird während der Benutzung des Saales keine nennenswerte Lufterneuerung durchgeführt, man begnügt sich vielmehr damit, während der Benutzungspause den Saal gründlich mit Frischluft zu durchspülen, z. B. durch Öffnen aller Fenster. Damit wird aber nur erreicht, daß die Besucher beim Betreten des Saales erträgliche Luftverhältnisse vorfinden. Schon nach ½ bis höchstens 1 Stunde ist — abgesehen von sehr schwacher Besetzung des Saales — die Grenze der zulässigen Luftverschlechterung überschritten und während des ganzen Restes der Benutzungszeit befinden sich die Rauminsassen in unzulässig verschlechterter Luft. Für Saallüftung ist deshalb zeitweise Lüftung ungeeignet, es kommt im allgemeinen nur Dauerlüftung in Betracht.

C. Bewertung der einzelnen Lüftungsverfahren.

Von den Forderungen, die man an eine brauchbare Lüftungsanlage zu stellen hat, sollen zwei Forderungen als grundlegend herausgestellt werden. Erstens muß verlangt werden, daß eine vorgeschriebene stündliche Luftförderung unter allen Umständen gewährleistet wird, unabhängig von Jahreszeit und Wetter. Des weiteren muß verlangt werden, daß die Luft zugfrei eingeführt wird, da sonst erfahrungsgemäß die Lüftungseinrichtung abgestellt wird. Ein zugfreies Lüften ist aber nur bei Vorwärmung der Luft möglich, vor allem bei kühler Jahreszeit.

Es soll nun geprüft werden, wie die einzelnen Lüftungsverfahren diesen Forderungen nach Sicherheit der Luftlieferung und nach Zugfreiheit entsprechen.

1. Fenster.

Die Fensterlüftung ist trotz ihrer Bewährung bei Wohnräumen für die Lüftung von Versammlungsräumen ungeeignet. Als erster Nachteil gilt, daß die Menge der einströmenden Luft völlig ungeregelt ist, indem sie stark von Temperaturunterschied und Wind abhängig ist. Während der warmen Jahreszeit und vor allem bei Windstille ist die Lufterneuerung selbst bei hohen Fenstern ungenügend. Besonders trifft dies zu bei Fenstern, die nach Höfen führen, was bei Gaststätten, kleineren Lichtspielhäusern usw. erfahrungsgemäß sehr häufig der Fall ist. Als weiterer wesentlicher Nachteil der Fensterlüftung gilt, daß bei einem besetzten Saal während der kalten Jahreszeit ein zugfreies Lüften unmöglich ist, da sich die Zuluft nicht vorwärmen läßt. Die Fenster werden dann nach kurzem Versuch wieder geschlossen. Oft verbietet auch der Lärm oder Staub auf der Straße von vornherein ein Offenhalten der Fenster während der Benutzung des Saales.

2. Lüftungsschächte
(Einfache Lüftungsschächte und solche mit Erwärmung der Abluft).

Die Wirksamkeit der Lüftungsschächte beruht auf dem Temperaturunterschied der Luft im Innern des Schachtes und der Luft im Freien. Sie nimmt mit sinkendem Temperaturgefälle ab. Bei den einfachen Lüftungsschächten verschwindet während der wärmeren Jahreszeit der Temperaturunterschied zwischen innen und außen ganz, die Luftzufuhr hört damit vollständig auf. Während des Hochsommers kann das Temperaturgefälle zu gewissen Tageszeiten negativ werden, so daß Luft durch die Abluftschächte in den Saal eindringt.

Durch Heizkörper, die in den Abluftschacht eingebaut werden, sucht man ein positives Temperaturgefälle auch bei höherer Außentemperatur sicherzustellen. Da jedoch die Erwärmung der Abluft nicht allzuweit getrieben werden kann, bleiben die erzielbaren Auftriebskräfte nur klein. Außerdem ist erfahrungsgemäß damit zu rechnen, daß im praktischen Betrieb der Heizkörper nicht angestellt wird.

Zu dieser Unsicherheit der Triebkräfte kommt, daß ein großer Teil der heute vorhandenen Schachtlüftungen so verfehlt angelegt ist, daß sie lediglich zur Beruhigung der Besucher dienen. Aus Furcht vor Zugbelästigung verzichtet man auf die nötigen Zuluftöffnungen und überläßt es der Luft, durch die Undichtheiten der Fenster oder durch die zeitweilig sich öffnenden Türen in den Saal einzutreten. Wollte man andererseits hinreichend große Zuluftöffnungen vorsehen, so wäre man zum Einbau einer Luftvorwärmung gezwungen, was aber bei den geringen Auftriebskräften nicht möglich ist.

Es gibt Raumarten, bei denen sich der Lüftungsschacht mit der Begründung, daß er besser sei als nichts, rechtfertigen läßt. Für Versammlungsräume ist er jedoch unbrauchbar.

3. Ablüfter in der Saalwand.

Der Lüfter ist gewöhnlich ein Schraubenradlüfter (Propellerform). Meist bläst er die Abluft unmittelbar ins Freie, es können aber auch Blechleitungen oder gemauerte

Abluftkanäle vorhanden sein. Aus Furcht vor Zugbelästigung verzichtet man häufig auch hier — wie bei den Abluftschächten — auf besondere Zuluftöffnungen. Der Lüfter kann aber nur dann richtig fördern, wenn die Summe der Zuluftöffnungen der Leistung des Lüfters angepaßt ist. Zugbelästigung läßt sich nur durch Vorwärmung der eintretenden Luft vermeiden. In manchen Fällen kann man den Einbau besonderer Luftvorwärmer vermeiden, indem man die Zuluft aus geheizten Vor- oder Nebenräumen nimmt. Auf den Einbau von Luftfiltern kann im allgemeinen verzichtet werden.

4. Zentrale Lüftungsanlagen.

Der Lüfter, der meist ein Fliehkraftlüfter ist, kann im Zuführungs- oder im Abführungskanal liegen (Überdruck- oder Unterdrucklüftung).

Fast in allen Fällen sind Einrichtungen zum Reinigen der Luft — entweder Filter- oder Wascheinrichtungen — zu fordern. Nur selten, bei ganz reiner Außenluft, wird man davon absehen können. Endlich ist stets zu verlangen, daß die Zuluft vorgewärmt werden kann. Die weiteren Einrichtungen zur Vorbehandlung der Luft geben die Einteilung in einfache, zentrale Lüftungsanlagen und Klimaanlagen.

a) Einfache Anlagen. Als Einrichtungen zur Vorbehandlung der Luft besitzen die einfachen Anlagen nur solche zum Reinigen und Erwärmen der Luft. Weitaus die größte Zahl der heute vorhandenen zentralen Lüftungsanlagen gehört in diese Gruppe. Einrichtungen zum Befeuchten der Luft sind notwendig, wenn die Lüftungsanlage zugleich zur Unterstützung der Heizung herangezogen wird oder wenn sie die Beheizung der Räume allein zu übernehmen hat, also nur in Fällen, in denen die Zulufttemperatur zeitweilig erheblich über 20° gehalten wird. Solche Anlagen sind aber nicht mehr als reine Lüftungen, sondern als Luftheizungen anzusprechen. Das Vorhandensein einer Befeuchtungsanlage berechtigt noch nicht, die Anlage als Klimaanlage zu bezeichnen.

b) Klimaanlagen. Es sind dies Anlagen, welche jede wünschenswerte Temperatur und Feuchtigkeit einzuhalten gestatten. Es ist ein Nachteil der einfachen Anlagen, daß sie im Sommer an heißen Tagen eine Kühlung des Raumes höchstens bis einige Grade über Außentemperatur ermöglichen. Außerdem gestatten sie keine Herabminderung der Luftfeuchtigkeit im Saal, die bei sehr feuchter Außenluft, besonders bei überfüllten Räumen, unzulässig hohe Werte annehmen kann. Klimaanlagen enthalten deshalb außer Filtern und Heizkörpern auch Einrichtungen zum Be- und Entfeuchten und zum Kühlen der Luft.

Zusammenfassung der Bewertung.

Die Fensterlüftung kann bei Sälen nur dazu dienen, außerhalb der Benutzungszeit, also z. B. während der Reinigung, den Saal gründlich durchzulüften.

Einfache Lüftungsschächte und solche mit Erwärmung der Abluft sind für Versammlungsräume ungeeignet, da bei ihnen die beiden Grundforderungen: Zuverlässigkeit der Luftlieferung und Zugfreiheit nicht erfüllt sind.

Anlagen mit Ablüftern in der Saalwand können bei einwandfreier, d. h. den Mindestanforderungen entsprechender Ausführung für einfache Verhältnisse als brauchbar bezeichnet werden.

Nur mit zentralen Lüftungsanlagen lassen sich die früher erwähnten beiden Grundforderungen, nämlich Sicherheit der Luftlieferung und Zugfreiheit unter allen Umständen gewährleisten.

Bei den einfachen Anlagen ist eine Überwärmung des Saales im Sommer nicht zu vermeiden.

Mit den Klimaanlagen können unter allen Verhältnissen einwandfreie Luftzustände erreicht werden.

D. Wahl des Lüftungsverfahrens und Auftragserteilung.

In einer gemeinsamen Beratung zwischen Bauherrn, Architekt und Lüftungsfirma ist unter Berücksichtigung der Aufgaben des Baues und bei genauer Kenntnis der für

Bau und Betrieb der Anlage zur Verfügung stehenden Mittel zu entscheiden, welches Lüftungsverfahren gewählt werden soll. Bei diesen Beratungen ist auch eingehend davon zu sprechen, welches Maß von technischem Verständnis und welche zeitliche Beanspruchung von dem künftigen Bedienungspersonal verlangt werden kann.

Es ist beabsichtigt, hier für die verschiedenen Arten von Versammlungsräumen (Theater, Säle mit und ohne Rauchverbot) dem Architekten eng begrenzte Vorschläge zu bringen. Diese können aber erst später im Einvernehmen mit der Baupolizei aufgestellt werden.

Bei den Verhandlungen mit der Lüftungsfirma soll sich der Architekt darauf beschränken, die Aufgabe zu stellen und bezüglich der Wege, die zur Lösung der Aufgabe einzuschlagen sind, den Firmen weitgehend freie Hand zu lassen. Es ist am besten, wenn er sich bei der Bestellung auf die »Mindestanforderungen« beruft. So lange diese noch keine bindende Kraft haben, d. h. noch nicht von den Behörden anerkannt worden sind, bleibt es dem Architekten allerdings unbenommen, geringere Anforderungen zu stellen; er muß aber wissen, daß er dann keine vollwertige Anlage verlangen kann. Richtiger ist es, sofern es die zur Verfügung stehenden Mittel gestatten, über die »Mindestanforderungen« hinauszugehen, da diese in jeder Beziehung als untere Grenzwerte anzusehen sind.

Weicht der Architekt mit seinen Forderungen von den »Mindestanforderungen« ab, gleichgültig ob nach oben oder nach unten, so hat er dies allen bewerbenden Firmen mitzuteilen, um die Einheitlichkeit der Angebote zu wahren, die im Interesse aller Beteiligten dringend erwünscht ist.

Die Lüftungsfirma kann nur dann die Gewähr für eine einwandfreie Anlage übernehmen, wenn sie ihren Einfluß auf das Bauvorhaben rechtzeitig geltend machen kann. Der Architekt hat deshalb die Pflicht, die Lüftungsfirma möglichst schon beim Vorentwurf heranzuziehen, spätestens aber muß die Lüftungsanlage ausgearbeitet sein, wenn die Pläne der Baupolizei vorgelegt werden.

Die Räume für Aufstellung der Lüftungseinrichtungen müssen hinreichend groß sein, ausreichende Fenster besitzen und natürliche Lüftung haben.

II. Mindestanforderungen an Lüftungsanlagen
(Entwurf).

A. Zweck der Mindestanforderungen.

Durch die Mindestanforderungen soll dem Architekten die Auftragserteilung an die Lüftungsfirma erleichtert werden, indem er sich — nach Entscheid für ein Lüftungsverfahren — bezüglich aller technischen Einzelheiten auf die Mindestanforderungen berufen kann. Dadurch wird ferner bei der Beteiligung mehrerer Firmen an einem Wettbewerb eine größere Einheitlichkeit der Angebote und damit eine bessere Vergleichsmöglichkeit geschaffen.

Ferner sollen die »Mindestanforderungen« im Verein mit den noch auszuarbeitenden »Regeln für Abnahmeversuche« die Erstellung minderwertiger Anlagen verhindern. Liegen klare Abnahmevorschriften vor, so werden sich Firmen mit ungenügendem technischem Können bald von der Ausführung von Lüftungsanlagen fernhalten.

Die Kennzeichen für technisch einwandfreie Anlagen sind in den Mindestanforderungen, soweit angängig, zahlenmäßig festgelegt.

B. Mindestanforderungen bei den einzelnen Lüftungssystemen.

1. Fensterlüftung.

Da Fensterlüftung für die Dauerlüftung von Versammlungsräumen nicht in Frage kommt, werden dafür auch keine Richtlinien aufgestellt.

2. Lüftungsschächte.

Aus dem gleichen Grunde werden auch für die Lüftungsschächte keine Richtlinien aufgestellt.

3. Anlage mit Ablüfter in der Saalwand.

Die Mindestanforderungen hierfür können erst aufgestellt werden, wenn der beim VDI eingerichtete Ausschuß für Kleinlüfter seine Arbeiten beendet haben wird.

4. Zentrale Lüftungsanlagen (einfache Anlagen).

a) Die gemäß den Richtlinien auf S. 131/132 errechnete und in die Bestellung aufzunehmende stündliche Luftzufuhr ist unter allen Umständen zu gewährleisten. Bei einer Außentemperatur von weniger als $+5^0$ braucht nur ein Drittel der Zuluft aus dem Freien genommen zu werden, der Rest kann gereinigte Umluft sein. Diese Erleichterung ermöglicht es, mit kleineren Vorwärmeheizkörpern auszukommen und den Wärmeverbrauch herabzusetzen.

b) Sowohl die aus dem Freien genommene als auch die Umluft muß vorschriftsmäßig gereinigt werden. (Was hierunter zu verstehen ist, soll erst in weiteren Beratungen festgelegt werden.)

c) Die Zuluft muß zugfrei in den Saal eingeführt werden. Die Zugfreiheit ist in erster Linie durch das Gefühl zu beurteilen. Ergeben sich Meinungsverschiedenheiten, so ist mit dem Katathermometer nachzuprüfen. Es dürfen in der Aufenthaltszone der Menschen keine höheren Geschwindigkeiten als 0,3 m/s und keine größeren Katawerte als 6 im Sommer, 7 im Winter auftreten.

d) Die Zuluft muß so durch den Raum geführt werden, daß sie auch wirklich in die Zone der Menschen gelangt und nicht auf dem unmittelbaren Wege von den Zuluft- nach den Abluftöffnungen den Raum durchquert. Die Zuluft muß ferner so über den Raum verteilt werden, daß keine toten Räume entstehen. Die Luftverteilung gilt dann als hinreichend gleichmäßig, wenn in der Aufenthaltszone der Menschen bei voller Besetzung des Raumes keine größeren Temperaturunterschiede als 2^0 nachzuweisen sind. In einfachen Fällen gilt die Rauchprobe.

e) Durch Filter ist ein Verschmutzen der Kanäle nach Möglichkeit zu verhüten. Da auch trotz der Filter eine geringe Staubablagerung noch möglich ist, muß das Kanalnetz in allen seinen Teilen gut reinigungsfähig sein, d. h. es müssen genügend Reinigungsöffnungen vorhanden sein, und es muß die Innenfläche der Kanäle glatt sein. Als glatt gelten z. B. Blechwandungen, glasierte Ziegelsteine, gut verfugte und verputzte Ziegelsteine, Lack- oder Ölfarbenanstriche.

f) Zuluft- und Abluftgitter dürfen nie in den Fußboden gelegt werden.

g) Die Anlage muß hinreichend geräuschschwach arbeiten. Zahlengrenzen in »Phon« werden im Einvernehmen mit dem Fachausschuß für Lärmminderung aufgestellt werden.

5. Klimaanlagen.

Die bei den einfachen zentralen Lüftungsanlagen unter Buchstabe a) bis g) genannten Forderungen gelten sinngemäß auch für Klimaanlagen.

Da bei Klimaanlagen der im Raum verlangte Luftzustand (Temperatur und Feuchtigkeit) unmittelbar gewährleistet wird, muß man der ausführenden Firma die Festlegung der Zuluftmenge sowie ihrer Temperatur und Feuchtigkeit überlassen. Als untere Grenze für die Zuluftmenge gilt auch hier 20 m³ je Kopf und Stunde.

Die Feuchtigkeit im Innern des Raumes ist im Sommer und im Winter grundsätzlich verschieden zu beurteilen. Während der Heizzeit, vor allem bei mäßig stark besetzten Räumen, besteht die Gefahr großer Trockenheit der Luft. Darum muß hier eine untere Grenze der zulässigen Feuchtigkeit angegeben werden, die mit 30 vH festgesetzt ist. Im Sommer dagegen, vor allem bei starker Raumbesetzung, besteht die Gefahr allzu großer Feuchtigkeit, und es muß deshalb für diese Jahreszeit eine obere Grenze der Feuchtigkeit festgelegt werden. Die Zahlenwerte hiefür sind, je nach Außentemperatur abgestuft, in untenstehender Zahlentafel angegeben.

Die Raumtemperatur soll im Winter durch die Klimaanlage im Zusammenwirken mit der Heizungsanlage bei jeder Außentemperatur auf etwa 20° gehalten werden. Mit Rücksicht auf örtliche Verschiedenheiten und zeitliche Schwankungen werden als Grenzwerte 18° und 21° festgesetzt.

Im Sommer wird verlangt:

bei einer Außentemperatur von	20°	25°	30°	35°
eine Innentemperatur von	21,5°	22°	24°	27°
eine obere Grenze der Feuchtigkeit von	70%	70%	65%	60%

Hierbei ist bezüglich der Temperatur eine zulässige Abweichung von $\pm 2°$, bezüglich der Feuchtigkeit eine zulässige Abweichung von $+2\%$ zugelassen.

Die Angaben für Temperatur und Feuchtigkeit gelten unabhängig vom Wetter sowie von der Stärke der Raumbesetzung.

III. Weitere Absichten des Lüftungsausschusses.

Außer diesen beiden im wesentlichen fertigen Entwürfen ist ein weiterer Entwurf bereits in Arbeit unter dem Titel: »Regeln für Abnahmeversuche an Lüftungsanlagen«.

Das Vorhandensein eindeutiger Forderungen bei der Bestellung verlangt eindeutige Richtlinien für die Prüfung der ausgeführten Anlage. Die Abnahmeregeln sollen festlegen, welche Größen zu messen sind, an welchen Stellen und mit welcher Genauigkeit. Hierbei sind die Anforderungen an die Messungen so zu beschränken, daß die Kosten der Abnahmeversuche im richtigen Verhältnis zu den Baukosten der Anlage bleiben. Nur in besonderen Fällen, z. B. im Falle eines Rechtsstreites, sind eingehende Versuche notwendig, für welche die Abnahmeregeln ebenfalls Vorschriften enthalten müssen. Eine Schwierigkeit, die noch nicht restlos überwunden ist, besteht darin, daß die Mindestanforderungen, die ja der Bestellung zugrunde gelegt sind, meist von außergewöhnlichen Fällen der Außentemperatur und Feuchtigkeit ausgehen. Da man mit den Abnahmeversuchen nicht warten kann, bis die angenommenen Zustände der Außenluft eintreten, soll versucht werden, mit einem Umrechnungsverfahren den Anschluß der Messungen an die garantierten Zustände zu gewinnen.

Eine weitere aber erst vor kurzem begonnene Aufstellung bezieht sich auf die Kosten des Lüftens. Für den angenommenen Fall eines Lichtspieltheaters mit 200 Sitzplätzen wurde errechnet, daß die Lüftungskosten je Eintrittskarte höchstens 2,8 Rpf. betragen, wobei annähernd je ein Drittel auf Kapitaldienst, Betriebskosten und Bedienung trifft. Diese Zahl von 2,8 Rpf. stellt jedoch eine alleroberste Grenze dar, denn bei ihrer Ermittlung wurden an allen Stellen ungünstige Verhältnisse angenommen, so z. B. nur eine Besetzung der halben Plätze, ein Strompreis von 20 Rpf. je kWh, eine Tilgung aller Teile innerhalb von zehn Jahren u. a. m. Nimmt man durchschnittliche Verhältnisse an und berücksichtigt man ferner den Umstand, daß auch die Lüftungsscheinanlagen Baukosten verursachen, so dürften sich die wirklichen Kosten einer einwandfreien Lüftung je Eintrittskarte auf etwa 1 bis 1,5 Rpf. stellen. Die Zahlen bedürfen jedoch noch eingehender Nachprüfung, so daß ich bitten muß, sie als ganz unverbindlich zu betrachten.

Der Ausschuß hat ferner die Absicht, Anweisungen für den Betrieb von Lüftungsanlagen aufzustellen. Er geht davon aus der Erkenntnis aus, daß mangelhaftes Arbeiten von Lüftungsanlagen viel seltener auf Fehler in der Anlage zurückzuführen ist, als auf Fehler beim Betriebe. Die vielen stillgelegten Anlagen, die in ihrer Wirkung schlimmer sind als fehlende Anlagen, sind meistens auf Verständnislosigkeit des Besitzers zurückzuführen.

Ein weiterer Anlaß zur Aufstellung einer Betriebsanweisung war die Tatsache, daß die Behörden bereits heute die rechtliche Handhabe besitzen, den Betrieb von bestehenden Lüftungsanlagen zu erzwingen, daß aber für die praktische Durchführung dieses Rechtes noch einige technische Unterlagen fehlen.

Ein weiteres Streben des Ausschusses richtet sich auf die Erstellung einer Musteranlage. Es ist beabsichtigt, möglichst bald gelegentlich eines Neubaues — am besten eines kleinen Lichtspielhauses — eine vorbildliche Lüftungsanlage zu erstellen. Es sei ausdrücklich betont, daß es sich um keine Musteranlage an Üppigkeit, sondern im Gegenteil an Einfachheit handeln soll. Die Anlage soll zeigen, mit welchem geringsten Aufwand sich die in den Mindestleistungen festgelegten Forderungen erfüllen lassen. Es sollen an dieser Anlage die oben angedeuteten Zahlen über die Kosten des Lüftens sicherer ermittelt werden, als es bei einem nur gedachten Bauvorhaben möglich ist.

Nur in einem Punkt soll die Ausstattung der Anlage über das Normale hinausgehen, nämlich in der Ausstattung mit Meßeinrichtungen, da sie zugleich als Versuchsanlage geplant ist. An ihr sollen bei wechselnder Besetzung des Saales eine Reihe von hygienisch und lüftungstechnisch wichtigen Fragen geklärt werden.

IV. Schluß.

Auf dem Gebiete der Raumheizung haben wir in den »Regeln zur Berechnung des Wärmebedarfes von Gebäuden« (DIN 4701) ein Werk, das ein geordnetes Verfahren bei Bestellung und Lieferung verbürgt.

Ganz anders ist dies auf dem Gebiete des Lüftungswesens. Hier ist der Architekt bei der Bestellung einer Lüftungsanlage mit allen Forderungen, die er aufstellen will, allein auf seine persönliche Erfahrung, die oft nur seine rein persönliche Anschauung ist, angewiesen. Die Folge dieses Zustandes ist, daß bei dem Bestellwesen von Lüftungsanlagen heute noch eine vollständige Regellosigkeit herrscht. Hier herein Ordnung zu bringen, ist eine Aufgabe, die nicht nur im Interesse der Lüftungsfirmen und des Baufaches, sondern in ganz besonderem Maße im Interesse der gesamten Öffentlichkeit liegt — eine Aufgabe, die sich allerdings nicht von heute auf morgen wird durchführen lassen, für welche aber, wie wir hoffen, die Arbeiten unseres Ausschusses ein erster Anfang sind.

Vorsitzender Ministerialrat Dr. Schindowski: Sehr verehrter Herr Professor! Wir sind Ihnen sehr dankbar für Ihre Ausführungen. Ich glaube, daß der Beifall der Versammlung dies beweist. Wir sind Ihnen deswegen besonders dankbar, weil das Gebiet der Lüftung, das sehr im argen liegt, von Ihnen grundsätzlich aufgefaßt worden ist und daß Architekten und Techniker unter Ihrer Leitung im Fachausschuß für Lüftungstechnik beim VDI zusammenwirken, um — wie wir hoffen — auch für die Lüftungsanlagen, wie es für die Heizungsanlagen bereits geschieht, Ausführungs- und Betriebsvorschriften zu bekommen. — Nochmals vielen Dank!

Vorsitzender Prof. Dr. Gröber: Meine Herren! Herr Dr. Klein, der Ihnen über Klimatisierungsanlagen berichten wollte, ist bedauerlicherweise vor drei Tagen in Stuttgart ernstlich erkrankt und es ist ihm nicht möglich, hierher zu kommen. Herr Dipl.-Ing. Sülzle hat es übernommen, den Vortrag des Herrn Dr. Klein zu verlesen.

Ich darf dann Herrn Sülzle bitten, das Wort zu ergreifen.

Klima-Anlagen.

Von Dr.-Ing. **A. Klein**, Stuttgart.

(Vorgetragen von Dipl.-Ing. W. Sülzle, Stuttgart.)

Mit Klima-Anlagen bezeichnet man neuerdings eine Verbindung von Maschinen und Einrichtungen, die dazu dient, in geschlossenen Räumen ganz bestimmte Verhältnisse bezüglich der Temperatur der Luft, ihrer relativen Feuchtigkeit und Reinheit sowie des Luftwechsels herzustellen und diese Verhältnisse unveränderlich zu halten ohne Rücksicht auf den Wechsel von Witterung oder Jahreszeit. Die Werte für Temperatur und Feuchtigkeit sind dabei im allgemeinen nur durch das menschliche Wohlbefinden bestimmt, können sich jedoch für technische und industrielle Zwecke in ziemlich weiten Grenzen bewegen.

Man kann daher mit Recht sagen, daß die Klima-Anlagen den Menschen und seine Tätigkeit unabhängig machen von den verschiedenen klimatischen Verhältnissen an der Erdoberfläche.

Die Bestrebungen des Menschen in dieser Hinsicht begannen bereits mit der Verwendung des offenen Feuers in der Wohnhöhle, die dem Menschen schon in frühesten Zeiten ermöglichte, sein Aufenthaltsgebiet von den warmen Zonen bis weit nach Norden hin auszudehnen.

Feuer im offenen Kamin oder im geschlossenen Ofen blieb jahrhundertelang das einzige Mittel zum Ausgleich der jahreszeitlichen Temperaturunterschiede. Es genügte auch für die einfachen Arbeitsverhältnisse und die Lebensweise unserer Vorfahren. Erst mit der industriellen Entwicklung und mit dem Eindringen der Maschine in alle Arbeitsgebiete kam auch das Bedürfnis nach Weiterentwicklung der Heizung und auch der Belüftung von Gebäuden.

Die Entwicklung der Textilindustrie, die mit der Erfindung der Spinnmaschine und des mechanischen Webstuhls einsetzte, gab zuerst Veranlassung zum Bau von besonderen Fabrikgebäuden. Durch die Ansammlung zahlreicher Maschinen in einzelnen Gebäuden und durch die von diesen Maschinen erzeugte Wärme stieg die Temperatur in den Arbeitsräumen und gleichzeitig sank die relative Luftfeuchtigkeit weit unter diejenige im Freien, besonders im Winter, so daß zeitweise Verhältnisse entstanden, die die Spinn- und Webearbeit an diesen schnellaufenden Maschinen unmöglich machte. Deshalb mußten Mittel gefunden werden, die Temperaturen zu erniedrigen und die Luftfeuchtigkeit zu erhöhen. Auf diese Weise entstanden die ersten Anlagen zur künstlichen Befeuchtung der Luft und wurde die Grundlage geschaffen zur Entwicklung der industriellen Klima-Anlage, die heute in über 200 Industrien Anwendung findet.

Die Heimat der Klima-Anlage liegt in den Vereinigten Staaten von Amerika, wo sowohl die klimatischen Verhältnisse als auch die ungeheure industrielle Entwicklung einen außerordentlich günstigen Boden für die Entwicklung der industriellen Klima-Anlage abgaben. Man kann tatsächlich in den Vereinigten Staaten keinen Gegenstand, der im täglichen Leben gebraucht wird, in die Hand nehmen oder etwas genießen, bei dessen Herstellung nicht künstliches Wetter zur Anwendung gekommen wäre. Kleidungsstoffe aus Wolle, Baumwolle, Seide, Kunstseide, Stiefel, ferner Lederwaren, Glas, Porzellan, Möbel, Bücher, Metallgegenstände, Schmuck, Mehl, Brot, Fleisch, Wurst,

Gemüse, Schokolade, Zuckerwaren, Pralinen, Obst, Milch, Bier, Tabak, Zigarren, Zigaretten, Streichhölzer, Gummiwaren, Heilmittel, kurz alles, was der Mensch zum Leben braucht, benötigt dort künstliches Klima zur billigeren, verbessernden Herstellung.

In Europa und besonders in Deutschland hat die Anwendung der Klima-Anlage noch nicht solche Fortschritte gemacht. Die Gründe dafür sind verschiedener Art. Der Weltkrieg mit seinen verheerenden Folgen für unser wirtschaftliches Leben, die Meinung, daß die ausgeglicheneren klimatischen Verhältnisse in Deutschland die Erstellung von Klima-Anlagen unnötig mache sowie die im Vergleich zu den bisherigen bescheidenen Lüftungs- und Heizungsanlagen verhältnismäßig hohen Anlagen- und Betriebskosten der Klima-Anlage standen deren Einführung bei uns im Wege. Jedoch wuchs in den letzten Jahren die Erkenntnis, daß auch in Deutschland, insbesondere während der Heizzeit, Klima-Anlagen eine nutzbringende Kapitalanlage darstellen. Dies bezieht sich vor allem auf Industrien, die hygroskopisch empfindliche Stoffe verarbeiten. So ist z. B. heute fast die gesamte Zigarettenindustrie in Deutschland klimatisiert. Ebenso hat die Klimatisierung der Textilindustrie infolge der besseren wirtschaftlichen Verhältnisse in den letzten zwei Jahren bei uns wesentliche Fortschritte gemacht.

Die Anwendung der Klima-Anlage in der Industrie geschah zunächst in erster Linie zum Zwecke der Verbesserung der Arbeitsvorgänge und der Erzeugnisse; bald aber entdeckte man, daß diese Einrichtungen auch von segensreicher Einwirkung auf die Gesundheit und Leistungsfähigkeit der Arbeiter war. Auch hier war die Textilindustrie führend; künstliche Luftzuführung und deren Befeuchtung und die dadurch von selbst gegebene starke Kühlung der Luft im Sommer, ergab ein einfaches und billiges Mittel, die vorher unerträglichen Temperaturen in den Spinnsälen im Sommer zu erniedrigen. Durch die zentrale Anordnung der Luftbefeuchtung war auch in einfacher Weise die Möglichkeit geschaffen, die Außenluft und die Umluft gründlich zu reinigen und sie fast gänzlich staubfrei einzuführen, so daß die Arbeitsverhältnisse nicht nur erträglich, sondern sogar angenehm wurden.

Die mechanische Zuführung künstlich befeuchteter, erwärmter oder gekühlter Luft bedingte die Regelung von Außenluft und Rückluft, von Wassertemperatur und Lufttemperatur, von Luftmenge und Luftdruck, die, zusammengenommen, von Hand nicht mehr durchführbar war, so daß folgeweise auch die selbsttätige Regelung von Klima-Anlagen entstehen mußte. Es hat sich bald gezeigt, daß schon Lüftungsanlagen, die aus verhältnismäßig wenigen und einfachen Bauteilen bestanden, kurze Zeit nach ihrem Einbau wieder stillgelegt wurden, weil die richtige Bedienung fehlte. Wenn die Außenluftklappen beim kalten Wetter nicht geschlossen wurden, so wurde der Wärmeverbrauch zu groß, wenn der Heizkörper nicht mehr geregelt wurde, wurde es zu heiß oder noch öfter zu kalt im Raum. Zugerscheinungen und Lärm entstanden und die Lüftungsanlage wurde einfach stillgelegt. Dies geschah auch bei Anlagen, die an und für sich richtig entworfen und gebaut waren und so kamen künstliche Lüftungsanlagen und insbesondere Luftheizungsanlagen allgemein in Mißkredit.

Die Vervollkommnung der Lüftungsanlagen und die segensreiche Einwirkung der industriellen Klima-Anlage auf die Gesundheit und das Arbeitsvermögen des Personals gab bald Veranlassung zum Einbau dieser Anlagen auch in anderen als Fabrikräumen. Die Aufenthaltsverhältnisse in Räumen, in denen im Verhältnis zur Raumgröße große Menschenansammlungen stattfinden, also in Theatern, Lichtspielhäusern, Festsälen, Gaststätten, waren von jeher und überall unerträglich. Die Frage der richtigen Belüftung dieser Räume war besonders schwierig, weil es sich hier während des ganzen Jahres, im Sommer und auch teilweise im Winter, um Kühlung des Raumes, d. h. um eine Abführung der durch die Menschenmassen entwickelten großen Wärmemengen handelt.

Diese Räume sind, um den Lärm der Straße fernzuhalten, im Winter gewöhnlich praktisch vollkommen nach außen abgeschlossen. Der Wärmeverlust durch Wände und Dach ist selbst im Winter verhältnismäßig gering und man ist daher für die Abführung der Wärme fast vollkommen auf die Zufuhr kalter oder gekühlter Luft angewiesen.

Die Klima-Anlage hat auch diese Frage gelöst. Hier waren die Amerikaner wegweisend in Entwicklung und Anwendung der Klima-Anlage für »Komfort«, wie man derartige Klima-Anlagen kurz kennzeichnen kann. Viele tausende von Lichtspielhäusern, Festsälen, Sporthallen, Gaststätten sind heute schon in Amerika klimatisiert. Die Anwendung von Klima-Anlagen breitet sich immer weiter aus: Warenhäuser, große Bürogebäude, kleine Gaststätten und Verkaufsläden werden klimatisiert. Die Lösung der Frage der Klimatisierung von einzelnen Wohnhäusern, das wegen der Höhe der Anlagen- und Betriebskosten besonders schwierig ist, ist in Angriff genommen.

Was sind nun die physikalischen und konstruktiven Grundlagen der Klima-Anlagen?

Für die Bestimmung der Temperatur der den Räumen zuzuführenden Luft ist es notwendig, zunächst eine genaue Aufstellung der dem Raum zufließenden und von demselben abfließenden Wärmemengen zu machen. Zu den für die Heizung im Winter festzustellenden Verlusten durch Wärmeabstrahlung und Windanfall kommt noch der Wärmebedarf für die Zufuhr und Befeuchtung der Außenluft.

Genaueste Untersuchung erfordert der Wärmeanfall im Sommer, der durch Einstrahlung von außen, durch Wärmeabgabe der Menschen und durch Arbeitsvorgänge im Inneren entsteht. Von außen her ist zu berücksichtigen: die Sonnenbestrahlung auf Dach, Außenwände und Fenster sowie der Wärmezufluß infolge des Temperaturunterschiedes zwischen außen und innen. Besonders verwickelt ist der Wärmezufluß durch Sonnenbestrahlung, da er von der Rückstrahlung, der Wärmespeicherungs- und Wärmeleitfähigkeit von Dach und Außenwänden abhängt. Dazu kommt, daß die Bestrahlung der einzelnen Außenwände je nach Tages- und Jahreszeit ganz verschieden sein kann. Ebenso wichtig ist die Berücksichtigung des Wärmezuflusses zum Raum im Winter durch Menschen, Maschinen, Heizungsanlagen, künstliches Licht usw. Die etwa gleichzeitig auftretenden größten Wärmemengen sind festzustellen, wobei die genannten Umstände insgesamt sorgfältig gegeneinander abzuwägen sind.

Die Zufuhr oder Abführung von Feuchtigkeit von und zum Raum bedingt Berücksichtigung der etwa möglichen Witterungsverhältnisse und der Belegung des Raumes mit Menschen und Maschinen. Dabei ist die Zufuhr von Feuchtigkeit im Winter verhältnismäßig einfach, da ungesättigte Luft gerne Feuchtigkeit aufnimmt.

Nicht so einfach werden die Verhältnisse im Sommer, wenn der Feuchtigkeitsgehalt der Außenluft leicht zu hoch wird. Es ist an Hand von meteorologischen Aufzeichnungen für die in Betracht kommende Gegend der höchstmögliche Taupunkt der Außenluft festzustellen. Ist dieser höher als der im Raum zulässige Taupunkt, so muß die zuzuführende Außenluft entfeuchtet werden. Da dies die Zufuhr von kaltem oder gekühltem Wasser bedingt, so läßt man bei industriellen Anlagen, bei denen es sich in der Regel um große Luftmengen handelt, im Sommer verhältnismäßig hohe Taupunkte und Temperaturen im Raum zu; bei Komfortanlagen wird jedoch die Verwendung von künstlicher Kühlung durch kaltes Wasser oder Kühlanlagen notwendig.

Die Menge der zuzuführenden klimatisierten Luft hängt von verschiedenen Umständen ab. Einmal soll die Luftmenge die Gewähr für einen gleichmäßigen Luftzustand im Raum geben. Sodann soll entsprechend der Zahl der Menschen oder dem Arbeitsvorgang genügend reine und sauerstoffreiche Luft zugeführt werden. Dadurch wird das Verhältnis zwischen Außenluft und Umluft bestimmt.

Des weiteren soll der Temperaturunterschied zwischen Zuluft und Raumluft im Winter und Sommer nicht zu groß werden. Im Winter, um waagerechte Schichtung der Luft und dadurch zu große Temperaturunterschiede und Wärmeverluste im Raum zu vermeiden, im Sommer um senkrechte Schichtung der Luft und dadurch entstehende Zugerscheinungen zu verhindern.

Die Verteilung der Luft hat nach verschiedenen Gesichtspunkten zu geschehen. Vor allem ist die Luft so einzuführen, daß deren Umlauf im Raum gleichförmige Temperatur, Feuchtigkeit und Reinheit der Luft an allen Punkten der Aufenthaltszone gewährleistet. Die Luftleitungen, wo solche nötig sind, und die Luftauslässe sind dementsprechend anzuordnen. Auch ist darauf zu achten, daß keine zu kalten Flächen vorhanden bleiben, die abkühlend auf die Menschen wirken können. Die Luftgeschwindigkeiten in den Kanälen und Auslässen sind so anzunehmen, daß weder störende Geräusche, noch Zugerscheinungen auftreten. Endlich sind Maschinen, Leitungen und Auslässe so zu bemessen, daß für die beabsichtigten Ergebnisse der Kraftaufwand für die Behandlung und Beförderung der Luft nicht zu groß wird.

Wenn auch für die Berechnung der Klima-Anlage, selbstverständlich, wie für jede Lüftungs- und Heizungsanlage eine Reihe von grundlegenden Werten heute schon vorhanden und auch im Fachschrifttum zu finden sind, so spielt doch die Erfahrung noch eine große Rolle, da der verwendete Arbeitsstoff »bewegte Luft« dem Erbauer und Rüstmann gar manches Mal Überraschungen bereitet.

Was nun die konstruktive Ausführung der Klima-Anlage anbelangt, so kann dieselbe mannigfacher Art sein. Die ersten in der Textilindustrie eingebauten Anlagen bestanden aus Ventilatoren in Verbindung mit Dampf- oder Wasserspritzdüsen. Die Luft wird über der Arbeitszone entweder zentral durch einen großen Ventilator mit Luftverteilungsleitungen oder durch mehrere, verteilt angeordnete Ventilatoren, eingeführt. Ebenfalls über dem Arbeitsraum befindet sich eine Anzahl Spritzdüsen, durch die das Wasser fein zerstäubt wird. Der Luftstrom reißt die feinen Wasserteilchen mit, absorbiert sie, vermischt sich mit der Raumluft und sinkt nach unten in die Arbeitszone. Zur Vermeidung des Abtropfens von Wasser arbeiten die Düsen mit Druckluft. Dieses Verfahren findet heute noch Anwendung insbesondere in Fällen, in denen hohe Luftfeuchtigkeiten verlangt werden, bedingt jedoch die Verwendung von Luftfiltern zur Reinigung der Luft und sorgfältige Luft- und Wasserverteilung.

An Stelle der zentralen Lufteinnahme und Luftverteilung werden auch vielfach Einzel-Geräte mit Heizkörpern, Ventilatoren und Umluftklappen verwendet, die mit einzelnen unabhängigen oder zentral bedienten Wasserspritzdüsen versehen sind.

Endlich kann die Zerstäubung des Wassers auch durch den Ventilator selbst geschehen, z. B. durch Einführung des Wassers in das Laufrad oder durch besondere Zerstäubungsscheiben, die auf der Welle des Laufrades sitzen.

Ein Nachteil dieser Einzel-Geräte liegt in der ungleichmäßigen Verteilung der befeuchteten Luft, da die einzelnen Geräte der Kosten wegen in der Regel ziemlich hohe Leistungen besitzen müssen und deshalb in größeren Abständen aufgestellt werden. Um diesem Übelstand abzuhelfen, werden sie auch mit Luftverteilungsleitungen versehen. Hier besteht jedoch die Gefahr der starken Verschmutzung der Kanäle, da eine wirkliche Reinigung der Luft nicht stattfindet.

Wenn es sich um die Klimatisierung größerer Räume handelt, so ist die vollkommenste und zweckentsprechendste Anordnung der Klima-Anlage diejenige, bei der die in die Räume einzuführende Luft in einer Zentralanlage vorbehandelt, d. h. gereinigt, erwärmt oder gekühlt, befeuchtet oder getrocknet wird. Nach der Vorbehandlung wird die Luft vermittelst eines Ventilators und durch Luftkanäle in den zu klimatisierenden Raum gedrückt. Die einzelnen Teile der Zentralanlage, wie Luftfilter, Mischkammer mit Außenluft- und Rückluftklappen, Luft- und Wasservorwärmer, Luftbefeuchter, Luftkühler, Nachwärmer und Ventilator lassen sich in klarer und einfacher Weise anordnen, was auch in betriebstechnischer Hinsicht von Vorteil ist. Für industrielle Klima-Anlagen kommt noch der Vorteil hinzu, daß durch die sogenannte Taupunktsregelung ein überaus einfacher Weg für eine schnell wirkende und betriebstechnisch einfache Temperatur- und Feuchtigkeitsregelung gegeben ist.

Abb. 1 zeigt eine solche Zentralanlage mit Taupunktsregelung.

Ein am einen Ende der Anlage befindlicher Ventilator zieht die Außenluft durch einen Satz Klappen, die Umluft durch einen zweiten Satz Klappen in die Mischkammer ein. Von da gelangt die Mischluft durch Gleichrichter in die Befeuchtungs-, Kühl- und Trockenkammer. Darin befinden sich in senkrechter Anordnung ein oder mehrere Reihen von Wasserspritzdüsen, denen durch eine Pumpe Wasser unter starkem Druck zur Zerstäubung zugeführt wird. In dieser Kammer wird nun die Mischluft entweder erwärmt oder gekühlt, je nachdem die Pumpe warmes oder kaltes Wasser fördert. Die Erwärmung des Wassers geschieht durch einen Wasservorwärmer oder durch einen Dampfinjektor; der Mischluft kann aber auch durch einen Luftvorwärmer die zur Wasserverdampfung nötige Wärme gegeben werden. Soll die Luft gekühlt werden, so fördert die Pumpe kaltes Wasser, entweder Leitungswasser, Quellwasser oder künstlich gekühltes Wasser.

In dieser Behandlungskammer wird nun in Anlagen, die mit Taupunktsregelung versehen sind, die Luft auf diejenige Taupunktstemperatur gebracht, die in dem zu klimatisierenden Raum gewünscht wird und wird gleichzeitig mit Wasserdampf gesättigt. Darnach streicht sie durch ein System von Tropfenfängern, welche die freie Feuchtigkeit abscheiden, so daß nur wasserfreie, vollkommen gesättigte Luft in den Ventilator eintritt.

Die selbsttätige Regelung der Taupunktstemperatur geht in der Weise vor sich, daß unmittelbar vor oder nach dem Ventilator ein sogenannter Taupunkts-

Abb. 1.

thermostat angebracht ist, der den Zufluß von Außenluft und Rückluft und Dampf oder kaltem Wasser zu den Düsen selbsttätig regelt, je nachdem die Temperatur der vorbeistreichenden Luft zu hoch oder zu niedrig ist. Durch diese Anordnung ist eine außerordentlich rasche und sichere Regelung des Taupunkts der Zuluft möglich.

Damit ist der absolute Wassergehalt der Luft im Raum festgelegt. Da im Raum selbst nicht etwa 100% Feuchtigkeit gewünscht wird, so muß die Zuluft noch erwärmt werden. Dies geschieht durch Heizkörper, die sich in den Luftleitungen befinden, es kann aber auch durch Heizkörper geschehen, die im Raum selbst aufgestellt sind, z. B. beim Vorhandensein einer Zentralheizung. Auch kann im Raum selbst genügend Wärme durch Arbeitsvorgänge frei werden, wie z. B. im Trosselsaal einer Spinnerei oder durch Anwesenheit einer großen Zahl von Menschen, wie in Lichtspielhäusern.

Die Regelung der Temperatur im Raum geschieht durch einen Thermostaten oder Hygrostaten, der auf die in den Zuluftleitungen befindlichen Heizkörper und Luftklappen einwirkt.

Bei Anwendung der Taupunktsregelung und Verwendung zuverlässiger Regler ist es nicht schwierig, unter irgendwelchen Arbeitsverhältnissen, in irgendeinem Raum und bei irgendwelchen Witterungsverhältnissen Temperatur und relative Feuchtigkeit auf $\pm 1^0$ und $\pm 2\%$ zu erhalten.

Wenn an einem Ort, wie es in Deutschland oftmals der Fall ist, im Sommer zur Kühlung kein oder nicht genügend kaltes Wasser zur Verfügung steht, so läßt sich im Sommer der für den Winterbetrieb festgesetzte Taupunkt nicht halten und man muß sich mit der durch die Verdampfung des Wassers in der Zentralanlage bewirkten Kühlung begnügen, sofern man nicht künstlich kühlen will. Die Temperatur der Zuluft am Taupunktsthermostaten stellt sich dann von selbst auf die Temperatur des feuchten Thermometers der Mischluft bzw. Außenluft ein. In unseren Breiten steigt diese nur an wenigen Sommertagen über 20°. Bei einer relativen Feuchtigkeit im Raum von beispielsweise 70% wäre dann die zugehörige trockene Temperatur etwas weniger als 26°, so daß für Industrieanlagen in den weitaus meisten Fällen Verdampfungskühlung im Sommer vollständig genügt.

Für Komfort-Anlagen liegen die Verhältnisse jedoch anders. Hier muß in erster Linie für die im Raum Anwesenden das Gefühl der Behaglichkeit geschaffen werden. Dies erfordert, daß Temperatur und relative Feuchtigkeit winters sowohl als auch sommers gewisse Werte nicht über- oder unterschreiten. Für die Temperatur gelten im allgemeinen im Winter 18 bis 22°, für die relative Feuchtigkeit 30 bis 70%.

Im Sommer kann sich die Temperatur im Inneren je nach der Außentemperatur zwischen 22 und 26°, die relative Feuchtigkeit zwischen 40 und 70% bewegen. Für die zulässigen Werte im Winter wie im Sommer spielt die Luftgeschwindigkeit im Raum noch eine Rolle, indem bei ganz unbewegter Luft die Werte der Temperatur und Feuchtigkeit niedriger sein müssen als bei bewegter Luft.

In Deutschland und in den Vereinigten Staaten sind in den letzten Jahren eingehende Versuche durchgeführt worden, um den Zusammenhang zwischen Temperatur, Feuchtigkeit und Bewegung der Luft in ihrer Einwirkung auf den menschlichen Organismus zu finden. Die deutschen Untersuchungen ergaben einen bestimmten Zusammenhang zwischen Stirntemperatur und Behaglichkeitsgefühl. Die amerikanischen Versuche gründeten sich auf die Beobachtung der Einwirkung der drei Werte Temperatur, Feuchtigkeit und Luftbewegung auf das Behaglichkeitsgefühl selbst. Für ruhende Luft ergaben sich deutsche Behaglichkeitswerte, die im Winter um etwa 2° niedriger als die amerikanischen lagen; für bewegte Luft sind sie ungefähr gleich.

Es ergibt sich, daß auch für unsere Verhältnisse in Deutschland im Sommer Kühlung in Aufenthaltsräumen für Menschen zweckmäßig ist. An Orten, wo Kühlwasser von 11 bis 12° zur Verfügung steht — und dies ist vielfach der Fall —, lassen sich mit verhältnismäßig geringen Kosten Taupunkte von 13 bis 15° im Sommer festhalten, so daß Temperaturen und Feuchtigkeiten, die innerhalb der Komfort-Zone liegen, ohne Schwierigkeit hergestellt werden können.

Wenn kein Kühlwasser vorhanden ist oder nur Wasser von höherer Temperatur, so entstehen an Tagen mit hohem Taupunkt hohe Temperaturen und Feuchtigkeiten, die außerhalb der Behaglichkeitszone liegen. Im allgemeinen ist es bei uns zwecklos, Wasser von mehr als 15° im Sommer zur Kühlung verwenden zu wollen. In diesem Falle wird die Verwendung von Kältemaschinen notwendig, wenn auch an heißen Sommertagen behagliche Verhältnisse geschaffen werden sollen.

Wird im Sommer die Zuluft gekühlt und wird der Taupunkt der Zuluft niedrig gehalten, so können Temperaturunterschiede zwischen Zuluft und Raumluft von 10 bis 12° auftreten, was Anlaß zu Zugerscheinungen geben kann, insbesondere in Räumen, die dicht besetzt sind und in denen die Raumhöhe gering ist. In diesem Falle mischt man zweckmäßig an der Zentralanlage die Kaltluft mit Rückluft aus dem Raum und führt das Gemisch mit erhöhter Temperatur dem Raum zu.

Was nun die konstruktive Ausbildung der einzelnen Teile der Klima-Anlage betrifft, so muß dabei verschiedenes berücksichtigt werden: einmal müssen alle Einzelteile so angeordnet und bemessen sein, daß die von ihnen erwartete Wirkung möglichst vollkommen und mit geringstem Kraftaufwand eintritt. Der Ventilator soll die für eine bestimmte Anlage und Betriebsweise günstigste Druckkurve aufweisen;

z. B. für eine Anlage, bei der größere Abzweigungen der Luftleitungen zeitweise stillgelegt werden, muß ein Ventilator mit möglichst gleichbleibendem Druck bei wechselnder Luftmenge gewählt werden.

Für Komfort-Anlagen sind schnellaufende Ventilatoren unbrauchbar, da sie zu geräuschvoll arbeiten.

Die Befeuchtungskammer soll so ausgebildet sein, daß die Sättigung der durchströmenden Luft praktisch 100% erreicht; dies bedingt, wenn die Kammer nicht zu lang werden soll, Luftgeschwindigkeiten unter 5 m/s und setzt voraus, daß die Kammer über ihren ganzen Querschnitt von Luft und Wasser gleichmäßig beaufschlagt wird. Die Düsen sollen so angeordnet sein, daß keine Luftlöcher entstehen können und dürfen wegen Verschmutzung nicht zu empfindlich und müssen leicht zu reinigen sein.

Der Tropfenfänger muß die gesamte freie Wassermenge entfernen, da sonst der Taupunktsthermostat nicht richtig arbeitet. Auch darf er keinen zu hohen Luftwiderstand erzeugen.

An Stelle der zentralen Befeuchtungskammer mit senkrecht angeordneten Spritzdüsen wird vielfach auch ein Wascher verwendet, bei dem die Luftbefeuchtung bzw. Kühlung durch eine oder mehrere Lagen von Raschig-Ringen, die mit Wasser bespritzt werden, bewirkt wird. Der Ventilator zieht die Luft durch diese Raschig-Ringe, die der durchstreichenden Luft eine sehr große befeuchtete Oberfläche darbieten. Auch hier kann vollkommene Sättigung der Luft erzielt werden, wenn die Luftgeschwindigkeit genügend niedrig gehalten wird. Die Verwendung dieser Wascher ist beschränkt, da in Fällen, in denen es sich um die Behandlung von größeren Luftmengen handelt, die Abmessungen der Wascher zu groß werden. Auch ist die Reinigung der Ringlagen, in denen sich der aus der Luft entfernte Schmutz ansammelt, umständlich und zeitraubend; beim Düsenwascher hingegen handelt es sich nur um ein Ausspritzen oder Ausspülen des am Boden befindlichen Wascherbehälters.

Für die Kühlung der Luft kann an Stelle der Naßkühlung durch Spritzdüsen oder Raschig-Ringe auch ein Oberflächenkühler verwendet werden. Dies ist dann von Vorteil, wenn die Temperatur des Kühlwassers verhältnismäßig hoch ist, da dadurch eine Erhöhung des Taupunkts der Luft vermieden wird. Im Sommer ist dies von besonderer Wichtigkeit, weil eine hohe Luftfeuchtigkeit dann unangenehmer empfunden wird als hohe Temperatur.

Endlich wurden in den letzten Jahren noch zur Kühlung der Luft Einrichtungen verwendet, bei denen die überschüssige Feuchtigkeit der Luft von Adsorptionskörpern aufgenommen wird. Die relative Feuchtigkeit der Luft wird dadurch bis auf wenige Hundertteile erniedrigt, so daß es möglich ist, durch eine erneute Zufuhr von Feuchtigkeit die Temperatur und Feuchtigkeit der Luft im Endzustand verhältnismäßig niedrig zu halten. Die Anlagen haben sich jedoch bis jetzt nur für die Trocknung der Luft bewährt. Für Klima-Anlagen werden sie der Größe nach zu umfangreich und bieten im Betrieb keinerlei Vorteile gegenüber der Verwendung von Kaltwasser oder Kältemaschinen.

Die Mischkammer muß so angeordnet sein, daß eine gute Durchmischung von Außenluft und Rückluft stattfindet, da sonst der Taupunktsthermostat unrichtig arbeitet.

Die Luftklappen müssen leicht beweglich sein, so daß sie sich nicht ruckartig öffnen und schließen. Die Veränderung der Luftleistungen soll möglichst proportional der Klappenbewegung sein. Die Klappen selbst müssen eine aerodynamisch einwandfreie Form besitzen.

Die Heizkörper und Kühlkörper sollen natürlich einen möglichst geringen Luftwiderstand aufweisen; sie dürfen bei kleinen Anlagen nicht zu groß gewählt werden, da dadurch die Regelgenauigkeit notleidet.

Die zur Verwendung kommenden Luftfilter, die überall da notwendig sind, wo die Luft, und zwar Umluft und Außenluft, nicht gewaschen werden kann, können verschiedener Art sein. In Deutschland kommen hauptsächlich Filterflächen zur Verwendung,

10

die mit einem schwer verdampfbaren, dünnflüssigen Öl benetzt sind. Nachdem seit einigen Jahren die ursprünglich verwendeten Raschig-Ringe durch ebene Prallflächen ersetzt werden, sind diese Filter preislich und konstruktiv so vorteilhaft geworden, daß sie bei allen Belüftungen ohne Wascher eingebaut werden sollten. Durch ein zuverlässiges Filter wird die rasche Verschmutzung der Apparate und Luftleitungen verhindert, was in betriebstechnischer und hygienischer Hinsicht von großer Wichtigkeit ist.

In Amerika finden seit einiger Zeit Filter Verwendung, bei denen die einzelnen Filterzellen mit Metall-, Glas- oder Mineralwolle gefüllt sind, die nach der Verschmutzung weggeworfen und durch neue ersetzt werden. Da der Anschaffungspreis für amerikanische Verhältnisse niedrig ist und die Reinigung der Ölfilter, die immer von Hand geschehen muß, entfällt, so haben diese Filter dort ziemliche Verbreitung gefunden.

Die Anordnung der Luftleitungen und Luftauslässe erfordert besonders sorgfältige Beachtung. Eine Lüftungsanlage ist so gut oder so schlecht wie ihre Luftverteilung. Die Hauptleitungen sind so zu bemessen, daß möglichst geringe Luftdrosselung notwendig wird, d. h. daß die Luft sich von selbst zu den Auslässen hin richtig verteilt. Bei Komfort-Anlagen sind scharfe Wendungen zu vermeiden und — wo solche nötig werden — sorgfältig mit Leitflächen zu versehen. Die Luftauslässe sind so anzuordnen, daß die Zuluft sich möglichst rasch mit der Raumluft mischt und daß das Luftgemisch sich gleichmäßig in der Aufenthaltszone verteilt. Bei niedrigen Temperaturunterschieden zwischen Zuluft und Raumluft genügt eine niedrige Einblasegeschwindigkeit der Zuluft; werden diese Unterschiede jedoch größer als 4^0, so muß die Zuluft im Sommer mit hoher Geschwindigkeit über der Aufenthaltszone eingeführt werden, so daß ein Absinken der Kaltluft verhindert wird. Wichtig ist ferner die Möglichkeit der Reinigung des ganzen Luftleitungsnetzes.

Wesentlich für das richtige Arbeiten einer Klima-Anlage ist auch die Anordnung der Rücklufteinlässe im Raum und die Führung der Rückluft. Die Rückluftöffnungen sollen möglichst am Fußboden angeordnet werden in der Nähe der Zulufteinlässe, um eine gute Luftbewegung im Raum zu erzielen. Bei industriellen Anlagen genügt oftmals eine einzige Rückluftöffnung für einen Raum, wenn sie zentral angeordnet werden kann. Bei Komfort-Anlagen sind immer eine größere Zahl von Rückluftöffnungen vorzusehen, um Zugerscheinungen zu vermeiden und weil man vielfach in der Anordnung der Zuluftauslässe beschränkt ist. In Räumen, in denen geraucht wird, ist außerdem Abzug an der Decke vorzusehen.

Wenn die Raumverhältnisse nicht ganz einfach sind und wenn die dem Raum zuzuführenden Außenluftmengen nicht durch Öffnen von Fenstern oder durch sonstige Öffnungen abgeführt werden können, so empfiehlt sich immer die Anordnung eines Abluftventilators. Derselbe kann mit dem Zuluftventilator gekuppelt werden; bei getrenntem Antrieb ist darauf zu achten, daß beide Ventilatoren immer gleichzeitig in Betrieb sind.

Was nun die selbsttätige Regelung von Temperatur und Feuchtigkeit im Raum anbelangt, so haben wir die Taupunktsregelung bereits kennengelernt. Bei Verwendung eines Oberflächenkühlers an Stelle von Naßkühlern wird vielfach auch unmittelbare Regelung der Luftfeuchtigkeit angewandt, wobei der Raumhygrostat die Wasserzufuhr zu den Befeuchtungsdüsen regelt und ein Raumthermostat auf Luftklappen, Heiz- und Kühlkörper arbeitet.

Die zur Verwendung kommenden Regelvorrichtungen sind verschiedener Art. Die älteste und auch heute noch zuverlässigste Regelung ist die mittels Druckluft. Hierbei geben Thermostat und Hygrostat mit Hilfe eines Druckluftventils den zu betätigenden Dampf- oder Wasserventilen und Servomotoren für die Klappen bestimmte Mengen Druckluft, welche die Ventile und Klappen öffnen oder schließen. Die Wirkungsweise kann vollkommen ausgeglichen gestaltet werden, so daß Stöße in den Zuluftleitungen nach Menge, Temperatur oder Feuchtigkeit der Luft ganz vermieden werden können.

Dies trifft bei der elektrischen Regelung nicht so vollständig zu, da für die Bewegung der Luftklappen und der Ventile meist kleine Hilfsmotoren, die stufenweise arbeiten, verwendet werden. Die Geber für die Hilfsmotore sind Kontaktthermometer, durch Druckluft oder Ausdehnungsstäbe betätigte Kippschalter und ähnliche Vorrichtungen.

Eine dritte Art von selbsttätigen Regelvorrichtungen sind solche, die mit einem mit Gas oder Flüssigkeit gefüllten Ausdehnungsgefäß als Fühler versehen sind, wobei die durch Temperaturveränderungen bewirkte Ausdehnung oder Zusammenziehung des Füllgases oder durch Verdampfung und Kondensation der Füllflüssigkeit Regelventile oder auch Hilfsrelais betätigt werden.

Bei Komfort-Anlagen ist es vielfach nötig, die in der Zentralanlage entstehenden Geräusche abzudämpfen bzw. vor dem Eintritt in die Räume durch die Luftleitungen abzuhalten. Dazu dienen sogenannte Schalldämpfer, die möglichst nahe beim ersten Luftauslaß eingebaut werden sollten. Sie bestehen in der Regel aus einer Reihe von kleinen, schmalen Luftkanälen, deren Wände aus schallabsorbierendem Material hergestellt sind. Die Länge der Schalldämpfer richtet sich nach der Höhe der in den Räumen zugelassenen Schallstärke sowie nach den Abständen der Schalldämpferplatten und der Art der abzufangenden Geräusche.

Endlich sind noch die sogenannten Einzel-Klimaanlagen zu erwähnen, die für die Klimatisierung einzelner kleinerer Räume steigende Anwendung finden. Ihrer allgemeinen Einführung steht jedoch immer noch der verhältnismäßig hohe Preis im Wege. In der vollkommensten Ausbildung enthält eine solche Einzel-Klimaanlage praktisch alle Konstruktionsteile der großen Zentralanlage, manchmal sogar noch eine kleine Kälteanlage; elektrisch oder gas- oder flüssigkeitsgefüllte Regler finden dabei Anwendung.

Die zahlreichen Lichtbilder über ausgeführte Klima-Anlagen in Industrie und Komfort, die beim Vortrag gezeigt wurden, konnten aus technischen Gründen leider nicht im Druck gebracht werden.

Abschließend kann gesagt werden, daß mancher Besitzer eines Lichtspieltheaters, einer Fabrik oder eines Bürogebäudes heute noch lächelt, wenn ihm vom Klima-Ingenieur der Einbau einer Klima-Anlage nahegelegt wird. Luxus — unnötig — Modesache — sind Ausdrücke, die man dann oft zu hören bekommt. Auch in Architektenkreisen findet der Einbau von Klima-Anlagen in neuzeitlichen Gebäuden heute noch wenig Verständnis, obwohl gerade die Architekten diejenigen sein müßten, welche für eine Sache einzutreten haben, die längst über den Stand der Versuche hinausgediehen ist und einen wesentlichen Fortschritt in der Ausgestaltung unserer Bauten darstellt. 1% bis höchstens 2% der Summe der Gehälter der Angestellten sind notwendig, um z. B. die Klima-Anlage eines neuzeitlichen Bürogebäudes abzuschreiben, zu verzinsen und in Betrieb zu halten. Wenn das Arbeitsvermögen und die Arbeitsfreudigkeit der Angestellten durch staubfreie, reine, richtig befeuchtete und erwärmte Luft im Winter, durch gekühlte Luft im Sommer, durch gleichmäßige Temperatur, durch Lärmfreiheit, Geruchfreiheit, Zugfreiheit, nur soweit gesteigert werden, daß diese Steigerung einer täglichen Mehrleistung von 5 bis 10 min entspricht, dann rechtfertigt sich der Einbau einer Klima-Anlage in einem Bürogebäude schon rein zahlenmäßig, ganz abgesehen von der Einwirkung auf die Gesundheit der Angestellten im ganzen und auf die Verminderung der Ausfälle an Arbeitszeit durch Verminderung der Erkrankungen während der Heizzeit.

Ein Drittel seines Lebens verbringt der Stadtmensch — wozu 65% aller Deutschen gehören — in seinem Arbeitsraum; 13 bis 16 kg Luft atmet er täglich ein, das mehrfache, was er an Speisen und Getränken zu sich nimmt. Warum soll diese Luft nicht möglichst so beschaffen sein, wie sie die Natur ursprünglich für ihn geschaffen hat? Pflege der Gesundheit und Leistungsfähigkeit unseres Volkes sind Dinge, denen heute von allen verantwortlichen Stellen mit Recht größte Beachtung geschenkt wird. Klima-Anlagen sind eines der Mittel, und dazu nicht das geringste, um dieses Ziel zu erreichen.

10*

Vorsitzender: Meine Herren! Wir danken Herrn Sülzle, daß er es übernommen hat, Herrn Dr. Klein zu vertreten. Wir bitten Sie, sehr geehrter Herr Sülzle, Herrn Dr. Klein unsere Grüße und unsere besten Wünsche für eine baldige Genesung zu übermitteln. Wir kommen dann zur Aussprache über die heutigen Vorträge. Es hat sich zuerst Herr Francois Bąkowski aus Warschau gemeldet.

Bąkowski-Warschau: Meine Herren! Aus den äußerst beachtlichen Ausführungen der Vorredner ersehen wir, daß die Heiz- und Lüftungstechnik heutzutage über sehr vollkommene Mittel verfügt, um künstlich gewünschtes Klima zu erzeugen. Was aber die Absatzmöglichkeiten der Lüftungsanlagen anbelangt, so klangen die Ausführungen sehr trostlos. Ich habe den Eindruck, als ob man in allen Industriestaaten dazu gezwungen wäre, kleine Propagandaministerien zu gründen, um Lüftungsfragen volkstümlich zu machen (Heiterkeit). Hierzu dient wohl manches von dem, was wir heute gehört haben. Es wurde z. B. ganz richtig betont, daß der erwachsene Mensch etwa 15 kg Luft täglich einatmet. Wenn wir erwägen, daß der Mensch täglich nur etwa 1,3 kg feste Nahrung und etwa 1,8 kg Wasser einnimmt, so wird es klar, daß die Luft für uns ein überwiegend wichtigstes Nahrungsmittel ist, und dieser Gesichtspunkt darf im Propagandaministerium nicht versäumt werden.

Trotzdem habe ich Zweifel, ob der Bau von Klimatisierungsanlagen für Lüftungszwecke eine rasche Entwicklung erfahren wird. Es stehen viele Hindernisse im Wege.

Technische Schwierigkeiten:

Einige hat bereits Herr Prof. Gröber erörtert.

Man darf nie außer acht lassen, daß die so wertvolle reine, vorbereitete Luft von der Klima-Anlage zur Verbrauchsstelle einen verhältnismäßig langen Weg hat. Nun sind die Zuluftkanäle heutiger Bauart zur Leitung der vorbereiteten Luft meist nicht geeignet. Winzige Teilchen des Mörtels, des Mauerwerkes oder des Betons, aus welchen die Kanalwände meistens bestehen, bröckeln ab und vergrößern unterwegs den Staubgehalt der gereinigten Luft. Auch der Feuchtigkeitsgrad und die Temperatur der Kanäle kann oftmals die Wirkung der Klimaanlage in der oder jener Beziehung beeinflussen. Mir und wahrscheinlich auch vielen der anwesenden Herren sind Fälle bekannt, wo die Luftgüte am Zuluftgitter weit zurück hinter derjenigen dicht nach dem Austreten aus der Klimaanlage stand. Ohne eine richtig gebaute Zuluftverteilung, d. h. Zuluftkammern, -kanäle und Gitter, wird eine Klimaanlage versagen. Man darf nicht ein so kostbares Gericht wie reine konditionierte Luft schlecht und nachlässig vorsetzen.

Wenn ich mich im Kreise deutscher Ingenieure befinde, so wage ich einen kleinen Vergleich: Gute Biere werden in allen Gottesländern hergestellt, aber nur in Deutschland wird einem das Bier so gut behandelt, daß man davon gern unglaubliche Mengen verschluckt (Heiterkeit). —

Geldliche Schwierigkeiten:

Auf den drei letzten Heizungskongressen war stets die Klage zu vernehmen, daß ausgedehnte und kostspielige Lüftungsanlagen in manchen Gebäuden meistens außer Betrieb stehen. Einer der Gründe dafür ist Geldmangel für Brennstoff, elektrischen Strom und Bedienung. Dies alles wird in erhöhtem Maße bei Klimaanlagen auftreten; insbesondere wenn man erwägt, daß wir im Sommer auch mit der Luftkühlung und Lufttrocknung zu tun haben. Die Luftkühlung ist überhaupt der wunde Punkt aller Lüftungsanlagen in denjenigen Städten, die über kein sehr kühles Leitungs- oder Brunnenwasser verfügen. Da muß man zu Kältemaschinen greifen, deren Anschaffungs- und Betriebskosten ganz berechtigterweise die Kunden abschrecken. — Der Hauptzweck der Luftkühlung im Sommer ist die Ausscheidung eines Teils des in der Luft enthaltenen Wasserdampfes. Vielleicht ließe sich das auf einfachem Wege erreichen. Ich meine die Zentrifuge des italienischen Ingenieurs Eduardo Mazza, welche zur Trennung der Gasgemische dient und auch zum Ausscheiden des Wasserdampfes aus der Luft Verwendung findet. Die Anlage ist billig, und die Betriebskosten machen einen Bruchteil derjenigen für den Betrieb einer Kühlmaschine aus. Praktische Versuche ergaben z. B. bei einem Wasserdampfgehalt von 16 g je m³ eine Ausscheidung von 10,5 g, d. h. 65 %. Das sind eben die Bereiche, was Temperatur und Wasserdampfquantum anlangt, mit welchen wir es zu tun haben.

Zum Schluß möchte ich eine kleine Ergänzung des Vortrages hinzufügen. Ich meine die Erzeugung der Bergluft durch eine Klimaanlage, was eine wertvolle Vervollkommnung derselben bildet. Der Gedanke und deren praktische Ausbildung rühren vom Staatspräsidenten der Republik Polen, Herrn Prof. Moscicki, her, welcher, wie bekannt, ein hervorragender Elektrochemiker ist. Einige Anlagen sind bereits seit 2 bis 3 Jahren in Betrieb. Die Moscickische Vervollkommnung der Klimaanlagen beruht darin, daß die Luft nach dem Durchlaufen der Anlage erstens eine erhöhte Menge ultravioletter Strahlung, sowie zweitens eine Verminderung der positiven und eine Vermehrung der negativen Ionen aufweist. Es wird erreicht vermittelst einer Quarzlampe, deren ultraviolettes Licht sinnreich durch eine Chromplatte zurückgeworfen und zerstreut wird, so, daß nicht zu nachdrückliche Wirkung hervorgerufen wird.

Vorsitzender: Wir danken Herrn Bąkowski für seine Ausführungen, vor allem für seinen Hinweis auf die Zentrifuge des italienischen Ingenieurs Eduardo Mazza. Wegen Ihres Einwandes — Herr Bąkowski —, daß man zwar den Luftzustand in den Klimatisierungsanlagen regelt, daß aber auf dem Wege bis zum Saal Veränderungen des Luftzustandes teils durch Verschmutzung und teils durch Veränderungen der Temperatur und Feuchtigkeit vorkommen, bitten wir Herrn Sülzle um Auskunft.

Herr Dipl.-Ing. Sülzle: Die Regelung von Temperatur und Feuchtigkeit geschieht durch entsprechende Regler, die im klimatisierten Raum untergebracht sind. Die Luft, die den Klimaapparat verläßt, hat im allgemeinen nicht die Temperatur und die relative Feuchtigkeit, die im Raum eingehalten werden soll. Wenn deshalb die Luftkanäle, die vom Klimaapparat zum Raum führen, beispielsweise durch das umgebende Mauerwerk abkühlen, so können trotzdem die verlangten Raumluftbedingungen eingehalten werden, da der Heizkörper, durch den Raumregler beeinflußt, einfach um so viel mehr heizt als diese Abkühlung ausmacht. Ebenso ist es mit der Feuchtigkeit, so daß bei Feuchtigkeitsverlust auf dem Wege vom Klimaapparat zum Raum durch das Regelgerät die selbsttätigen Schaltvorrichtungen um so viel mehr Feuchtigkeit zuführen als verloren geht. Die Zufuhr einer höheren Feuchtigkeit kann unter anderem durch Erhöhung des Taupunkts an der Klimaanlage erreicht werden.

Der Frage der Verschmutzung der Kanäle ist besondere Sorgfalt zu widmen. In Räumen, wie z. B. Operationssälen, in denen die Luft hygienisch unbedingt einwandfrei sein muß, genügt es nicht, ein Hauptluftfilter in der Klimaanlage einzubauen, sondern es hat sich als notwendig erwiesen, daß besondere Bakterizidolfilter zur Feinstfilterung unmittelbar vor die Luftauslässe gesetzt werden. In allen Fällen müssen jedoch die Kanäle so hergestellt sein, daß sie nicht durch die Art ihrer Herstellung oder die Art des verwendeten Werkstoffes von selbst verschmutzen. In dieser Hinsicht einwandfreie Luftkanäle stellen solche aus verzinktem Eisenblech oder Tonröhren dar. Aus preislichen Gründen ist es jedoch bei den meisten Klimaanlagen nicht möglich, sogenannte Absolutfilter zu verwenden, weshalb in den Kanälen im Lauf von vielen Jahren der sogenannte Reststaub, der von den Filtern durchgelassen wird, sich·ablagern kann. Wenn auch die Praxis gezeigt hat, daß selbst nach 10 jährigem· Betrieb von Klimaanlagen, die richtig entworfen wurden, die Verstaubung immer noch nicht so stark war, daß die Luftverhältnisse im Raum dadurch bemerkbar nachteilig beeinflußt worden wären, so ist doch dafür Sorge zu tragen, daß in vernünftigen Abständen Reinigungsöffnungen in den Luftkanälen vorgesehen sind. —

Vorsitzender: Darf ich um weitere Wortmeldungen zu den Vorträgen des ganzen heutigen Tages bitten!

Vorsitzender: Es hat sich noch Herr Magistratsbaurat Schmidt, Berlin-Charlottenburg, zum Wort gemeldet.

Herr Baurat Schmidt, Berlin: Wir haben gehört, Herr Prof. Dr. Gröber hat mit 6 bis 7 Herren zusammengesessen, und diese haben nicht sagen können, wo sich Lüftungsanlagen befinden, die gereinigt werden können. Ich baue schon seit 30 Jahren Lüftungsanlagen, die alle reinigungsfähig sind, z. B. in den Charlottenburger Schulen sind alle abspritzbar, ebenso wie in Kiel, in Kassel, in Nürnberg usw. Wir haben Reinigungsmannschaften von Schulheizern mit besonders dafür gebauten Besen eingesetzt, die weiter nichts zu tun haben, als die Luftkanäle zu reinigen. Das geht sehr schön und gut und ist nicht so schwierig. — Es sei den Herren empfohlen, einmal über die Straße zu gehen und sich das anzusehen. Ich bin bereit, das vorzuführen, wenn Sie wieder zusammenkommen. —

Dann die stillgelegten Anlagen! Meiner Meinung nach liegt das weniger an der Anlage selbst als an der Bedienung. Große Lüftungsanlagen sind meistenteils bisher falsch angelegt worden. Bei der Heizung wird zentralisiert, bei der Lüftung muß unter allen Umständen dezentralisiert werden. Jeder Raum oder Saal eines Gebäudes muß sich unabhängig von den Nachbarräumen lüften lassen. Es gibt z. B. auch hier in Charlottenburg städtische Gebäude, wo 5 bis 6 kleinere und größere Säle vorhanden sind, die natürlich auch einzeln vergeben werden. Von alters her ist aber nur eine gemeinsame Luftkammer und Heizkammer mit Ventilator vorhanden. Von der Heizkammer oder einem Luftverteilungskanal zweigen nun die Luftkanäle zu den einzelnen Sälen ab und diese Kanäle sind alle sehr schön von einem Vorraum ausschaltbar gemacht, wo auch der Schalter für den Ventilator und die Ventile für die Luftvorwärmung vorhanden sind. Sind nun aber nur ein Saal oder wenige in Betrieb, wer bewirkt die Ausschaltung der anderen, regelt die Vorwärmung und stellt überhaupt die ganze Lüftung je nach Bedarf ein? Wer stellt ab, wenn z. B. eine Versammlung um 22 Uhr, ein Konzert oder Vortrag um 23 Uhr und eine Tanzerei erst um 5 Uhr zu Ende ist? Da meistens abends und nachts keine besondere Bedienung gehalten wird, geschieht in der Regel überhaupt nichts oder nichts Gescheites. Denn weder ein Kellner noch die Leute am Büfett wissen Bescheid, der Heizer ist nachts nicht da und der vielleicht noch anwesende Hausdiener auch nicht auffindbar.

Ich habe daher nun veranlaßt, daß solche Lüftungsanlagen je nach Vorhandensein von Mitteln umgebaut werden, und zwar so, daß jeder Saal für sich gelüftet werden kann, ohne die übrigen Räume zu beeinflussen. Alle Vorrichtungen sind unten in einer besonderen Luft- und Heizkammer für jeden Raum besonders geschaffen. Die Einschaltung jedes Bläsers erfolgt vom Bufett des dazugehörenden Raumes aus, dabei leuchtet hinter einer farbigen Glasscheibe das Wort »Lüftung« auf, so daß jeder Besucher sieht, daß überhaupt gelüftet wird. Die Luftmenge braucht nicht besonders geregelt zu werden, die Luftwärme dagegen wird durch einen Temperaturregler den jeweiligen Bedürfnissen selbsttätig angepaßt. Dazu gehört dann natürlich auch, daß stets Wärme zur Verfügung ist, um die Luft richtig vorwärmen zu können. Das ist dann auch ein Vorteil von Fernheizanschlüssen, weil Wärme Tag und Nacht vorhanden ist, sonst muß man sich in wohlbekannter Weise anders behelfen.

Diese Rückmeldung oder Anzeige durch Leuchtbuchstaben, daß die Lüftung im Betriebe ist, halte ich für viel wichtiger als andere Vorrichtungen. Jetzt kann man die Bedienung im Saal, also jeden Kellner oder das Büfettfräulein aufmerksam machen, die Lüftung anzustellen und diese sind ohne irgendwelche Kenntnisse von der Anordnung der Lüftung selbst, in der Lage, durch einfaches Drücken auf einen Knopf oder Betätigung eines Schalters die Anlage an- und auch nach Schluß der Benutzung des Raumes wieder abzustellen.

Wenn Sie heute irgendwo einen Kongreß oder ein Fest mitmachen, so ist in den meisten Fällen keine Lüftung da — ich habe sie vor Jahren sogar auf einem »Fest der Technik« im Zoo vermißt, für dessen Säle doch wohl alle technischen Einrichtungen vorhanden sind, aber keiner von der Bedienung konnte helfen, keiner wußte Bescheid. Wenn aber die Ein- und Abschaltung vom Bufett unmittelbar geschehen kann, dann wird man sicher etwas Besseres wie bisher erreichen. Sinngemäß gelten diese Ansichten auch für alle anderen Räume, die gelüftet werden müssen, seien es Schulklassen, Kranken-zimmer, Klubräume u. dgl., nur daß man hier sehr oft mit einfachen Möglichkeiten auskommt, um eine genügende Lüftung zu erreichen.

Vorsitzender: Ich muß zum Schlusse noch auf folgenden wichtigen Umstand hinweisen: Der Ausschuß will mit seinen Richtlinien lediglich die Aufgabe schärfer formulieren, die der Lüftungsanlage zufallen soll. Er muß es den ausführenden Firmen und ihrem technischen Können überlassen, auf welche Weise die Aufgabe gelöst wird. Daraus wird sich aber die Notwendigkeit ergeben, daß später in Aufsätzen in der Fach-presse — sei es durch den Ausschuß, sei es durch außenstehende Fachleute — einzelne Fragen und ihre technischen Lösungen noch eingehender erörtert werden.

Darf ich um weitere Wortmeldungen bitten!

Wenn keine Wortmeldungen erfolgen, danke ich allen Herren für ihre Ausführungen in der Aussprache und bitte Herrn Ministerialrat Dr. Schindowski, wieder den Vorsitz zu übernehmen.

(Geschieht.)

Vorsitzender Ministerialrat Dr. Schindowski: Meine Herren! Wir sind am Schluß unserer Tagesordnung angelangt und damit unserer fachlichen Veranstaltungen. Da bleibt mir zunächst nur übrig, Ihnen, wie ich Sie gestern begrüßt habe, jetzt meinen herzlichen Dank auszusprechen, daß Sie hier zum 14. Kongreß wider Erwarten so zahl-reich erschienen sind. Sie sind hierher gekommen, wie ich annehme, aus der Erwartung heraus, daß die Tagesordnung, die Ihnen vorgelegt worden ist, Ersprießliches und Er-freuliches bringen würde. Daß Sie so zahlreich bis zum Schluß hier durchgehalten haben, nehmen wir vom Kongreßausschuß dankbar als Beweis dafür an, daß die Erwartungen nicht enttäuscht worden sind.

Meine Herren! Wir haben jedenfalls den festen Willen und die besten Absichten gehabt, Ihnen hier Richtunggebendes, Lehrreiches zu übermitteln, und wir hoffen, daß es einen bleibenden, nachhaltigen Wert für Sie behalten wird, und daß Sie den Kongreß in bester Erinnerung behalten werden. Wir freuen uns darüber, daß wir Ihnen das hier haben bieten dürfen, und ich darf wohl in Ihrer aller Sinne sprechen, wenn ich vor allem den Herren, die uns Vorträge gehalten haben, nochmals den herz-lichsten Dank ausspreche. Ich möchte nicht für jeden einzelnen ein Wort des Dankes sagen, sondern ganz allgemein allen Herren, sowohl den Herren, die den Vorsitz an den beiden Tagen gehabt haben, als auch den Vortragenden selbst, den herzlichen Dank aussprechen. Ich möchte diesen Dank auch ausdehnen auf die Herren, die mich im Kongreßausschuß unterstützt haben bei der Durchführung und Erledigung dieses Kongresses.

Und wenn ich hiermit schließe, so bitte ich, den Schluß ausklingen zu lassen in dem Wunsch: Wir sehen uns bei dem nächsten Kongreß wieder!

Bericht über die Besichtigung der Fernheizanlage der staatlichen Museen in Berlin am 29. Juni 1935.

Am Freitag, dem 28. 6. 1935 nachmittags und am Sonnabend, dem 29. 6. 1935 vormittags, besuchten je etwa 40 Kongreßteilnehmer die Fernheizanlage für die staatlichen Museen auf der Museumsinsel. Als Führer hatten sich Herr Direktor Sackermann von der Firma R. O. Meyer, Berlin, die die Anlage geplant und ausgeführt hat, sowie der Maschinenbetriebsleiter bei der Generalverwaltung der staatlichen Museen zur Verfügung gestellt. Unter ihrer sachkundigen Leitung wurden Kesselhaus, Maschinenzentrale und Wärmespeicher eingehend besichtigt, wobei sich die selbsttätige Kesselfeuerung, die Reglervorrichtung für die selbsttätige Entladung und Auffüllung der Speicher sowie die Luftbefeuchtungsanlage für die Gemäldegalerie der besonderen Anteilnahme von seiten der Besucher erfreute. Wegen Einzelheiten sei auf den Beitrag von Regierungs- und Baurat Dr.-Ing. Thum, Berlin, in der Kongreßsondernummer des »Gesundheits-Ingenieur« Nr. 26 vom 29. Juni 1935 »Die Fernheizanlage für die staatlichen Museen auf der Museumsinsel in Berlin« verwiesen.

Bericht über die Besichtigung der Heizungs-
und Lüftungsanlage der Staatsoper Unter den Linden
am 29. Juni 1935.

Die Beteiligung war sehr lebhaft. Mit Rücksicht auf die Proben konnte die Oper nur in der Zeit von 9 bis 11 Uhr vormittags zur Verfügung gestellt werden. Etwa 70 Kongreßteilnehmer, Damen und Herren, versammelten sich um 9 Uhr im Konzertsaal, woselbst die Pläne der Heizungs- und Lüftungsanlage zur Einsichtnahme aufgestellt waren.

An Hand dieser Pläne hielt Herr Direktor A. Taubert einen einleitenden Vortrag über die heiz- und lüftungstechnischen Anlagen und die damit gesammelten Erfahrungen.

Liebenswürdigerweise hatte die General-Intendantur im Konzertsaal für Sitzgelegenheit während des Vortrages gesorgt und auch sonst in jeder Hinsicht Vorbereitungen für eine eingehende Besichtigung aller Einrichtungen getroffen, wofür auch an dieser Stelle besonderer Dank ausgesprochen sei.

Die Besichtigung begann im 4. Rang des Zuschauerhauses und setzte sich über die unteren Ränge und das Parkett nach der Bühne fort. Hier wurden auch die bühnentechnischen Einrichtungen dieser am vollkommensten ausgestatteten deutschen Opernbühne gezeigt und in ihrer Wirkungsweise vorgeführt. Daran schloß sich ein Gang durch die unterirdisch liegenden Räume, wie Ventilstellraum, Fernstell- und Fernmeßräume, Frischluftkanäle und Luftkammern. Zum Schluß wurde das auf einer geringen Grundfläche zusammengedrängte Kesselhaus mit seinen Hochdruckdampfkesseln und der Hochbunkeranlage in Augenschein genommen.

Eine eingehende Beschreibung an dieser Stelle zu bringen erübrigt sich unter Hinweis auf den Aufsatz des Herrn Direktor A. Taubert in der Kongreß-Nummer des »Gesundheits-Ingenieur« 58 (1935) S. 403.

Bericht über die Besichtigung
der Fernheizungsanlagen des Reichssportfeldes
am 29. Juni 1935.

Im Hinblick auf die erhöhte Beachtung, die in letzter Zeit der Städteheizung erneut zugewendet wird, veranstaltete der Kongreß am 29. 6. 1935 eine Besichtigung der vor kurzem fertiggestellten Fernheizungsanlagen des Reichssportfeldes. Sie gewährte den zahlreichen Teilnehmern einen wertvollen Einblick in dieses Gebiet der modernen Wärmeversorgung. Die Wärme in Form von Dampf liefert das Kraftwerk West der Berliner Kraft- und Licht(Bewag)-Aktiengesellschaft, die auch die Fernleitung von etwa 2 km Länge zwischen dem Kraftwerk West und dem Reichssportfeld erstellt hat.

Den Beginn der Führung bildete die Besichtigung des Kraftwerkes West, der neuesten Stromerzeugungsanlage Berlins. Es zeigt eine ausgesprochen gedrungene Bauweise, bei der Kessel-, Maschinen-, Eigenbedarfs- und Transformatorenhaus zu einem Block vereinigt wurden, aus dem sich die beiden Schornsteine, die eine Höhe von 110 m über Boden und einen Durchmesser von 6,3 m besitzen, herausheben. Die Leistung des Werkes, das in der Hauptsache als Spitzenwerk gedacht ist, wird in 6 Hauptmaschinen gleicher Leistung und 2 Hausmaschinen aufgeteilt, und beträgt 224 000 kW. Der Dampf für die Fernheizung wird der Anzapfstelle der Hausturbine mit einem Druck von 5 at und einer Temperatur von 250° entnommen. Er hat in der Turbine bereits elektrische Arbeit geleistet und ist als billiger Abdampf für die Heizwärmeversorgung besonders geeignet.

Für die Verlegung der Ferndampfleitung, die einen Durchmesser von 250 mm besitzt, wurde der Bahndamm der Werksbahn zwischen dem Bahnhof Ruhleben und dem Kraftwerk West in geschickter Weise ausgenutzt. Der zweite Teil der Leitung, der durch die Siedlung Ruhleben geführt wurde, ist unterirdisch verlegt. Genaue Angaben über die Betriebsverhältnisse, die technische Ausführung und die Kosten der Fernleitung sind in dem Aufsatz von Dr.-Ing. W. E. Wellmann, Gesundheits-Ingenieur Nr. 26, 1935, S. 397 bis 403, enthalten. Die von der Bewag gelieferte Wärme wird im Reichssportfeld zur Raumbeheizung, Warmwasserversorgung und zur Erwärmung von Schwimmbecken benutzt, insbesondere für die Verwaltungsgebäude der Sportbehörden, sowie für die Turn- und Schwimmhallen und die Unterkunftsräume für den deutschen Sportnachwuchs.

Als Abschluß wurde unter Führung von Herrn Baurat Weise die Dietrich-Eckart-Freilichtbühne und die Bauarbeiten der eigentlichen Kampfbahn besichtigt. Zur Kennzeichnung der gewaltigen Ausmaße der Anlage der Dietrich-Eckart-Bühne mögen die Angaben dienen, daß auf der Bühne 2500 Schauspieler auftreten können und in dem Zuschauerraum rd. 20 000 Menschen Platz finden. Einen ebenso gewaltigen Eindruck vermittelt die neue Kampfbahn, die für die Unterbringung der Zuschauer zwei Ränge besitzt, von denen der Oberrang sich über das Gelände hinaushebt. Die Arbeiten werden so weit gefördert, daß im Frühjahr nächsten Jahres die Anlage eingeweiht werden kann.

Verzeichnis der Kongreßteilnehmer.

Name	Stand oder Firma	Wohnort
Achenbach	Dipl.-Ing.	Frankfurt/M., Ortenberger Str. 1
Ackermann, Karl, Dr. jur.	Fa. Lüdy & Schreiber, Röhren-Großhandel	Berlin NO 55, Greifswalder Str. 208
Addicks, F. J. K.		Nijmegen (Holland), Groesbeekscheweg 228
Adomeit	Direktor, Mitteld. Braunkohlen-Syndikat G. m. b. H.	Leipzig C 1, Schließfach 272
A.-G. Isselburg. Hütte, vorm. Johann Nering, Bögel & Cie.		Isselburg
Albrecht, A.	Dipl.-Ing.	Berlin W 30, Hohenstaufenstr.33
Allmenröder, Ernst, Dr. phil.	Fa. Rud. Otto Meyer	Hamburg 23, Pappelallee 23—39
Althof	Stadtobering., Verwaltungsbezirk Mitte	Berlin N, Gartenstr. 25
Ambrosius, R., Dr.-Ing.	Reg.-Baumstr. a. D., Dir., Fa. Käuffer & Co.	Mainz, Obere Austr. 1
Arndt, O.	Dipl.-Ing., Chem.-Techn.Reichsanstalt	Berlin-Plötzensee, Tegelerweg
Arnold, Otto	Fa. Rud. Otto Meyer	Kiel, Willestr. 3
Arnoldt, Oswald, Dr.-Ing.	Stadtbaudirektor a. D.	Berlin-Schöneberg, Hauptstr. 63
Bach, Ernst	Ing., Rhein. Braunkohlen-Synd.	Köln a. Rh.
Bätjer, Th.	Fa. Strauch & Schmidt	Neiße-Neuland
Bakowski, Franciszek	Professor, Ing., Leiter der techn. Abtlg. A.-G. Drzewiecki & Jezioranski, Red. des »Przeglad Techniczny«	Warschau (Polen), Jerozolimska 71
Balcke, P., Maschinenbau A.-G. vorm.Ehrhardt & Sehner A.-G	Dir., Vereinig. deutscher Pumpenfabriken Borsig-Hall G. m. b. H.	Berlin NW 7, Friedrichstr. 100
Balke, Max	Landesoberingenieur	Münster, Dorotheenstr. 20
Bamberg, Dr.	Direktor, Fa. Permutit-A.-G.	Berlin-Wilmersdorf, Landhausstraße 41
Barsch, F.	Dipl.-Ing., Fa. Askania-Werke A.-G.	Dessau, Unruhstr. 11
Bartel	Student, Versuchsanstalt f. Heizung u. Lüftung, Techn. Hochschule	Berlin-Charlottenburg, Berliner Straße 172
Bartel, W.		Berlin-Steglitz, Menckenstr. 23

Name	Stand oder Firma	Wohnort
Barthel, Felix	Fa. W. Zimmerstädt	Breslau
Bartscher, Heinrich	Ing., Stadt Mainz	Mainz, Bürgermeisterei
Bastians, F.	Generalvertreter, Fa. Nationale Radiator-Gesellschaft m. b. H.	Köln/Rh.-Nippes, Beuelsweg 3
Bauch, Carl	Metallwarenfabrik	Roßwein
Bauer, Alex	Dipl.-Ing., Fa. Oberschles.Steinkohlensyndikat	Berlin W 8, Unter den Linden 8
Bauser, Walter	Stadtbaurat	Stuttgart, Reinsburgstr. 180
Beck, Paul	Obering., Fa. G. Konzmann &Co.	Stuttgart, Dürrstr. 7
Becker, F. C.	Prof., Techn. Hochschule Kopenhagen	Kopenhagen (Dänemark) Oster Voldgade 6 c
Behrens, H.	Dipl.-Ing., Magistratsoberbaurat d. Stadt Berlin, Stadtamt f. Heiz- u. Maschinenwesen	Berlin-Lichterfelde-West, Curtiusstraße 35
Berg	Student, Versuchsanstalt f. Heizung u. Lüftung, Techn. Hochschule	Berlin-Charlottenburg, Berliner Straße 172
Berg, Gustav	Techn. Reichsbahninspektor	Frankfurt/M., Passavantstr. 35
Bergmann	Obering., Fa. Rud. Otto Meyer	Berlin-Tempelhof, Germaniastraße 18
Berckemeyer, H.		Dortmund, Prinz-Friedr.-Karl-Straße 26
Berkefeld	Prokurist, Fa. vorm. Ravenéscher Rohrhandel G. m. b. H.	Berlin-Tempelhof, Bessemerstraße 38—42
Berliner Börsenzeitung		Berlin W 8, Kronenstr. 37
Berliner Morgenpost		Berlin SW 68, Kochstr. 22—26
Berl. Tageblatt, Techn. Redaktion		Berlin SW 19, Jerusalemer Str. 46—49
Berlit, B.	Magistratsbaurat, Reg.-Bmstr. a. D.	Wiesbaden, Gutenbergplatz 3
Berndt, Otto	Stadtbaumeister	Altona-Gr. Flottbeck, Am Quickb. 5
Bernhard, Richard	Spezialwerkzeugfabrik C. H. Bernhardt	Dresden N 6, Alaunstr. 21
Bertheau	Ober-Reg.-Rat, Reichs- u. Prß. Ministerium f. Wirtschaft u. Arbeit	Berlin-Schlachtensee, Heimstättenstraße 10 a
Besag	Fa. Wolf Netter & Jacobi-Werke	Berlin O 27, Schillerstr. 7
Betz	Obering., Ostelbisches Braunkohlen-Syndikat 1928 G. m. b. H.	Berlin NW 7, Bunsenstr. 2
Beutner, Carl	Oberingenieur	Berlin-Lankwitz, Kaulbachstr.17
Beyer, Kurt	Dipl.-Ing., Bewag	Berlin NW 6, Schiffbauerdamm 22
Bialas, I.	Ing., Fa. Nationale Radiator-G. m. b. H.	Schönebeck/Elbe
Bielenberg, Otto	Magistratsbaurat	Kiel, Seeblick 4
Bierey, Hans-Walter	Dipl.-Ing. Drewag,	Dresden A 19, Wormser Str. 86
Bilden, H.	Dipl.-Ing., Fa. Rud. Otto Meyer	Essen/Ruhr, Gemarkenstr. 6
Biringer, Jakob	Ing., Fa. J. Biringer	Mannheim U 6. 3

Name	Stand oder Firma	Wohnort
Blankenagel	Ing., Fa. Thyssensche Gas- u. Wasserwerke G. m. b. H.	Duisburg-Hamborn, Schließfach 44—45
Bleisteiner	Obering., Fa. Siemens & Halske A.-G., Wernerwerk M	Berlin-Siemensstadt
Bleyert, Wilh.	Dipl.-Ing., Dir. Fa. Buderus-Jungsche Handelsges. m.b.H.	Hamburg 36, Neuerwall 84
Blum	Stadtobering., Stadt Düsseldorf	Düsseldorf, Jordanstr. 31, II
v. Boehmer, H. E.	Geh. Reg.-Rat, Oberreg.-Rat i. R.	Berlin-Lichterfelde-W, Hans-Sachs-Str. 3
Bolle, Albert	Töpfermeister	Berlin O 34, Petersburger Str. 55
Boos, Friedrich	Ing., Fa. Friedrich Boos	Köln-Bickendorf, Helmholtzstraße 61
Borchert, Gerhard	Ing., Fa. Wilhelm Borchert	Berlin-Mariendorf, Tejastr. 4
Bormann, Karl	Chefingenieur, Fa. S. A. Caliqua	Paris 8, 21 Rue de Téhéran
Bornemann	Postrat, Dipl.-Ing., R.P.-Zentralamt	Berlin-Tempelhof, Schöneberger Straße 11—15
Borschmann	Ingenieur, Fa. Osram	Berlin
Boye	Schriftleiter, Archiv für Wärmewirtschaft u. Dampfkesselwes.	Berlin NW 7, Dorotheenstr. 40
Brademann	Direktor, Reichsbahndirektion Berlin, Dez. 49	Berlin W, Schöneberger Ufer 1-4
Bradtke, F., Dr.	Versuchsanstalt f. Heiz- und Lüftungswesen, Techn. Hochschule, Berlin	Berlin-Charlottenburg, Berliner Straße 171
Brandi, O. H.	Dipl.-Ing., Fa. Lufttechnische Gesellschaft m. b. H.	Berlin W 50, Nürnberger Straße 53/55
Brockmann, Bernard	Ing., Fa. Bern. Brockmann G. m. b. H.	Berlin-Charlottenburg 1, Richard-Wagner-Str. 35
Brockmann	Landesing., Oberpräsident der Provinz Brdbg. (Verwaltung d. Provinzialverbandes)	Berlin W 35, Matthäikirchstr. 3
Bronée, Kurt P.	Direktor, Fa. Calorius Heizkostenverteiler G. m. b. H.	Berlin SW 29, Kopischstr. 1
Bronée, T.	Ingenieur, Prokurist, Fa.Wärmemesser A.-G.	Berlin SW 29, Kopischstr. 1
Bruns	Obering., Fa. Rheinische Stahlwerke, Abtlg. Arenberg	Essen
Buck, L.	Dipl.-Ing., Wirtschaftliche Vereinigung dtsch. Gaswerke,Gaskokssyndikat A.-G.	Berlin W 30, Geisbergstr. 3/4
Burchhart	Maschin.-Obering., Hochbau- u. maschinentechn. Büro der Reichspostdirektion	Breslau
Burkhardt, F., Dr.	Geschäftsführer, Fa. Valentin-Röhren- u. Eisen-G. m. b. H.	Berlin SW 61, Großbeerenstr. 71
Buss, M. W.	Dipl.-Ing., Fa. Frigidaire G. m. b. H.	Berlin NW 87, Wiebestr. 12
Busse, A.	Dipl.-Ing.	Essen, Ortrudstr. 27
B. Z. am Mittag		Berlin

Name	Stand oder Firma	Wohnort
Carstens	Fa. Arendt, Mildner & Evers G. m. b. H.	Hannover, Hirtenweg 22
Christensen, P. A.	Ziviling., Techn. Hochschule	Kopenhagen (Dänemark), Oster Voldgade 6 c
Christians	Fa. Wärme-Ausgleich-Christians G. m. b. H.	Berlin-Wilmersdorf, Kaiser-Allee 23
Clauß, G.	Ing., Fa. Sachsse & Co.	Halle a. S., Bugenhagenstr. 12
Clorius, Odin	Ing., Fabrik für Wärmemesser Calorius, Wärmeregler Temperator	Kopenhagen V, Vesterport 343 bis 344
von Cornides, Wilhelm	Dipl.-Ing., Verlagsbuchhdl., Fa. R. Oldenbourg	München 2 NW, Glückstr. 8
Crone, Alfr.	Stadtbaurat	Essen, Semperstr. 40
Deicke & Kopperschmidt		Hamburg 22, Marschner-Str. 8 bis 10
Deimer	Ing., Fa. Deimer & Wetzel	Leipzig, Ilsestr. 11
Deiring, Karl	Fa. Karl Deiring	Kempten (Allgäu)
Denker, D.	Reichsausschuß f. Volksgesundheitsdienst e. V., Abteilung II — Gesundheitsführung	Berlin W 62, Einemstr. 11
Derigs, Ferd.	Ing., Fa. Ing. Baer & Derigs	München, Schillerstr. 27
Deutsche Eisenwerke A.-G. Werk Hilden		Hilden
Deutsche Installateur- u. Klempner-Zeitung		Hagen i. W., Kampstr. 11
Deutsch. Nachrichtenbüro G. m. b. H.		Berlin SW 68, Charlottenstr. 15b
Dicker & Werneburg Hallesche Maschin.- u. Dampfkessel-Armaturen-Fabrik		Halle a. S., Turmstr. 123
Dieterich, Georg	Ing., Direktor, Reichsverband d. Zentralheizgs.- u. Lüftungsfaches, Fachgruppe Zentralheizgs.- u. Lüftungsbau	Berlin W 9, Linkstr. 21
Dieterich, Hans, Dr.-Ing.	Bauverwaltung Bremen	Bremen, Lothringer Str. 50
Dietrich, G.	Regierungsbaurat	Goldap (Ostpr.)
Dittrich, Th.	Sekretär der Wirtschaftsgruppe Stahl- und Eisenbau	Berlin W 35, Potsdamer Straße 24/25
Doepner		Königsberg i. Pr.
Gebr. Döpp	Zentralheizungen	Dorsten (Westf.)
Dorenberg, Curt	Reichsbahnoberrat, Dt. Reichsbahn-Ges., Dir.	Essen
Dosch, Ad.	Dosch Meßapparate G. m. b. H.	Berlin SO 36, Wiesenstr. 10
Drawe, R., Dr.-Ing.	Professor, Technische Hochsch., Berlin-Charlottenburg	Berlin-Charl. 9, Adolf Hitler-Platz 10
Dreusch, Paul	Magistratsbaurat i. R., Fa. Nat. Radiator-Gesellschaft m. b. H.	Berlin SW 68, Zimmerstr. 14-15
Drumalds	Dipl.-Ing., Stadtbauamt	Riga (Lettland)

Name	Stand oder Firma	Wohnort
Dubbick, Wilhelm	Ingenieur, V.D.H.I.	Eberswalde, Kirchstr. 25
Dürhammer, W.	Dipl.-Ing., Vereinigte Kork-industrie A.-G.	Berlin-Wilmersdorf, Badensche Straße 24
Dziuk, Nicolaus	Ingenieur	Kattowitz-Polen ul. Powstancow 26
Edenholm, Henrik	Ingenieur, Ingeniörsvetenkaps-akademien	Stockholm (Schweden)
Eggert	Geh. Baurat, Leiter d. Hochbau-Abt. d. Preuß. Finanzminister.	Berlin C 2, Am Festungsgraben 1
Eglau, Otto	Ing., Fa. I. L. Bacon	Berlin O 27, Holzmarktstr. 11
Eisenführ	Fa. H. Krantz	Berlin-Friedenau, Hähnelstr. 13
Eitner, Wilh.	Reichsbahnoberrat	Altona Gr.-Flottbeck, Adicker-straße 178
Engel, Dr.	Dampfkessel-Revisionsverein	Halle a.S., Hindenburgstr. 50
Erdmann, Johannes	Reg.-Bauführer d. Hochbaufach.	Merseburg, Dammstr. 5
Erk, S., Dr.-Ing.	Reg.-Rat, Vertr. der Physikal.-Techn. Reichsanstalt	Berlin-Charlottenburg, March-straße 25
Eulitz	Obering., Bewetterungs-Ges. m. b. H.	Berlin W 62, Kurfürstenstr. 105
Ewers, Willy	Fa. Willy Ewers, vorm. v. Tülf & Ewers	Berlin SO 16, Rungestr. 19
Faber, Dr.	Fa., Brikettzentrale G. m. b. H.	Berlin W 62, Lützowplatz 1
Fahrion, Paul	Oberingenieur	Stuttgart N, Kriegerstr. 12
Faltin, H., Dr.-Ing. habil.	Dozent, Techn. Hochsch.	Breslau 16, Uferzeile 27
Fehrmann	Ing., Fa. Rud. Otto Meyer	Berlin-Tempelhof, Germania-straße 18
Feiland	Dipl.-Ing., Westfälische Kohlen-verkaufsgesellschaft	Berlin W 30, Nollendorfplatz 1
Feischner	Obering., Berliner Städt. Gas-werke A.-G., Abtlg. Werbung	Berlin-Grünau, Amselweg 3
Fichtl	Dipl.-Ing., Magistratsbaurat der Stadt Berlin	Berlin-Zehlendorf-Mitte, Am Lappjagen 21
Fischer	Generalvertreter, Fa. Samson-Apparatebau A.-G., Frank-furt a. M.	Berlin W 35, Kurfürstenstr. 94 Fa. Sandvoß & Fischer
Fischer, Karl	Apparate- und Rohrleitungsbau	Berlin W 62, Einemstr. 20
Fort, Oscar	Fa. Fort Oszkar is Tarsa	Budapest 9, Angyah-utca 33
Francke, Richard	Ing., Fa. Francke & Micklich	Dresden-A 24, Zwickauer Str. 30
Franke, Arthur	Sekretär, Reichsverband d. Zen-tralheizungs- u. Lüftungs-faches, Fachgruppe Zentral-heizungs- u. Lüftungsbau	Berlin W 9, Linkstr. 21
Freier, Otto	Schriftleitung »Mitteilungen des Reichsverbandes des Zentral-heizungs- und Lüftungsfaches und der Fachgruppe Zentral-heizungs- und Lüftungsbau«	Berlin-Adlershof, Volkswohl-straße 33

Name	Stand oder Firma	Wohnort
Freiwald	Direktor der Höheren Deutschen Fachschule für Metallbearbeitung und Installation	Aue (Sachsen)
Freudiger, G.	vorm. Präsident des V.S. C.I.	Frauenfeld (Schweiz)
Freudiger, Kurt	Student, Versuchsanstalt für Heiz- u. Lüftungswesen, Technische Hochschule	Berlin-Charlottenburg, Berliner Straße 172
Fröhlich, Oskar	Ingenieur	Berlin W 30, Starnberger-Str. 2
Gebr. Fröling	Apparate- und Maschinenbau	Bergisch-Gladbach
Froer, Friedr.	Obering. Fa. Eisenwerk Kaiserslautern	Kaiserslautern
Führ, Arthur	Obering., Sozialpol. Abtlg. der Siemens & Halske A.-G. u. d. Siemens-Schuckert-Werke A.G.	Berlin-Siemensstadt
Füstösy, Eduard	Dipl.-Ing., technischer Oberrat	Budapest, Toldy Ferenc u. 38
Fusch, G., Dr.-Ing.		Hannover-Kleefeld, Schopenhauerstraße 15
Gaab, Fritz	Dipl.-Ing., Direktor, Strebelwerk G. m. b. H.	Mannheim
Gaffke, Reinhold	Direktor, Fa. Th. Fröhlich A.-G.	Berlin NW 7, Dorotheenstr. 36
Garbotz, Dr.	Prof., Direktor des VDI.	Berlin-Zehlendorf-Mitte, Schädestraße 11
Gauff, Dr.	Fa. Bruno Runge	Stettin-Grabow, Langestr. 12
Geerken, A.	Fa. A. Geerken	Cuxhaven, Kämmerer Platz 4
Geisler, Paul	Ing., Fa. Rietschel & Henneberg G. m. b. H.	Königsberg (Preußen), Französischestraße 12—13
Georgius, Dr.	Oberregierungsrat, Reichspatentamt	Berlin SW 61, Gitschiner Str. 97 bis 103
Gerke, W.	Fa. Karl Deiring, Zentralheizgen.	Kempten (Allgäu)
Gernlein, Dr.	Oberlandforstmeister, Vertreter d. Reichsforstmeisters u. Pr. Landesforstmeisters	Berlin W 9, Leipziger Str. 11
Gertsen, N. C. S.	Ing., Kobenhavns Belysningsvaesen	Kopenhagen (Dänemark)
Giertz	Reichsbahnoberrat	Reichsbahndirektion Stettin
Gieskes, Walter	Geschäftsführer, Fa. Caliqua, G. m. b. H.	Berlin-Charlottenburg, Hardenbergstraße 9a
Giovannini, Girol	Obering., Dir., Fa. Rud. Otto Meyer	Düsseldorf, Palmenstr. 13
Gladkowski, Stanislaw	Beratender Ingenieur	Warschau (Polen), Mickiewicza 27
Goerke	Dipl.-Ing., Bewag	Berlin NW 6, Schiffbauerdamm 22
Goertz, Otto	Fa. Otto Goertz	Berlin-Lichterfelde, Drakestr. 66
Göschel, Alexander	Dipl.-Ing., A.-G. der Eisen und Stahlwerke, vorm. Gg. Fischer	Singen-Hohentwiel
Göttel, Fritz	Ing., Fa. Friedrich Göttel	Ludwigshafen a. Rh., Bayernstraße 61
Göttmann	Fa. J. A. John A.-G.	Erfurt

Name	Stand oder Firma	Wohnort
Goll	Dipl.-Ing., Fa. Rud. Otto Meyer	Frankfurt/M., Oberweg 20—22
Gonser, Gustav	Landesrat und Landesbaurat	Münster (Westf.), Lortzingstr. 4
Gosztowt, Tadeusz	Ing., Inspekt. d. Heiz- u. Lüftgs.-anlagen der Staatsbauten	Warschau (Polen), Adama Pluga 6
Graeser, Herm.	Thyssen-Rheinstahl Aktienges.	Frankfurt/M., Schließfach 316
Grasnick, P. Th.	Prokurist, Buderus-Jungsche Handelsgesellschaft m. b. H., Verkaufsst. Berlin	Berlin W 9, Köthener Str. 44
Grasse, Walter	Ing., Fa. »Arwag«, Walter Grasse	Berlin SW 61, Wartenburgstr. 22
Grethe, A.	Ing., Fa. Grethe & Stahl G.m.b.H.	Hannover, Spielhagenstr. 25
Griebel	Ing., Geschäftsführer, Fa. Rud. Otto Meyer, Breslau	Breslau, Hohenzollernstr. 79
Gröber, H., Dr.-Ing.	Prof., Techn. Hochschule	Berlin-Charlottenburg, Berliner Straße 172
Gromulski, Zdzislaw	Ing., Referendar des Heizwesens in den Staatsbauten	Warschau (Polen), Narbutta 50
Großbruchhaus	Maschinenbau A.-G. Balcke, Zweigbüro	Berlin W 35, Am Karlsbad 16
Groszkowski, Tadeusz	Beratender Ingenieur, Inspektor d. Heiz- u. Lüftungsanlagen d. Staatsbauten	Warschau (Polen), Narbutta 17
Grott, Eugenjusz	Ing., Fa. Fickowski & Grott	Warschau (Polen), Glogera 6
Grube	Ministerialrat, Akad. d. Bauwes.	Berlin C 2, Am Festungsgraben 1
Grunow, Walter	Mag.-Oberbaurat, Städt. Maschinen- und Heizamt	Breslau 1, Blücherplatz 16
Günther	Dipl.-Ing., Staatliches Materialprüfungsamt	Berlin-Dahlem, Unter den Eichen 87
Haag, Johannes, Zentralheizungen A.-G.		Köln/Rh.-Braunsfeld, Eupener Straße
Haan	Reg.-Baumeister	Berlin SO 36, Elisabethufer 35
Haenchen, Carl	Ind.-Verlag Carl Haenchen	Berlin-Eichwalde Wörther-Str. 38
Hänlein, Kurt	Direktor, Fa. Körting Maschin.- und Apparatebau A.-G.	Hannover-Linden, Badenstedter-Straße
Haeseler, K.	Dipl.-Ing., Nationale Radiator-Gesellschaft m. b. H.	Schönebeck a. Elbe
Hammer, Robert	Fa. Max Hammer jr.	Leipzig-Plagwitz
Harbort	Ingenieur	Berlin-Schöneberg, Monumentenstraße 29
Harmisch, H.	Dipl.-Ing.	Berlin-Charlottenburg, Fritschestraße 22
Hauser	Oberbaurat, Hochbauamt	München, Blumenstr. 28
Hauser, Karl-Aug.	Ing., Fa. Joh. Friedr. Hauser	Nürnberg, Nibelungenstr. 17
Hedtstück, Arthur	Direktor, Buderus-Jungsche Handelsges. m. b. H., Verkaufsstelle Berlin	Berlin W 9, Köthenerstr. 44
Heilmann, Dr.-Ing.	Prof., Stadtbaurat i. R., Schriftl. »Gesundh.-Ingenieur«	Berlin W 35, Dörnbergstr. 1
Heinecke, Heinz	Student, Versuchsanstalt für Heiz- und Lüftungswesen, Techn. Hochschule	Berlin

11

Name	Stand oder Firma	Wohnort
Heinemann, Ferdinand	Obering., Bauamt, Maschinen-wesen	Frankfurt/M.
Helling, W.	Dipl.-Ing.	Berlin-Karlshorst, Gundelfinger Straße 26
Hensel, Paul	Obering., Fa. Bernard Brockmann G. m. b. H., Bln.-Charl.	Berlin-Wilmersdorf, Zähringer Straße 30
Hercher, K.	Amtsrat, Preuß. Finanzministerium	Berlin-Zehlendorf
Herminghaus	Ing., Berl. Städt. Gaswerke A.G.	Berlin C 2, Neue Friedrichstr.109
Herrmann	Ministerialrat, Vertr. d. Oberprä-sidenten d. Prov. Brandenbg.	Berlin W 35, Viktoriastr. 34
Hetzel, Otto	Dipl.-Ing., Fa. Franz Halbig	Düsseldorf, Prinz-Georg-Str. 83
Hickmann, E., Dr.	Reichswirtschaftskammer	Berlin NW 7, Neue Wilhelm-straße 9—11
Himboldt, W. K.	Verkaufsdirektor, N.V.Radiator.	Amsterdam (Holland)
Hirrich, Dr.-Ing.	Reichsgemeinschaft der Techn.-Wissenschaftl. Arbeit.	Berlin NW 7, Ingenieurhaus
Höhne, Wilhelm	Obering., Berl. Städt. Gaswerke	Berlin C 2, Neue Friedrichstr.109
Hogrefe, A.	Obering., Fa. C. Lüdemann & Co.	Berlin-Steglitz, Schloßstr. 81
Holster	Techn. Büro	Overveen (Holland), Stooplein24
Hübener, Wilhelm	Ing., Fa. A. Hübener	Kiel, Karlstr. 8
Hüttner	Mag.-Oberbaurat, Stadtverw. Berlin	Berlin-Halensee, Joachim-Friedrich-Straße 6
Illgen, Erich	Fa. Hermann Illgen	Werdau (Sachsen)
Jacob, Walter	Dipl.-Ing., Fa. Mannesmann-Röhrenlager G. m. b. H.	Köln a. Rh., Filzengraben 8—10
Jacobi	Dipl.-Ing., Baurat a. D.	Berlin-Siemensstadt, Rohr-damm 36
Jacobskötter, Rudolf	Obering., Leiter d. städtischen Maschinenbauamtes	Erfurt
Jaeckel	Mag.-Oberbaurat, Zentrale der Baupolizei	Berlin C 2, Poststr. 4—5
Jaeger, Dr.	Leiter der Betriebswirtsch., Abt. der Berl. Städt. Gaswerke	Berlin C 2, Neue Friedrichstr.109
Jänichen, Dr.	Geschäftsführer des Landesver-bandes Thüringen d. Zentral-heizungs- u. Lüftungsfaches	Erfurt, Dalbergsweg 1
Jaenisch, Fritz	Direktor, Fa. Benno Schilde A.-G.	Hersfeld
Jagusch, Franz	Oberingenieur	Stettin, Barnimstr. 55
Janeck, Fritz	Ing., Fa. Janeck & Vetter	Berlin SW 68, Teltower Str. 17
Jarlstad, Th.	Ing., Fa. W. Zimmerstädt	Wuppertal-Elberfeld, Holzer-straße 5
Jensen	Oberregierungsbaurat, Reichs-Kriegsministerium, V 4	Berlin W 35, Tirpitzufer 72—76
Jorgensen, H. V.	Oberingenieur, Prokurist, Fa. Brun & Sorensen	Aarhus, Dänemark, Kannike-gade 18
Kämper	Dipl.-Ing., Stadtbaurat, Städt. Maschinenamt	Dortmund, Hansastr. 11, West-falenhaus

Name	Stand oder Firma	Wohnort
Kamler, Witold	Obering., Fa. Josef Kamler i.Ska	Warschau (Polen)
Kammler, Dr.-Ing.	Reg.-Rat, Reichs- u. Preuß. Ministerium f. Ernähr. u. Ldw.	Berlin W, Saarlandstr. 128
Kasch, Erich	Fa. I. L. Bacon	Berlin O 27, Holzmarktstr. 11
Kaufmann, F.	Ingenieur	Königsberg (Pr.), Scherresstr.13a
Kaul, G.	Ingenieur, Fa. G. Kaul & Co.	Berlin N, Fennstr. 40
Kehl, Max	Ing., Zentralheizgn., sanit. Anl.	München, Akademiestr. 17
Kempfer, Paul	Ing., Fa. Johannes Haag A.-G.	Königsberg (Pr.), Schillerstr. 1
Kernbach, Konrad	Fachzeitung »Baumarkt«	Berlin-Steglitz, Lepsiusstr. 57
Keuerleben, Hugo	Prof., Techn. Hochsch. Stuttgart	Stuttgart, Viergiebelweg 9
Klatte, Oscar	Direktor, Fa. Pharos Feuerstätten G. m. b. H.	Altona, Friesenweg 3
Klaus, K.	Ingenieur	Eindhoven (Holland), Rodenbachlaan 13
Klein, Dr.	Fa. Lufttechn. Gesellsch. m.b.H.	Stuttgart, Königstr. 84
Kleine, E. G.	Major a. D., Verlag Deutsche Kohlenzeitung, KarlBorchardt	Berlin W 62, Wichmannstr. 19
Kleinwächter, B.	Prokurist, Nationale Radiatoren-Gesellschaft m. b. H.	Berlin SW 68, Zimmerstr.14—15
Klemmer, Heinrich	Ing., Fa. Hch. Klemmer & Co.	Hamburg-Wandsbek, Menckesallee 22
Kleyböcker, Heinrich	Obering., Fa. Strebelwerk G. m. b. H.	Berlin SW 61, Katzbachstr. 21
Klinger, Paul	Fa. Paul Klinger	Berlin O 27, Blumenstr. 98
Kluth	Ing., Techn. Redaktion des Berl. Lokal-Anzeigers, Berlin	Berlin-Tempelhof, Deutscher Ring 1—2
Klut, Joachim	Gew.-Oberl.	Roßwein, Äußere Wehrstr. 9
Klüx, Herbert	Firma »Universelle« Zigaretten-maschinen-Fabrik	Dresden-A., Zwickauer Str. 48 bis 58
Knauf, Paul	Geschäftsführer, Fa. Otto Peschke Nachf. G. m. b. H.	Berlin SO 16, Michaelkirchstr.17
Knuth, Karl	Ingenieur und Fabrikant	Budapest, VII Carayutca 10
Koch, Walter	Ingenieur, Fa. Walter Koch	Berlin-Spandau, Markt 1
Köhler, Fritz	Direktor, Fa. Eisenwerk Kaiserslautern A.-G.	Kaiserslautern
Köhler, Wilhelm	Direktor, Fa. Strebelwerk G. m. b. H.	Hamburg
König, Dr.-Ing.	Hilfsarbeiter, Reichspatentamt	Berlin SW 61, Gitschiner Str. 97
Körting, Joh.	Fabrikdirektor a. D., Geschäftsführer d. Landesverbandes Rhein-Ruhr d. Zentralheizgs.- und Lüftungsfaches	Düsseldorf, Grunerstr. 30
Körting, Joh.	Dipl.-Ing., Deutsch. Continental-Gas-Gesellschaft	Dessau
Kohler	Dipl.-Ing., Thyssensche Gas- u. Wasserwerke m. b. H.	Duisburg-Hamborn, Schließfach 44—45
Kollmann, Theodor, Dr. med. h. c.	Ministerialrat, Bayr. Staatsministerium d. Innern, Ministerialbauabteilung	München, Theatinerstr. 21

Name	Stand oder Firma	Wohnort
Kolvenbach, H.	Dipl.-Ing., Geschäftsführer des Landesverbandes Rheinland des Zentralheizungs- und Lüftungsfaches	Köln-Riehl, Am Botan. Garten 56
Kopsch, Dr.	Syndikus, Industrie- und Handelskammer zu Berlin	Berlin NW 7, Dorotheenstr. 8
Kori, Heinrich	Ing., Fa. H. Kori G. m. b. H.	Berlin-Lichterfelde, Ringstr. 23
Korsten, J. G.	Ingenieur	Amsterdam (Holland), Heerengracht 408
Kottenmeier, Bernhard		Kiel, Frankestr. 16
Kowalski, Jan	Leiter des Techn. Büros d. Fa. Radowski i Sztos.	Warschau (Polen)
Kraemer, J.	Direktor, Fa. Johannes Haag A.-G.	Breslau 10, Lehmdamm 67
Kraftanlagen A.-G.		Heidelberg, Bismarckstr. 11
Kräuter, C.	Oberingenieur	Stettin, Birkenallee 35
Kraus, Ulrich	Dipl.-Ing., Bewag	Berlin NW 6, Schiffbauerdamm 22
Krause, Jürgen	Student, Versuchsanstalt f. Heiz- und Lüftungswesen, Techn. Hochschule, Berlin	Berlin-Charlottenburg, Berliner Straße 172
Krebs, Otto, Dr. phil.	Fa. Strebelwerk G. m. b. H.	Mannheim, Hansastr. 62
Krenk, J.	Ingenieur	Kolding (Dänemark), Losbygade 40
Kretschmer, M.	Direktor, Fa. Rud. Otto Meyer	Hamburg 23, Pappelallee 23—39
Krießbach, Paul	Ingenieur	Allenstein (Ostpreußen)
Kröhnke, O., Dr.	Professor	Berlin-Schlachtensee, Waldemarstraße 19
Kropmann, Th.	Dipl.-Ing.	Nijmegen (Holland), Hazenkampscheweg 70
Krüger, Otto	Deutsche Eisenwerke A.-G. Schalker Verein	Gelsenkirchen
Krüger, Werner	Student, Techn. Hochschule	Berlin-Charlottenburg
Krumin, Peter	Dipl.-Ing., Privatdozent	Berlin-Charlottenburg, Knesebeckstraße 12
Kuhberg, Dr.-Ing.	Reg.-Baurat	Berlin-Charlottenburg, Bayernallee 19a
Kühne	Ingenieur	Berlin-Kaulsdorf, Karlstr. 21
Kümmel	Ingenieur	Berlin-Steglitz, Heesestr. 19
Kummer, Alfred E.	Ingenieur, Prokurist, Fa. F. Ruef	Bern (Schweiz), Gutenbergstr. 3
Kunze, Otto	Geschäftsführer, Fa. Kunze & Fröhlich G. m. b. H.	Berlin NW 7, Albrechtstr. 10
Kurzweg	Fa. vorm. Ravenéscher Rohrhandel G. m. b. H.	Berlin-Tempelhof, Bessemerstraße 38—42
Küstner, Walter	Dipl.-Ing., Fa. Strebelwerk G. m. b. H.	Berlin SW 61, Katzbachstr. 21
Lähmann, Hch.	Ing., Fa. Richard Doerfel G. m. b. H.	Leipzig C 1, Emilienstr. 23
Lang, R.	Oberbaurat, W. Innenministerium, Hochbauabteilung	Stuttgart, Schloßstr. 22

Name	Stand oder Firma	Wohnort
Lange, Karl	Direktor, Wirtschaftsgruppe Maschinenbau	Berlin W 35, Tiergartenstr. 35
Lau	Reg.-Baurat, Bad. Finanz- und Wirtschaftsministerium, Maschinentechn. Büro	Karlsruhe
Lau, Herbert	Ingenieur, Th. Fröhlich A.-G.	Berlin NW 7, Dorotheenstr. 36
Lédl	Ing., Oberbaurat, Stadtbauamt	Prag
Leek	Provinzialbaurat	Halle a. S., Mozartstr. 16
Lehmann, Dr.	Prof., Reichs- u. Preußisches Ministerium des Innern	Berlin NW 40, Königsplatz 6
Lehmann	Prokurist, Fa. Danneberg & Quandt	Berlin-Lichtenberg, Siegfriedstraße 49/53
Lehmann, W.	Prokurist, Dipl.-Ing., Fa. Käuffer & Co., Berlin	Berlin-Schöneberg, Gotenstr. 3
Leicher	Dipl.-Ing., Kesselverein	Frankfurt/O., Lindenstr. 21
Lengemann & Eggers		Harburg-Wilhelmsburg
Lengner	Prokurist, Fa. Rosenthal & Schäde	Berlin SW 68, Ritterstr. 58
Lenz	Fa. vorm. Ravenéscher Rohrhandel G. m. b. H.	Berlin-Tempelhof, Bessemerstraße 38—42
Lerz, P.	Direktor b. d. Reichsb.-Direktion	Wuppertal-Elberfeld, Viktoriastraße 85
Leunig, G.	Dipl.-Ing., Schriftleitung d.VDI-Zeitschr., Ver. Deutsch. Ing.	Berlin NW 7, Ingenieurhaus, Hermann-Göring-Str. 27
Leuschner, Max	Obering., Fa. Friedr. Krupp A.-G.	Essen-Bredeney, Frankenstr. 371
Liebold, A.	Dipl.-Ing., Fa. Rud. Otto Meyer	Bremen, Ellhornstr. 36
Lienhard, Fritz	Hafnermeister	Triberg (Schw.), Gartenstr. 9
Lier, Heinrich	Ing., Präsident d. Ver. Schweiz. Centralheizungs-Industrieller	Zürich 4, Badener Str. 440
Liese, W., Dr.	Reg.-Rat, Reichsgesundheitsamt	Berlin NW 87, Klopstockstr. 18
Liesegang, Dr.	Prof., Preuß. Landesanstalt f. Wasser-,Boden- u. Lufthygiene	Berlin-Dahlem, Wassermannplatz 1
Lindeman, B. J.	Techn. Büro	Bloemendaal (Holland), Bluhuspaag
Lindemann, Dr.-Ing.	Baurat, Maschinenbauamt	Braunschweig, A. d. Martinikirche 7
Lipp, J.	Kommerzienrat	Nürnberg-O., Bayreutherstr. 6
Lohr, P.	Obering., Leiter d. städtischen Maschinen- und Heizamtes	Amsterdam (Holland)
Loura, Josef	Ing., Fa. Brüder Loura	Prag 19, Gladener Straße
Luban, K.	Dipl.-Ing., Fa. Rud. Otto Meyer	Berlin-Tempelhof, Germaniastraße 18
Lukowsky, Georg	Dipl.-Ing., Fa. David Grove, A.-G.	Berlin W 57, Bülowstr. 90
Lürken, Mathias	Direktor, Kaloriferwerk Hugo Junkers, G. m. b. H.	Dessau
Maax, E.	Generaldirektor, Nationale Radiator-Gesellschaft m. b. H.	Berlin SW 68, Zimmerstr. 14—15

Name	Stand oder Firma	Wohnort
Mack, K.	Verein Deutscher Heizungs-Ingenieure	Düsseldorf, Grünstr. 15a
Mahr, Theodor Söhne G. m. b. H.		Aachen, Wilhelmstr. 26
Malinowski, Witold	Dipl.-Ing., Fa. Witold Malinowski	Sosnowiec (Polen), Pilsudskiego 18
Marcard, Dr.-Ing.	Prof., Technische Hochschule	Hannover, Welfengarten 1
Marcinkowski, Wladyslaw	Ing., Fa. Jos. Kamler i Ska	Warschau (Polen)
Margolis	Dipl.-Ing., Fa. Rud. Otto Meyer	Hamburg 23, Pappelallee 23—39
Marhold, Carl	Verlagsbuchhandlung, »Haustechnische Rundschau«	Halle a. S., Mühlweg 14
Maschlanka, G.	Dipl.-Ing., Mag.-Baurat	Berlin-Neukölln, Rath., Berliner Straße 63/64
Mattick, F.	Fa. F. Mattick G. m. b. H.	Pulsnitz (Sachsen)
Maureschat	Reg.-Baumeister, Magistrats-Stadtamt VIIg	Königsberg (Preußen)
Mayer, Ingo, Dr.-Ing.	Fa. Kaloriferwerk Hugo Junkers, G. m. b. H.	Dessau
Merkel, Friedrich	Obering., Fa. Maschinenfabrik Augsburg-Nürnberg	Nürnberg 24
Mesloh, Heinz	Städt. Ingenieur	Wuppertal-Barmen, Schuchardstraße 29
Metzkow, Kurt, N.	Ingenieur	Berlin-Tempelhof, Bergmannstraße 56
Meuth, Dr.-Ing.	Oberbaurat, Landesgewerbemuseum	Stuttgart-N
Meyer, B.	Zeitschrift »Heizung u. Lüftung«	Berlin, Wassertorstr. 14
Meyer, Erich	Dipl.-Ing., Fa. I. G. Farbenindustrie A.-G.	Ludwigshafen/Rh., Vierter Gartenweg 14a
Meyer, Fred	Ingenieur	Straßburg, 3 Quaide l'Abbatoir
Mielke, Ewald	Ing., Fa. Saupe & Mielke G. m. b. H.	Berlin-Wilmersdorf, Waghäuseler Straße 9/10
Mikosch, R.		Breslau 10, Matthiasplatz 19
Mintzlaff, Johannes	Ing., Fa. Johannes Mintzlaff	Stettin I, Pasewalker Chaussee
Mittendorf	Direktor, Pomm. Verein z. Überwachung v. Dampfkesseln	Stettin, 7, Beethovenstr. 19
Möbus	Techn. Schriftleitg. der D.A.Z.	Berlin
Mode	Fa. Siemens-Schuckert-Werke A.-G., Gesamtbetriebsverwaltung I	Berlin-Siemensstadt
Modrovich, Carl	Dipl.-Ing., Oberingenieur	Budapest II, Toldy Ferenc u. 38
Moeri, Arthur	Fa. Moeri & Cie., Zentralheizgs.-fabrik	Luzern (Schweiz)
Möhrlin, Emil	Dipl.-Ing., Fa. E. Möhrlin G. m. b. H., Leiter der Fachgruppe Zentralheizungs- u. Lüftungsbau	Stuttgart, Wilhelmstr. 14

Name	Stand oder Firma	Wohnort
Möller	Postrat, Dipl.-Ing., Reichspost-ministerium, Abtlg. V	Berlin W 66, Leipziger Str. 15
Möller, Max	Ing., Fa. Osram G. m. b. H., Komm.-Ges.	Berlin NW 87, Sickingenstr. 71
Monglowski, Paul	Regierungsbauobersekr., Pr. Bau- und Finanzdirektion	Berlin NW 40
Morneburg, Kurt	Dipl.-Ing., Städt. Oberbaurat	Nürnberg, Zufuhrstr. 9
Mornhinweg, Carl	Direktor, Fa. Strebelwerk G. m. b. H.	Berlin SW 61, Katzbachstr. 21
Müchel, W.	Oberreg.- und -baurat	Stettin, Lortzingstr. 27
Müller	Dipl.-Ing., Ostelbisches Braun-kohlen-Syndikat 1928 G. m. b. H.	Berlin NW 7, Bunsenstr. 2
Müller, Dr.-Ing.	Regierungsbaurat	Breslau, Albrechtstr. 31
Müller, Erich	Oberingenieur	Oppeln, Zimmerstr. 6a
Müller, Hans	Dipl.-Ing., Fa. Buderus Jung-sche Handelsges. m. b. H.	Berlin W 9, Köthener Str. 44
Müller, Rolf	Regierungsrat, Reichspatentamt	Berlin SW 61, Gitschinerstr. 97
Münster	Dipl.-Ing., Fa. Siemens & Halske A.-G., Wernerwerk M	Berlin-Siemensstadt
Nagabczynski, Jerzy	Ing., Architekt, Leiter d. Bau-arbeit. f. Staatsbauten	Warschau (Polen)
Naumann, Dr.	Preuß. Landesanstalt für Was-ser-, Boden- und Lufthygiene	Berlin-Dahlem, Wassermann-platz 1
zur Nedden	Direktor, Dt. Verein v. Gas- und Wasserfachmännern E. V.	Berlin W 30, Geisbergstr. 5—6
Neugebauer	Dipl.-Ing., Regierungsrat	Berlin-Lichterfelde-W., Ranke-straße 64
Neuhaus	Ministerialrat, Pr. Finanzmini-sterium	Berlin C 2, Am Festungsgraben
Neumann	Obering., Siemens-Schuckert-werk A.-G., Schaltwerk	Berlin-Siemensstadt
Neumann, Alfred	Dipl.-Ing., Dt. Normenausschuß	Berlin NW 7, Dorotheenstr. 40
Neumann, Friedrich	Ing., Fa. Friedrich Neumann	Berlin SW 61, Kreuzbergstr. 6
Niederschuh, Dr.	Ostelb. Braunkohlensyndikat	Berlin NW 7, Bunsenstr. 2
Niemitz, H.	Ing., Fa. C. Feuring	Hamburg, Stiftstr. 66—68
Nierojewski, Mieczy-slaw	beratender Ingenieur	Warschau (Polen)
Nöldeke	Obering., Bewag	Berlin NW 6, Schiffbauer-damm 22
Noth, Reinhold	Prok. u. Obering., Fa. Käuffer & Co.	Mainz, Adam Karillonstr. 95-100
Obst, Waldemar, Otto	Ingenieur	Berlin-Steglitz, Am Fenn 13
Ochmann, C.	Ing., Fa. Rud. Otto Meyer	Berlin-Tempelhof, Germania-straße 18
van Oeffel, P. J. F.		Haarlem (Holland) Duvenvoordestraat 108
Oettel, Richard	Direktor, Fa. Johannes Haag A.-G.	Berlin SW 19, Mittenwalder Straße 56

Name	Stand oder Firma	Wohnort
Ohaus, H.	Magistratsbaurat	Berlin-Tempelhof, Manteuffel-straße 72
Ollyslager, C. d.	Ingenieur	Amsterdam(Holland), Stadthaus
Opländer, Louis	Ing., Fa. Louis Opländer	Dortmund, Hohestr. 190
Ortel	Ing., Fa. Wiedeburg & Ortel, Ingenieure, G. m. b. H.	Berlin W 57, Bautzener Str. 10
Otto, Heinz	Ingenieur, Fa. Otto & Werner	Berlin W 50, Nürnberger Straße 53/55
Paral	Prokurist, Siemens & Halske A.-G., Wernerwerk M	Berlin-Siemensstadt
Parey, W.	Dipl.-Ing., Schriftleitung. der V.D.I. Zeitschr., Verein Dt. Ingenieure	Berlin NW 7, Ingenieurhaus, Hermann-Göring-Straße 27
Peckmann, Albert	Ingenieur	Berlin-Neukölln, Pflügerstr. 65
Peritz, Alfred	Stadtobering., Stadtbauamt	Plauen i. V., Sedanstr. 11
Peters, Dr.-Ing.	Gewerbeassessor, Reichs- und Preuß.Wirtschaftsministerium	Berlin W 8, Behrenstr. 43
Petru, Mecislar	Ing., Architekt	Prag 19, Satora 32
Pfeffer	Oberbaurat, Hochbauamt	München, Blumenstr. 28
Piltz, Max	Ingenieur, Fa. I. L. Bacon	Berlin O 27, Holzmarktstr. 11
Pölke, Wilh. G. K.	Ingenieur u. Prokurist	Rotterdam (Holland), Gond-schesingel 223
Pohl	Fa. vorm. Ravenéscher Rohr-handel	Berlin-Tempelhof, Bessemer-straße 38—42
Popp	Ing., Fa. Nürnberger Central-heizungs-Fabrik Rösicke & Co. G. m. b. H.	Nürnberg N, Herrnhüttestr. 35
Prahl	Ingenieur, Braunkohlenbrikett-verbrauch-Beratungsstelle	Hamburg 1, Rathausstr. 12
Pukowski	Dipl.-Ing., Maschinen- und Hei-zungsamt d. Fr. Stadt Danzig	Freie Stadt Danzig
Purschian, Ernst	Ing., Fa. Ernst Purschian	Berlin-Grunewald, Orberstr. 21
Raabe	Reg.-Dir., Preuß. Bau- u. Fin.-Direktion	Berlin NW 40, Invalidenstr. 52
Rabe, H.	Direktor, Fa. Fischer & Stiehl	Essen/Ruhr, Alfredistr. 37
Raisch, Erwin, Dr.-Ing.	Forschungsheim f. Wärmeschutz	München, Bayerstr. 3
Raiß, W., Dr.-Ing.	V.D.I.	Berlin NW 7, Ingenieurhaus
Rath	Ing., Fa. Bud.-Jungsche Hand.-Ges.	Wetzlar, Albinistr. 11
Rau, Werner	Fa. Hauerstein & Rau	Berlin-Neukölln, Schwarzastr. 2
Regro, Heizungs- und Installations-G. m. b. H.		Köln, Filzengraben 2—4
Reichsbahndirektion		Stettin, Karlstr. 1
Reichsinnungsverband d. Töpfer- u. Ofen-setzerhandwerks		München
Reif	Dipl.-Ing., Bud.-Jungsche Han-delsgesellschaft	Wetzlar, Albinistr. 11

Name	Stand oder Firma	Wohnort
Reinhardt	Ing., Fa. Arendt, Mildner & Evers G. m. b. H.	Bielefeld
Reisiger, Fritz	Prokurist, Berl. Brennstoff-G. m. b. H.	Berlin N 65, Müllerstr. 184a
Reissner	Dipl.-Ing.	Dresden-A. 16, Tatzberg 51[1]
Reitzenstein, Max	Oberingenieur	Breslau, Borsigstr. 16
Remus, Karl	Ing., Fa. Karl Remus	Stettin
Reschke, Paul, Dr.-Ing.	Oberingenieur d. Dresden. Gas-, Wass.- u. Elektr.-Werke A.-G.	Dresden-Loschwitz, Bergbahnstraße 7
Rettig, E.	Ing., Direktor, Fa. Rietschel & Henneberg G. m. b. H.	Berlin S 42, Brandenburgstr. 81
Richter	Dipl.-Ing., Delbag, Deutsche Luftfilter-Baugesellsch.m.b.H.	Berlin-Halensee, Schweidnitzer Straße 11—15
Ringel	Fa. vorm. Ravenéscher Rohrhandel	Berlin-Tempelhof, Bessemerstraße 38/42
Ringhand	Ing., Städt. Betriebsamt	Braunschweig
Ritschel, August	Ing., Fa. Otto Peschke Nachf. G. m. b. H.	Berlin SO 16, Michaelkirchstr. 17
Ritter, J.	Redakt. d. Haustechn. Rundsch.	Hannover, Grasweg 32
Rodowicz, Stanislaw	Beratender Ingenieur	Warschau (Polen), Forteczna 4
Röder, Hellmut	Dipl.-Ing., Fa. Emil Kelling G. m. b. H.	Königsberg (Pr.), Magisterstraße 67/71
Röder, Willi	Direktor, Fa. Strebelwerk G. m. b. H.	Leipzig
Roedler	Versuchsanst. f. Heiz- u. Lüftgs.-wesen, Techn. Hochschule	Berlin-Charlottenburg, Berliner Straße 172
Romanowski, Adam	Ingenieur	Lodz, Woltzanska Str. 140
Rosenthal	Reichsbahnoberrat, Reichsbahn-Zentralamt	Berlin, Hallesches Ufer 35—36
Rost	Geh. Baurat, Ostelbisch. Braunkohlen-Syndikat 1928 G. m. b. H.	Berlin NW 7, Bunsenstr. 2
Roth, Friedrich	Reg.-Baumstr., Geschäftsführer des Landesverband. Württemberg u. Hohenzollern d. Zentralheizungs- u. Lüftungsfach.	Stuttgart-O., Werfmershalde 18
Rothenberg, Paul	Direktor, Fa. Sulzer Central-heizungen G. m. b. H.	Mannheim, M. 5 Nr. 7
Ruckdeschel, Willi	Stadtingenieur	Potsdam, Stadtverwaltung
Rudelius	Ministerialdirektor, Reichs-Kriegsministerium	Berlin W 35, Tirpitzufer 72—76
Rühl	Ministerialrat, Reichs- u. Preuß. Wirtschaftsministerium	Berlin W 8, Behrenstr. 43
Rühl, Josef	Ing., Fa. E. Rühl & Sohn	Frankfurt/M., Herrmannstraße 11/13
Rundschau Technisch. Arbeit	Schriftleitung	Berlin NW 7, Dorotheenstr. 40
Russel	Ing., Fa. Rietschel & Henneberg	Wiesbaden, Nikolasstr. 21
Rydh, C. L.	Ingenieur, Fa. Wärmelednings	Stockholm (Schweden), Arbetaregatan 32

Name	Stand oder Firma	Wohnort
Sächs.-Thüringscher Dampfkessel-Revisionsverein		Halle a. S.
Sackermann, Wilhelm	Obering., Direktor, Fa. Rud. Otto Meyer	Berlin-Tempelhof, Germaniastraße 18
Salomon, Richard	Ehrenobermeister, Zentralinnungsverband d. Schornsteinfegermeister d. Dt. Reich.	Berlin-Wilmersdorf, Westfälisch. Straße 87
Salzmann, Chr.	Ing., Fa. Chr. Salzmann, Heizgs.- u. Lüftungsanlagen G. m. b. H.	Leipzig C 1, Promenadenstr. 36
Sanizentra, Joerger & Katzenmaier		Baden-Baden, Friedrichshof 26
Sauer, Ferd.	Prokurist,. Ing., Fa. Käuffer & Co., Karlsruhe	Karlsruhe, Kaiserstr. 227
Saupe, Reinhard	Ing., Fa. Saupe & Mielke G. m. b. H.	Berlin-Wilmersdorf, Waghäuselerstraße 9/10
Sautter, L.	Regierungsbaumeister, Schriftleitung »Bauwelt«	Berlin SW 68, Charlottenstr. 6, Bauwelthaus
Scheinemann	Dipl.-Ing.	Berlin-Köpenick, Annenallee 1
Schellhaase, C.	Ingenieur, Fa. Gesellschaft für selbsttätige Temperaturregelung G. m. b. H.	Berlin-Wilmersdorf, Kaiserallee 41
Schemmerling	Ing., Allg. Elektrizitäts-Gesellschaft Abtlg. Ind. J. 3	Berlin NW 40, Friedrich-Karl-Ufer 2/4
Schenck	Direktor, Fa. Deutsche Gesellschaft für Bauwesen e. V.	Berlin NW 7, Herm.-Göring-Straße 26
Scherrer, W.	Ing., Fa. W. Scherrer	Neunkirch-Schaffhausen (Schw.)
Schiffner, Kurt	Dipl.-Ing., Fa. Strebelwerk G. m. b. H.	Berlin SW 61, Katzbachstr. 21
Schilde, Benno, Maschinenbau A.-G.		Hersfeld, Bez. Kassel
Schiller	Direktor, Brikettzentrale G. m. b. H.	Berlin W 62, Lützowplatz 1
Schilling	Stadtbaumeister, städt. Heizgs.-Amt	Wuppertal-Barmen, Rathaus Z. 37
Schindowski, Max, Dr. med. h. c., Dr. phil. h. c.	Ministerialrat, Pr. Finanzminist.	Berlin C 2, Hinter dem Gießhause 2
Schinke	Reichspostdirektion, Sachg. IV, O.	Berlin-Charlottenburg 5, Herbertstraße 18—20
Schirm	Reg.-Rat, Reichspatentamt	Berlin SW 61, Gitschinerstr. 98
Schirp, Alo	Geschäftsführer, Fa. A. Schirp G. m. b. H., Luftfilterbau	Essen 23, Saarbrückerstr. 7
Schlesische Grove G. m. b. H.		Breslau 2, Neue Taschenstr. 30
Schleyer, Wilh., Dr.-Ing. e. h.	Geh. Baurat, Prof., Technische Hochschule	Hannover, Bödekerstr. 2
Schloß	Dipl.-Ing., Fa. Hamburger Korksteinfabrik Dr. Naczger	Hamburg
Schmaltz, Carl	Dipl.-Ing., Fa. Schmaltz & Co.	Dresden, Altwachwitz 7

Name	Stand oder Firma	Wohnort
Schmidt	Dipl.-Ing., Leipzig, Fa. Brikett-zentrale G. m. b. H.	Berlin W 62, Lützowplatz 1
Schmidt, Carl	Baurat	Dresden A 24, Bayreutherstr. 40
Schmidt, Dr.	Ostelbisches Braunkohlensyndik.	Berlin NW 7, Bunsenstr. 2
Schmidt, Ernst, Dr.-Ing.	Prof., Techn. Hochsch., Abtlg. Maschinenbau u. Elektrotechn.	Danzig-Langfuhr, T. H.
Schmidt, Friedrich, Dr	Prof., Ministerialrat, Stiftung z. Förderung v. Bauforsch.	Berlin W 8, Charlottenstr. 46
Schmidt, Fritz	Obering., Fa. Küppersbusch & Söhne A.-G.	Gelsenkirchen, Kaiserstr. 7
Schmidt, Karl	Ingenieur	Berlin-Charlottenburg, Suarez-straße 63
Schmidt, M., Dr.-Ing.	Reg.-Rat, Reichspatentamt	Berlin SW 61, Gitschinerstr. 97 bis 103
Schmidt, O.	Mag.-Baurat, Maschinenbauamt Charlottenburg	Berlin-Charlottenburg, Kasta-nienallee 27
Schmidt, R.	Ing., Fa. Rud. Otto Meyer	Berlin-Tempelhof, Germania-straße 18
Schmitt, Bernhard	Obering., Fa. E. Möhrlin G. m. b. H.	Stuttgart, Wilhelmstr. 14
Schmitz, J.	Ing., Fa. Arendt, Mildner & Evers G. m. b. H.	Hannover, Hirtenweg 22
Schneider, Gerh.	Ing., Fa. Käuffer & Co.	Berlin NW 7, Schiffbauer-damm 15
Schneider, Heinrich	Stadtbaurat	Wilhelmshöhe-Kassel, Mainweg 4
Schober, Karl	Student, Versuchsanstalt für Heizung und Lüftungswesen	T. H. Berlin
Scholtz, Werner	Min.-Rat Reichs- u. Preuß. Mini-sterium f. Wirtschaft u. Arbeit Reichsarbeitsgemeinschaft für Wärmewirtschaft	Berlin W 8, Charlottenstr. 46
Scholz, Bruno	Fa. »Universelle« Zigarettenma-schinenfabr. J. C. Müller & Co.	Dresden A., Zwickauerstr. 48—58
Schönrock, Carl	Ing., Fa. Carl Grönhagen	Stralsund
Schreiber, Dr.	Reichsgruppe Industrie	Berlin W, Tirpitzufer 56
Schreiber, Hans	Fa. Lüdy & Schreiber	Berlin NO 55, Greifswalderstr. 208
Schreibmayr	Dipl.-Ing., Geschäftsführer des Reichskuratoriums f. Wirtsch.	Berlin NW 7, Luisenstr. 59
Schröder	Ing., Fa. Carl Grönhagen	Greifswald
Schröder, A.	Ingenieur	Berlin-Tempelhof, Kaiser-Wil-helm-Straße 63a
Schröder, Arthur	Ing., Fa. Nationale Radiator G. m. b. H.	Berlin SW 68, Zimmerstr. 14—15
Schröder, Heinz	Dipl.-Ing., Fa. Caliqua-Wärme-gesellschaft m. b. H.	Berlin-Charlottenburg, Harden-bergstraße 9a
Schubert, Siegm.	Ingenieur	Prag XIX, Ovenecka 23b
Schüler, Rudolf	Obering., Dt. Gesellschaft zur Förderung d. Wohnungsbaues	Berlin-Schöneberg, Innsbrucker Straße 31
Schulte, Dr.-Ing.		Essen, Richard-Wagner-Str. 42

Name	Stand oder Firma	Wohnort
Schultze, Karl, Dr.-Ing.	Reg.- und Baurat a. D.	Berlin-Friedenau, Rubensstr. 17
Schuster, K.	Geschäftsführer, Fa. Valentin, Röhren- u. Eisen G. m. b. H.	Berlin SW 61, Großbeerenstr. 71
Schütte, Johann, Dr.-Ing. E. h.	Geh. Regierungsrat u. ordentl. Prof., Vors. d. S.T.G. u. W.G.L.	Berlin-Lichterfelde-Ost, Hartmannstraße 33
Schweiger	Stadtoberingenieur	Berlin W 62, Courbièrestr. 8
Seegers, F. K.	Dipl.-Ing., Fa. Heizungs-Seegers	Hannover, Clevertor 2
Seibt, H.	Dir.-Sekretär, Fa. Nationale Radiator-Gesellschaft m. b. H.	Berlin SW 68, Zimmerstr. 14—15
Seidler, G.	Ing., Fa. Rud. Otto Meyer	Berlin-Tempelhof, Germaniastraße 18
Seiler, Artur	Fa. Janeck & Vetter	Berlin SW 68, Teltower Str. 17
Sello	Landgerichtsdirektor i. R.	Berlin-Schlachtensee, Wannseestraße 70
Siegel, L.	Ing., Fa. Rud. Otto Meyer	Berlin-Tempelhof, Germaniastraße 18
Sieler, W.	Dipl.-Ing., Versuchsanst. f. Heiz- u. Lüftungsw., Techn. Hochsch.	Berlin-Charlottenburg, Berliner Straße 172
Simon, Ernst	Maschinenfabrik	Stettin, Kreckowerstr. 34
Slotboom, C. M.	Dipl.-Ing.	Den Haag (Holland), Bazarstraat 1
Smets, Fred C.	ber. Ingenieur	S'Gravenhage (Holland), Paleisstraat 3
Sorensen, E.	Ing., Fa. Bruun & Sorensen	Aarhus (Dänemark), Kannikegade 18
Spelsberg	Stadtbaurat	Duisburg-Hamborn, Droste-Hülshoffstr. 11
Spillhagen, W.	Dipl.-Ing., Bautechn. Büro im Reichsluftfahrtministerium	Berlin W 8, Wilhelmstr. 45
Stack, E.	Magistratsbaurat i. R.	Hannover-Kleefeld, Wallmodenstraße 15
Stack, Hans, Dr.-Ing.	Städt. Betriebswerke Heizung und Lüftung	Hannover-Kleefeld, Wallmodenstraße 15
Städtische Werke		Kottbus, Berliner Straße 27
Stankiewicz, Czeslaw	Beratender Ingenieur	Warschau (Polen)
Stankiewicz, Edward	Dipl.-Ing., Inspektor f. Heizung u. Lüftung im Regierungskommissariat	Warschau (Polen), Prezy dencka 15
Staps	Oberingenieur	Berlin-Steglitz, Albrechtstr. 52
Stark, Franz & Söhne, Maschinenfabrik		Netzschkau (Sachsen)
Steffen, P.	Dipl.-Ing., Rhein. Braunkohlen-Syndikat	Köln/Rh.
Stepputat	Oberingenieur	Berlin-Steglitz
Stiegler, Ludwig	Obering., Stadtbaurat a. D.	Berlin-Lichterfelde, Augustastraße 40
Stinglwagner	Geschäftsführer, Fa. »Bayernkessel«	München, Schützenstr. 12

Name	Stand oder Firma	Wohnort
Stoeckle, Dr.	Oberbürgermeister a. D., Abtlgs.-Leiter b. deutsch. Gemeindtg.	Berlin NW 40, Alsenstr. 7
Stratemeyer, E., Dr.	Fa. Käuffer & Co.	Mainz, Taunusstr. 45
Streck, Dr.-Ing. habil.	Prof., Reichs- u. Pr. Ministerium f. Wiss., Erziehg. u. Volksb.	Berlin W 8, Unter den Linden 4
Streck, Ludwig	Obering., Geschäftsleiter der Fa. Rietschel & Henneberg G. m. b. H.	München 2 SW, Bavariaring 27
Stroux	Staatsanw. a.D., Hauptgesch.-F. d. Wirtschaftsgr. Bauindustrie	Berlin W, Lützowufer 1a
Sturm, Hans		Düsseldorf, Adusstr. 1
Stursberg, E.	Obering., Röhrenverbd. G. m. b. H.	Düsseldorf, Hermann Göringstraße 1
Stuurmann, S.	Fa. Technisches Büro Stuurmann	Bloemendaal (Holland), Bloemendaalscheweg 9a
Süddt. Bechem & Post G. m. b. H.		Karlsruhe, Treitschkestr. 1
Sulzer Zentralheizungen G. m. b. H.		München, Brudermühlstr. 36
Swiatkowski, Zdzislaw	Ingenieur d. Referats d. energ. Anlagen im staatl. Spiritusmonopol	Warschau (Polen)
Székely, Adam	Dipl.-Ing., Obering.	Budapest, Toldy Ferenc u. 38
Taipale, A.	Dipl.-Ing.	Warschau, Sadyba, Okrena 68
Tarruhn, Paul	Architekt, B.D.A.	Berlin-Charlottenburg, Lietzensee-Ufer 2a
Taubert, A.	Direktor, Fa. Johannes Haag A.-G.	Berlin-Tempelhof, Hohenzollernkorso 6
Teschenmacher, Dr.	Reichsgruppe Industrie	Berlin W 35, Tirpitzufer 56—59
Theis, Franz	Ing., Rhein. Braunkohl.-Syndik.	Köln/Rh.
Theorell, Axel	Zivilingenieur	Stockholm (Schweden), Sköldungagatan 4
Theorell, Hugo	Zivilingenieur	Stockholm (Schweden), Sköldungagatan 4
Thiel, Kurt	Ingenieur	Berlin-Charlottenburg, Suarezstraße 5
Thoenemann, Arnold	Direktor, vorm. Ravenéscher Rohrhandel G. m. b. H.	Berlin-Tempelhof, Bessemerstraße 38/42
Thurm, Max	Ingenieur	Magdeburg
Thüsing	Dipl.-Ing., Reichspostzentralamt	Berlin-Tempelhof, Schöneberger Straße 11—15
Thyßen Eisen- und Stahl-A.-G.		Berlin N 65, Friedr.-Krause-Ufer 16—21
Tittes, Ernst	Ing., Fa. Bruno Schramm	Erfurt, Pförtchenstr. 6
Ude, H., Dr.-Ing.	Schriftleitung der V.D.I.-Zeitschrift, Verein Deutscher Ing.	Berlin NW 7, Ingenieurhaus, Hermann-Göring-Str. 27
Ulbricht, Bruno	Stadtoberingen., Hochbauamt	Chemnitz, Rathaus, Am Markt
Vente, Walter	Dipl.-Ing., Fa. H. Krantz	Aachen 1, Postfach 220
Verch, Waldemar	Ing., Fa. Bohn & Hock	Berlin W 57, Culmerstr. 7—8

Name	Stand oder Firma	Wohnort
Verlahr	Student, Versuchsanstalt für Heiz- und Lüftungswesen	Techn. Hochschule Berlin
Vock	Reg.-Baurat beim Oberpräsident der Prov. Brandenburg	Berlin W 35, Matthäikirchstr. 3 Landeshaus
Vocke, Wilh.	Dipl.-Ing., Fa. Wilh. Vocke	Dresden A 24, Ältenzellerstr. 14
Voigt, Dr.-Ing.	Prof., Techn. Hochschule Darmstadt, Lehrst. Wärmetechn.	Darmstadt, Hobrechtstr. 28
Voigt, Georg	Dipl.-Ing., Reichsgesundheitsamt, Abtlg. D	Berlin NW 87, Klopstockstr. 18
Völkischer Beobachter		Berlin SW, Zimmerstr. 88
Voss	Oberreg.-Baurat, Reichsbaudirekt. Berlin	Berlin W, Bellevuestr. 5a
Wagner, Albert Ryszard	Ing., Leiter des techn. Büros d. Fa. Fr. Wagner i Ska	Lodz (Polen), Zeromskiego 94
Wagner, Alfred	Stadtbaumeister	Berlin NO 55, Braunsberger Straße 14
Wahl, E. L., Dr.-Ing. h. c.	Stadtbaurat i. R.	Dresden N 6, Angelikastr. 3
Walger, O.	Dipl.-Ing., Baurat	Karlsruhe, Körnerstr. 56
Walz	Reg.-Rat, Reichspatentamt	Berlin SW 61, Gitschinerstr. 97 bis 103
Wärmewirtschaft im Städtebau u. Siedlungswesen	Mitteilbl. der Arbeitsgemeinsch. für Brennstoffersparnis	Berlin W 8, Charlottenstr. 46
Wawrzyn, Otto	Fa. Bernhard Pohley	Berlin SO, Köpenickerstr. 116
Weber	Dipl.-Ing., Direktor, Fachgruppe Dampfkessel-, Behälter- und Rohrleitungsbau	Düsseldorf, Sternstr. 38
Weber, Hellmut	Ing., Fa. H. Weber	Merseburg, Weißenfelserstr. 53
Weber, W.	Obering., Magistrat der Stadt Magdeburg	Magdeburg, Spiegelbergstr. 1—2
Wedekind	Dipl.-Ing., Direktor, Sächs. Dampfkesselüberwachgs.-Ver.	Chemnitz 1, Am Hauptbahnhof 1a
Weinhold, Ernst	Obering., Sozialpolitische Abtlg. d. Siemens & Halske A.-G. u. Siemens-Schuckert-Wke. A.G.	Berlin-Siemensstadt
Weiß, Hermann	Direktor, Fa. Rud. Otto Meyer	Stuttgart, Friedrichstr. 3
Weiß, Dr.-Ing.	Staatliches Materialprüfungsamt	Berlin-Dahlem, Unt. d.Eichen 87
Wellmann, Dr.	Berliner Kraft- u. Licht A.-G.	Berlin NW 6 Schiffbauerdamm 22
Wendl	Dipl.-Ing.	Bielefeld
Wenger	Direktor, Techn. Werke	Schwäb.-Gmünd
Wiatrowski, W.	Ing., Fa. Gustav Hartung	Berlin-Zehlendorf
Wieland, Albert	Dipl.-Ing.	Dresden-A 1, Dippoldiswalder Gasse 11
Wierz, Dr.	Professor	Berlin-Falkensee, Horst-Wessel-Ring 83
Winkelmann	Reg.-Baurat, Pr. Staatshochbauamt	Tilsit, Bismarckstr. 26

Name	Stand oder Firma	Wohnort
Wittemeier, Dr.-Ing.	Delbag, Deutsche Luftfilter-Baugesellschaft m. b. H.	Berlin-Halensee, Schweidnitzerstraße 11—15
Wittenburg, H. F.	Fa. Rud. Otto Meyer	Hamburg 23, Pappelallee 23—39
Wittenburg, Heinz, Dr.	Fa. Rud. Otto Meyer	Hamburg 23, Pappelallee 23—29
Wittig, G.	Fa. Nationale Radiator-Ges. m. b. H.	Berlin SW 68, Zimmerstr.14—15
Wittmer, Georg	Student, Versuchsanstalt für Heiz- und Lüftungswesen	Techn. Hochschule Berlin
Wolf, Richard	Techniker	Eger C. S. R., Franzensbaderstr.1
Wolfer	Stadtbaurat	Stuttgart, Hohentwielstr. 53
Wolkowicz, Wladyslaw	Ing., Leiter d. techn. Büros d. Fa. Juljusz Jurczak	Krakau (Polen)
Worp, L.	Dipl.-Ing., Direktor, Fa. N. V. Geveke & Co., techn. Büro	Amsterdam (Holland), De Ruyterkade 113
Wünsche, Walter	Obering., Fa. David Grove A.-G.	Berlin W 57, Bülowstr. 90
Wüstner, Arno	Fa. R. Noske Nachf.	Altona, Arnoldstr. 26—30
Zeckler	Direktor, Fa. Buderus-Jungsche Handelsges. m. b. H.	Wetzlar, Albinistr. 11
Zeh	Stadtbaudirektor, Maschinen u. heiztechn. Abteilung d. städt. Betriebsamtes Leipzig	Leipzig, Ritterstr. 28
Zeiß, H., Dr.	Prof., Hygien. Instit. d. Univers.	Berlin NW 7, Dorotheenstr. 28a
Zeller, Rudolf	Ing. Fa. Rietschel & Henneberg	Karlsruhe, Augartenstr. 6
Ziegler, Kurt	Obering., Fa. Emil Kelling	Breslau 5, Tauentzienplatz 6
Zierold, Otto	Ing., Fa. Otto Zierold	Berlin-Schöneberg, Mühlenstr. 9
Zimmermann, E.	Dipl.-Ing., Städt. Baurat, Städt. Betriebswerk	Braunschweig-Melverode, Leipziger Str. 38
Zimmermann, W.	Fa. Nationale Radiator G.m.b.H.	Berlin SW 68, Zimmerstr. 14/15